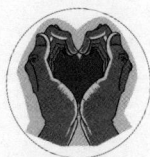

好心态铸成好性格，好性格源自好习惯，好习惯带来好命运。

心态具有强大力量，有怎样的心态，就会产生怎样的行动。

绘本典藏版

好心态
好性格 好习惯

HAOXINTAI HAOXINGGE HAOXIGUAN

文思源 ——————— 编著

江西美术出版社

全国百佳出版单位

图书在版编目（CIP）数据

好心态 好性格 好习惯 / 文思源编著. -- 南昌：江西
美术出版社,2017.7（2019.1重印）
　ISBN 978-7-5480-5448-1

　Ⅰ.①好… Ⅱ.①文… Ⅲ.①成功心理－通俗读物
Ⅳ.①B848.4-49

　中国版本图书馆CIP数据核字(2017)第112560号

好心态 好性格 好习惯　　文思源 编著

出　版：江西美术出版社

社　址：南昌市子安路66号　邮编：330025

电　话：0791-86566329

发　行：010-88893001

印　刷：深圳市彩美印刷有限公司

版　次：2017年10月第1版

印　次：2019年1月第2次印刷

开　本：880mm×1230mm 1/32

印　张：10

ISBN：978-7-5480-5448-1

定价：36.00元

前　言

　　好心态铸成好性格，好性格源自好习惯，好习惯带来好命运。良好的心态、性格、习惯是人生成功必备的三大法宝。一个人如何在激烈的竞争中生存立足，求得发展，与自身的心态、性格和习惯有着至关重要的联系。

　　什么是心态？心态就是你自己对人、对世界的看法和态度。可以说，心态影响状态，心态主宰成败。积极心态可以使你学到处世的智慧和做人的道理，使你的人生之路越走越宽，生命的价值越来越大，成就事业，获得幸福；消极心态则很有可能会使你人生的航船驶入浅滩，从而失去发展的机会，一生与困苦和不幸相伴，成为人生的失败者。

　　心态具有强大力量，有怎样的心态，就会产生怎样的行动。同一件事情，由具有不同心态的人去做，其结果必会不同。好的心态就像阳光一样，是能量之源，是快乐之本。当我们的心灵充满"阳光"时，我们的生活也一定会变得充满欢笑、丰富多彩。无数成功人士所走过的成功之路均证实了这样一个真理——好心态是成功的关键。具备乐观的心态，你的心理年龄会永远年轻。当你朝着奋斗的目标迈进时，好心态会增加你的愉悦与自信，使你充满力量，去获得财富、成功、幸福和健康，攀登到人生的顶峰，实现梦寐以求的奋斗目标。

　　什么是性格？性格是人们在社会交往中所表现出来的一种个性，是人的心理特征的外在表现。性格的形成很复杂，它既有先天的、遗传的因素，也有后天的、社会的因素。而性格的特点就是一旦形成即相对稳定，较难改变，所以人们常说"江山易改，本性难移"。

　　在这个世界上，几乎没有任何两个人的性格是相同的，而人的性格也蕴藏着巨大的能量。一般来说，性格支配行为，有什么样的性格便会有什么样的行为。好的性格可以让你在错综复杂的人际关系网中游刃有余，在坎坷的人生之路上战无不胜，可以助你走向成功的彼岸；而坏的性格则会不断在你的成长之路上设置障碍，使你迷失前进的方向，甚至会将你推入万丈深渊。一个人身上所具有的好性格越多，与成功的距离就会越近。好的性格是一个人取得成就的内在动力，它的力量能够帮助我们穿越前进道路上的障碍，并能在潜移默化中改变我们的人生轨迹。这正如著名成功学大师卡耐基所说"性格决定命运"，所以，我们需要培养自己良好的性格。

什么是习惯？习惯是由一个人行为的累积而形成的某些固定行为，是人们生活中习以为常的行为举止，它铸就能力，左右人生。

美国著名成功学大师拿破仑·希尔说："习惯决定成败。"习惯在我们不知不觉的重复的过程中，会逐渐变成我们本能的一部分。几乎所有的成功人士身上都有这样一个共性，那就是具有良好的习惯。正是这些好习惯，帮助他们开发出更多与生俱来的潜能，使他们成就梦想，踏上辉煌的发展之路。也有无数失败者用惨痛的事例证明：正是那些不良的习惯使他们离成功越来越远。所以，许多人之所以没有成功，或者成功得很慢、很艰难，没有养成一个好习惯便是原因之一。

心态是人生的基本态度，它影响着我们的日常判断；性格是我们特性的标志，决定了我们的行为取向；而习惯是我们行为的不自觉反应，反映了我们的修养和道德水平。它们相辅相成，在人成功的路途中，它们缺一不可。

本书从人成功必备的三大法宝——心态、性格、习惯入手，将丰富动人的小故事与启人至深的哲理相结合，用睿智、生动的语言，由表及里，由浅入深地向人们诠释了心态、性格、习惯在我们人生中举足轻重的地位，并告诉你如何改变消极的心态，拥有阳光般的心境；如何认识自己的性格，用性格来改变你的人生；如何培养良好的习惯，成就自己的一生，传授给你成功的经验和方式。

好心态、好性格、好习惯是一个人成功必备的基本素质。如果你将本书讲述的方法付诸实践，充分运用自身的力量应对人生的一切险阻，开发出自己的潜能，改变生存的现状，创造崭新的生活，你就会真正成为自己命运的主人，并迎来成功，成就梦想。

目录
CONTENTS

好心态 好性格 好习惯

上篇　好心态

中篇　好性格

下篇 好习惯

人的一生不可能背负起自己所遇到的一切，也不可能得到自己想要的一切。人生成功、幸福与否，关键取决于一个人是否具备接纳自我、正视磨难、感悟人生的好心态。一个人的心态可以决定他的命运。拥有好的心态，积极、认真地生活，踏踏实实地走好每一步；摆脱消极心态的控制，接受真实的自己，就会获取财富和成长空间，拥有和谐、健康、富足的幸福人生。

上篇
好心态

第一章

心态决定一切

❧ 第一节 ❧

心态决定命运

人的一生中，总要遭遇各种障碍和困难，承受各种痛苦和失败，以怎样的心态看待人生，决定了一个人最终能否走向成功，能否获得幸福，决定了一个人的命运。面对同样的境遇，悲观者看到的是阴霾满天，乐观者看到的是灿烂美景。境由心生，心造幸福。要拥有成功的幸福人生，就要拥有好的心态。

心态操之在我

"心态操之在我"可以理解为：自己情绪的控制完全在于自己，要完全把握自己的情绪，使自己的情绪不被别人所左右。

心态不能操之在"我"，你将受制于人。受制于人的人容易被自然环境左右，被天气环境左右，天气好心情好，天气不好心情也不好；受制于人的人容易被别人左右，别人的行为会伤害他，别人的语言也会伤害他。受制于人的人往往过于感性，但心态操之在我的人是理智重于感情的人，他们不会让别人的行为伤害自己。

很多乐观的人都善于控制自己的情绪，能够让自己活在快乐之中。人生在世，总会遇到很多悲伤与痛苦，如果不能操控心态，不能掌控自己的情绪，就会成为情绪的奴隶，又何来乐观心态？斯摩尔曾经说过："做情绪的主人，驾驭和把握自己的方向，使你的生命按照自己的意图提供报酬。记住，你的心态是你——而且只是你——唯一能够完全掌握的东西。学着控制你的情绪，并且利用积极心态来调节情绪，就能超越自己，走向成功。"

悲观的人总是受累于情绪，似乎烦恼、压抑、失落甚至痛苦总是接二连三地袭来，于是他们频频抱怨生活对自己不公平，企盼某一天欢乐从此降临。但喜怒哀乐是人之常情，想让自己生活中不出现一点儿烦心之事几乎是不可能的，关键是如何有效地调整、控制自己的情绪，做生活的主人，做情绪的主人。

其实，在我们的精神活动领域，在我们的日常生活里，在我们的事业中，在我们渴望成功，甚至正在走向成功的道路上，都会出现大大小小、不同程度的挫折和失败，我们应该尝试通过心理调控去战胜自我、战胜环境，使自己安然地渡过危机。

由于苦难、逆境，甚至是生理缺陷，产生和造就了一些伟大的人物，因此在很多人的心目中便形成了一种对苦难和逆境的崇拜，而这种崇拜往往是盲目和消极的，实际上并非如他们想象的那样。不论逆境还是顺境，都要有一种积极健康的人生态度，即使步入顺境也要努力为自己设置新的高尚目标，并在追求这一目标中迎接新的困难和挑战，从而发展和完善自己的人格，绝不可以倒退或停留。总之，在困苦中应该保持积极的心态。

一个有抱负的人，必定想在社会中实现自己的理想，让自身价值得到社会承认。但是我们每跨出一步，必然会遇到一些意料不到的阻力。不同的环境对人们的作用是不同的。顺境与逆境、苦难与幸福使当事者付出的代价也是不同的。

人生的哲学不是在陈述和分析这些代价后使人见异思迁，或替自己的堕落与沉沦辩护，而是帮助人们认清现实，更好地适应自身地位的沉浮与所处环境的变迁，应明白一点：心态操之在我，做自己的主人。

积极心态：最大限度地利用潜意识挖掘自身的潜能

消极失败的心态之所以会使人怯懦无能，走向失败，是因为它使人放弃了对伟大潜能的挖掘，让潜能在那里沉睡，白白浪费；积极成功的心态之所以会使人心想事成，走向成功，是因为它使人能够最大限度地利用潜意识，挖掘出自身的巨大潜能。

人们都渴望成功，那么，成功有无秘诀？这里，我们就要把一个"秘诀"告诉你：成功者之所以取得成功的根本原因就在于他能够运用潜意识挖掘出自身无穷无尽的潜能。任何成功者都不是天生的，只要你抱着积极心态去挖掘你的潜能，你就会有用不完的能量，你的能力就会越来越强。相反，如果你抱着消极心态，不去挖掘自己的潜能，那你只有叹息命运不公，并且越来越消极无能！

每一位在通往成功的大路上艰难前行的跋涉者，都必须学会利用潜意识去挖掘自身的潜能，因为这是通往成功的"捷径"。在适当的时候，用适当的方式，这种潜能就能发挥出无穷的力量，创造出一个又一个奇迹。

刘翔在雅典奥运会上打破了黑人选手对田径短跑项目的垄断，起跑只用了0.139秒；世界心理学大师罗扎诺夫的学生一天能学会1200个外语单词；而曾严重口吃的美国人乔·吉拉德，居然能够成为全球最受欢迎的演讲大师之一……

他们都超越了人类以往认识的极限，带给我们新的奇迹。

由此可见，只要你抱着积极的心态开发你的潜能，你也会像他们一样，有用不完的能量，而后走向成功、成就伟业……

然而，面对这一巨大宝藏，很多人却常常忽

视，他们总是用消极掩埋自己的潜能，让它伏于冰山之下。

一份心理学研究报告表明，几乎所有的人都只发挥出其能力的15%。

在这份报告中，我们看到不能发挥其余85%的力量的根源在于恐惧、不安、自卑、意志薄弱及罪恶感，将所有的原因综合起来，可以说是一与外界的不调和。不能包容外界，消极对待自己，这等于是给自己的能力踩了刹车。

积极地与外界调和，能使自己的能力发挥到淋漓尽致的地步。

弗洛伊德曾利用无数的实验来证实他的看法，他说，人的能力、本性等大都存在于未发掘出来的部分，就像大部分冰山潜藏在水底一样，这就是著名的冰山理论。他将这些不被人所看到的绝大部分本能和习性称之为"潜在意识"，简单地说，就是"盲目性的心的动作"。正因为这种作用是盲目性的，所以是很真实的，而且不能忽视。

潜意识能量的爆发，通常会让肉体和精神都产生意想不到的奇迹变化。潜意识的力量无穷。在一场车祸中，丈夫被压在车轮下，娇小的妻子在千钧一发时竟抬高车轮将丈夫救了出来！"疯狂"的人受到潜意识中的巨大能量所驱使，可以产生在正常时无法想象的破坏、抬起、弯曲及粉碎的力量。

拥有积极的心态，不停地挑战自我、挑战极限，就可以挖掘出潜在水面下的冰山—潜力。在发掘潜力、不断前行的过程中，人们总会遇到很多困境，但只要你用积极的心态去面对，困难和挫折都可以转变成为潜力的驱动力。

可是令人遗憾的是，有史以来，仅有极少数的人能够充分发挥自己的潜能，这实在是一件可悲的事。

我们怎样才能将潜能正确引导出来呢？

1.在使用中挖掘潜能

要挖掘潜能，必须使用已有的能力。只有使用能力，能力才能产生实际作用。哪怕你已经具有了某种能力，可是搁置一旁，废弃不用，严格地说它也只能算是潜在能量，对现实毫无作用。很多没上过专门学校的推销员比那些专门学营销专业的大学生的推销能力强得多，这正是由于他们在"使用中开发潜能"的缘故。

2.选准最易突破的一点

面对五花八门、种类繁多的各种潜能，并不需要你对每一种潜能都投入完全一样的时间成本、精力成本去大力开发。那不仅会分散有限的精力，而且也很不现实。我们在全面了解、重视整体潜能的同时，还应根据自己的优势，集中力量，选准一种关键潜能进行开发，取得突破，这样才能盘活整体潜能。开发潜能一定要选准最易突破的一点，以求尽快突破。

3.充分考虑自身的天赋、资质等客观条件

要根据自身的天赋和资质，特别是根据自身的优势和特长来确定应当着重开发的潜能。只有这样，才能使潜能的开发事半功倍。人人都有自己的优势才能，人人都有自己的最佳发展区。开发潜能一定要根据自身的天赋、资质等客观条件，大力开发优势潜能，否则会费时费力还不讨好。最新教育观提出：由于每个人的特点不同，故而每个人都应当有自己的课程。每个人开发潜能，都要根据自身特点，设计出自己开发、利用潜能的蓝图。

4.承受适当的压力

人往往都有惰性，只有在一定的压力下才能最大限度地开发自身的潜能。压力是促使人进步的最好动力。著名科学家贝弗里奇说："人们最出色的工作往往是在逆境中做出的，思想上的压力，甚至肉体上的痛苦，都可能成为精神上的兴奋剂。很多作家、画家平时灵感难寻，只有在交稿时间迫近造成的压力下，大脑里才容易涌现出灵感。"创造学之父奥斯本说："多数有创造力的人，其实都是在期限的逼迫下从事工作的。决定了期限，他们就会产生对失败的恐惧感，因此，在工作时就会加上情感的力量，会使得工作更加完美。"他还说："谁被逼到角落里，谁就会有出奇的想象。"当然，压力不能过大，压力过大，就会把人给压怕了、压趴了。适度的压力，不但是行动的最好保障，而且往往能使人把潜能发挥到极致，从而创造出令人震惊的奇迹。

接受自己，迎接阳光

对所有人来说，正确评价自己、接受自己至关重要。一个人如果连自己都无法接受，那就根本谈不上喜欢自己以及正确地评价自己。

不接受自己的人常常心情郁闷，对生活中的一切都没兴趣；他认为自己思想怪诞，怀疑自己患有某种精神病；他还常常会抱怨周围的亲友、同事、邻

居不能理解他。实际上，他没得任何精神病，问题在于他不能接受自己，因而影响到他对别人的认识，并进而产生其他方面的困难。

只有接受自己，才能建立正确的自我观念，才能适应环境，促使性格健康发展。接受自己，去除自卑感，是让一个人能够迎接阳光的重要保证。

这个世界上没有十全十美的东西，也不存在完人。但在认识自我、看待别人的具体问题上，许多人仍然习惯于追求完美，求全责备，对自己要求样样都好，对别人也往往是全面衡量。

人是可以认识自己、操纵自己的，人的自信不仅在于相信自己有能力、有价值，同时也在于相信自己有缺点毛病。我们放弃了完美，就会明白我们每个人的两重性是不可改变的。所以，我们应当保持这样一种心态和感觉，要知道自己的长处、优点，也要知道自己的短处、缺点，知道自己的潜能和心愿，也知道自己的困难和局限，自己永远具有灵与肉、好与坏、真与伪、友好与孤独、固执与灵活等多方面的两重性。

自我容纳的人，能够实事求是地看自己，也能正确理解和看待别人的两重性，这样就可以抛弃骄傲自大、清高孤僻、鲁莽草率之类导致失败的弱点。我们以这种自我肯定、自我容纳的观念意识付诸行动，就能从自身条件不足和所处的环境不利的局限中解脱出来。

任何人都有缺点和弱点，任何人也都是无知无能的，只不过表现在不同的事情上而已。因而，人人在自我表现和与人交往中都难免有笨拙的表现。有些人由于不能实事求是地对待自己的缺点，不能拿出勇气去革新自己、突破自己，所以，他们情愿不做事、不讲话、不玩乐交际，也不愿意在别人面前暴露自己的弱点。如在灯火绚丽、乐曲悠扬的宴会厅里，他们很想站起来跳舞，可是因为怕别人笑话自己笨拙，就宁愿做一晚上的看客。跳得好的人越多，他们就越鼓不起勇气。

美国著名的管理学家彼得·德鲁克在《有效的管理者》一书中写道：倘要所有的人没有短处，其结果最多是一个平庸的组织。所谓"样样都是"，必然"一无是处"。才干越高的人，其缺点往往也很明显——有高峰必有深谷。

谁也不可能是完人，与人类现有的渊博的知识、经验、能力的汇集总和相比，任何伟大的天才都不及格。一位经营者如果只能见人之所短而不能见人之所长，从而执着于挑其短而不着眼于其长，那么这个经营者本身就是弱者。我们必须不断提高和完善自己，必须学会自我肯定、自我接受，才能正确地认识自我价值。

那么，怎样才能增进自我接受感呢？

首先，要克服完美主义。这个世界并不完美，所以，我们应当知足常乐。要容忍、体谅，不但要与他人和睦相处，还要做到不苛求自己。不要做时钟的奴隶，记住"欲速则不达"，但要尽可能地在时间限制内完成工作。你还要明白，讨好所有的人是不可能的。"受欢迎"的本意是使他人赏识你本人，而不是你一味追求"最好表现"。尝试一下"言所欲言"，坦诚和直率能消除许多障碍与心理压力。要对自己有信心，你和任何人一样有可取之处。勿过分自责，任何人都有彷徨的时刻；勿自卑自怜，你的遭遇并不重要，你对遭遇的反应才是最重要的。

其次，要做到真正了解自己。自知者明，自胜者勇。你可以通过比较法（与同龄、同条件的人相比较）、观察法（看别人对自己的态度）、分析法（剖析自己，了解自己的工作成果）等方法来认识、了解自己。

再次，要树立符合自身情况的奋斗目标。这样你才有机会充分发挥自己的才智，才能有效地增加自己的自信心。

最后，要不断丰富自己的生活经验。每个人都要经历适应环境的过程。在这一过程中你也许发挥了才干，也许暴露了缺陷，这没关系，正反两方面的经验都将促进你对自己的了解。

最重要的是诚实坦率、平心静气地分析自己。要有勇气承认自己在能力或品质上的缺陷；要肯定自己的长处，扬长避短；要肯定自己的生活方式，并能够接受事业上的打击。只要你能做到以上几点，你就能增强自我接受感。

◈ 第二节 ◈
摆脱消极心态

漫漫人生路上，我们难免会碰到一些无法改变却让我们遗憾的事情，但我们仍然可以有所选择。我们可以把它们当作一种不可避免的情况加以接受，并且适应它，否则我们只能让忧虑毁了我们的生活，甚至最后可能会精神崩溃。

自卑是失败者的名片

世上大部分不能走出生存困境的人都存在信心不足的问题，他们就像一棵脆弱的小草一样，毫无信心去经历风雨，这就是可怕的自卑心理在作怪。所谓自卑，就是轻视自己，自己看不起自己。自卑心理严重的人，并不一定是其本身具有某些缺陷或短处，而是他们不能接纳自己，自惭形秽。他们常把自己放在一个低人一等、不被自我喜欢，进而演绎成别人也看不起自己的位置，并由此陷入不能自拔的痛苦境地，心灵笼罩着永不消散的愁云。

自卑的人，情绪低落，郁郁寡欢，常因害怕别人看不起自己而不愿与人来往，只想与人疏远，他们缺少朋友，顾影自怜，甚至自疚、自责、自罪；自卑的人，缺乏自信，优柔寡断，毫无竞争意识，抓不住稍纵即逝的各种机会，享受不到成功的乐趣；自卑的人，常感疲劳，心灰意懒，注意力不集中，工作没有效率，缺少生活情趣。

如果一个人被笼罩在自卑的阴影中，那无异于给自己套上了无形

的枷锁。如果他能够认清自己，懂得换个角度看待周围的世界和自己的困境，那么许多问题就会迎刃而解。

从前，有个长发公主，她头上披着很长很长的金发，长得很美。公主自幼被囚禁在古堡的塔里，和她住在一起的老巫婆天天念叨公主长得很丑。公主也坚信自己是个丑陋的姑娘，她为自己的容貌而深感自卑。

一天，一位年轻英俊的王子从塔下经过，被公主的美貌惊呆了，从那以后，他天天都要到这里来一饱眼福。公主从王子的眼睛里看清了自己的美丽，同时也从王子的眼睛里发现了自己的自由和未来。有一天，她终于放下头上长长的金发，让王子攀着长发爬上塔顶，把她从塔里解救了出来。

其实，囚禁公主的不是别人，正是她自己，那个老巫婆是她心里迷失自我的魔鬼，她听信了魔鬼的话，以为自己长得很丑，不愿见人，就把自己囚禁在塔里。

自卑常常在不经意间闯进我们的内心世界，控制着我们的生活，在我们有所决定、有所取舍的时候，向我们勒索着勇气与胆略；当我们遇到困难的时候，自卑会站在我们的背后大声地吓唬我们；当我们要大踏步向前迈进的时候，自卑会拉住我们的衣袖，叫我们小心地雷。一次偶然的挫败就会令自卑的你垂头丧气、一蹶不振，甚至将自己的一切否定，你会觉得自己一无是处、窝囊至极，你会因为自卑而掉进自责、自罪的漩涡。

自卑就像蛀虫一样侵蚀着你的人格，它是你走向成功的绊脚石，是你快乐生活的拦路虎。

一个人如果自卑，他不仅不敢有远大的目标，同时他将永远不会出类拔萃；一个民族和国家如果自卑，那么它只能当别国的殖民地，站不起来，也不敢站起来，只能跟在别国身后当附庸品。

自卑是一种压抑，一种自我内心潜能的人为压抑，更是一种恐惧，一种损害自尊和荣誉的恐惧。所以在生活中，我们只有比别人更相信并且珍爱自己，我们才能发挥自己最大的潜力，创造出属于自己的天地。当我们遭到冷遇时，当我们受到侮辱时，一定要自尊自爱，把羞辱作为奋发的动力，激励自己去战胜一个个困难。

悲观挡住了你的阳光

20世纪的女作家张爱玲的一生，完整地注释了悲观给人带来的负面影响有多么巨大。张爱玲一生聚集了一大堆矛盾，她是一个善于将艺术生活化、将生活艺术化的享乐主义者，又是一个对生活充满悲剧感的人；她是名门之后、贵族小姐，却宣称自己是一个自食其力的小市民；她悲天悯人，时时洞见芸芸众生"可笑"背后的"可怜"，但在实际生活中却显得冷漠寡情；她通达人情世故，但她自己无论待人接物还是穿衣打扮均是我行我素、独标孤高。她在文章里同读者拉家常，但在生活中却始终与人保持着距离，不让外人窥测她的内心；她在20世纪40年代的上海大红大紫，几十年后，她却在美国深居简出，过着与世隔绝的生活。所以有人说："只有张爱玲才可以同时承受灿烂夺目的喧闹与极度的孤寂。"这种生活态度的确不是普通人能够承受或者是理解的，但用现代心理学的眼光看，其实张爱玲的这种生活状态源于她始终抱着一种悲观的心态活在人间，这种悲观的心态让她无法真正地融入生活，因此她总在两种生活状态里不停地左右徘徊。

张爱玲悲观苍凉的色调，深深地沉积在她的作品中，使其作品产生了巨大而独特的艺术魅力。但无论她用怎样细腻轻快的文字，写出怎样可笑或传奇的故事，终不免露出悲音。那种渗透着个人身世之感的悲剧意识，使她能与时代生活中的悲剧氛围相通，从而在更广阔的历史背景上臻于深广。

张爱玲所拥有的深刻的悲剧意识，并没有把她引向西方现代派文学那种对人生彻底绝望的境界。个人气质和文化底蕴最终决定了她只能回到传统文化的意境，且不免自伤、自恋，因此在生活中，她时而在世俗的喧嚣中沉醉，时而又陷入极度的寂寞中，最后孤老死去。张爱玲的悲剧人生让我们看到了悲观对一个人的戕害是多么惨重。

四周都是一眼望不到边的沙漠。水已经都喝完了，两个结伴而行的人身陷沙漠中找不到出去的路。水，水，最要紧的是找到水，已经有一个人因为中暑而不能行动了。同伴把一支枪递给中暑者，再三吩咐："你不要走动，枪里有5颗子弹，我走后，每隔两小时你就对空中鸣放一枪，枪声会指引我前来与你会合。"说完，同伴满怀信心地找水去了。

时间一点点过去，还看不到同伴的身影。躺在沙漠里的中暑者开始怀疑：同伴能找到水吗？能听到枪声吗？他会不会丢下自己这个"包袱"独自离去？

暮色降临的时候，枪里只剩下一颗子弹了，而同伴还没有回来。中暑者确信同伴抛下他离去了，自己只能等待死亡。他痛苦极了，又害怕极了，他仿佛已经看到沙漠里的秃鹰飞来，狠狠地啄瞎他的眼睛，啄食他的身体……终于，中暑者彻底崩溃了，他拿起枪，将最后一颗子弹射进了自己的太阳穴。

枪声响过不久，同伴提着满壶清水，领着一队骆驼商旅赶来，找到了中暑者温热的尸体。中暑者不是被沙漠的恶劣环境吞没，而是被自己的恶劣心境毁灭了。

其实，很多事情也是这样，乐观情绪总会带来快乐、明亮的结果，而悲观的心理则会使人眼前的一切变得灰暗。

悲观者和乐观者在面对同一个问题时会有不同的看法。下面是一个两种见解的典型范例。有两个见解不同的人在争论3个问题。

第一个问题——希望是什么？

悲观者说：是地平线，就算看得到，也永远走不到。

乐观者说：是启明星，能告诉我们曙光就在前头。

第二个问题——风是什么？

悲观者说：是浪的帮凶，能把你埋葬在大海深处。

乐观者说：是帆的伙伴，能把你送到胜利的彼岸。

第三个问题——生命是不是花？

悲观者说：是又怎样，开败了也就没了！

乐观者说：是，它能留下甘甜的果。

突然，天上传来了上帝的声音，也问了3个问题：

第一个问题——一直向前走，会怎样？

悲观者说：会碰到坑坑洼洼。

乐观者说：会看到柳暗花明。

第二个问题——春雨好不好？

悲观者说：不好！野草会因此长得更疯！

乐观者说：好，百花会因此开得更艳！

第三个问题——如果给你一片荒山，你会怎样？

悲观者说：修一座坟茔！

乐观者反驳：不！种满山绿树！

于是上帝给了他们两样礼物：

给了乐观者成功，给了悲观者失败。

同样是人，却会有截然不同的人生态度，不同的人生态度会造就截然不同的人生风景，不同的世界观会导致截然不同的人生结局。无论面对怎样的环境，有着怎样的困难，都不能放弃自己的信念，而要自信地迎接生活的挑战，绝不能让悲观挡住了阳光。

依赖令你远离进步

对于成大事者而言，拒绝依赖他人是对自己能力的一大考验。这就是说，依附于别人是肯定不行的，因为这是把命运交给别人，而失去做大事的主动权。

有些人遇到什么事、什么人，首先想到的是别人怎么看、怎么想，在做什么事的时候总是追随别人、求助别人，这就是对别人的依赖。别人说什么就是什么，别人做了以后自己才敢去做，凡事不相信自己，不能自作主张，不能自己决断，这也是对别人的依赖。这样的人，在家中依赖父母、兄弟、爱人，在外面依赖上司、同事，一天不依赖，他就一天也做不了人。要是没有人在他的身边，他会不知所措，变得紧张、慌乱，失去方向。这样的人，是人格没有成熟、没有健全的人，是身体懒惰和心理懒惰的人。

很多人都以为他们永远会从别人不断的帮助中获益，却不知一味地依赖他人只会导致懦弱。如果一个人总是依靠他人，将永远也坚强不起来，永远也不会有独创力。人生往往就是这样，要么独立自主，要么埋葬雄心壮志，一辈子老老实实做个普通人。

一个登山者一心一意想登上世界第一高峰。在经过多年的准备之后，他开始行动。但是，由于他希望完全由自己独得全部的荣耀，所以他决定独自出发。他开始向上攀爬，时间已经有些晚了，然而，他非但没有停下来准备露营的帐篷，反而继续向上攀登，直到四周变得非常黑暗。山上的夜晚显得格外的黑暗，这位登山者什么都看不见，到处都是黑漆漆的一片，能见度为零，因为月亮和星星又刚好被云层给遮住了。即便如此，这位登山者仍然继续向上攀爬着，突然他滑倒了，并且迅速地跌了下去。跌落的过程中，他仅仅能看见一些黑色的阴影，以及一种因为被地心引力吸住而快速向下坠落的恐怖感觉。

他下坠着，在这极其恐怖的时刻，他的一生，不论好与坏，也一幕幕地显现在他的脑海中。

当他一心一意地想着，此刻死亡正在如何快速地接近他的时候，突然间，他感到系在腰间的绳子重重地拉住了他。他整个人被吊在半空中，而那根绳子是唯一拉住他的东西。

在这种上不着天、下不着地、求助无门的境况中，他一点儿办法也没有，只好大声呼叫："上帝啊！救救我！"

突然间，天上有个低沉的声音回答他说："你要我做什么？"

"上帝！救救我！"

"你真的相信我可以救你吗？"

"我当然相信！"

"那就把系在你腰间的绳子割断。"

在短暂的寂静之后，登山者决定继续全力抓住那根救命的绳子。

第二天，搜救队找到了他的遗体，他的尸体已经冻得僵硬，挂在一根绳子上，他的手紧紧地抓着那根绳子——在距离地面仅仅1米的地方。

因为依赖这根绳子，登山者走向了死亡。如果放开依赖，登山者的命运便可以改写。新生命的诞生是从剪断脐带开始的，生命所受到的最大束缚就来自它对"绳子"的依赖。人类注定只有靠自己才能获得自由，"你的命运藏在你自己的胸里"，如果你依恋那根"绳子"，你至死也不会明白为什么自己会离开这个世界。

依赖他人，我们就会觉得总是会有人为我们做任何事，所以不必努力，结果只能导致人生走向失败。

有些人是在等着从父亲、富有的叔叔或是某个远亲那里弄到钱；有些人是在等那个被称为"运气""发迹"的神秘东西来帮他们一把。

从来没有某个等候帮助、等着别人拉扯一把、等着别人的钱财或是等着运气降临的人能够真正成就大事。生活中最大的危险就是依赖他人来保障自己。如果一个人依赖他人，他将永远坚强不起来，也永远不会有独创力。雨果曾经写道："我宁愿靠自己的力量打开我的前途，而不愿企求有力者的垂青。"

只要一个人是活着的，他的前途就永远取决于自己，成功与失败都只系于自己身上。而依赖作为对生命的一种束缚，是一种寄生状态。英国历史学家弗劳德说："一棵树如果要结出果实，必须先在土壤里扎下根。同样，一个人首先需要学会依靠自己、尊重自己，不接受他人的施舍，不等待命运的馈赠。只有在这样的基础上，他才可能做出成就。"将希望寄托于他人的帮助，便会形成惰性，失去独立思考和行动的能力；将希望寄托于某种强大的外力上，意志力就会被无情地吞噬掉。

真实人生的风风雨雨，只有靠自己去体会、去感受，任何人都不能为你提供永远的荫庇。你应该掌握前进的方向，把握目标，让目标似灯塔般在高远处闪光；你应该独立思考，有自己的主见，你必须懂得自己解决问题。你不应相信有什么救世主，不该信奉什么神仙或皇帝，你的品格、你的作为，你所有的一切都是你自己行为的产物，并不能靠其他什么东西来改变。

你，就是主宰一切的神灵。一个人，即使驾着的是一匹羸弱的老马，但只要马缰掌握在他的手中，他就不会陷入人生的泥潭。人只有依靠自己，才能配得上最高贵的东西。

只有你自己能主宰你命运的沉浮。祛除依赖心理，独立面对真实人生的风风雨雨，相信你定能奏响生命雄壮的乐章。

恐惧是人生的大敌

恐惧是人的情感中难解的症结之一。面对自然界和人类社会，生命的进程从来都不是一帆风顺、平安无事的，而是总会遭到各种各样的挫折、失败和痛苦。当一个人预料将会有某种不良后果产生或受到威胁时，就会产生一种不愉快的情绪，并为此而紧张不安，程度从轻微的忧虑一直到惊慌失措。现实生活中，每个人都可能经历某种困难或危险的处境，从而体验不同程度的焦虑。恐惧作为一种生命情感的痛苦体验，是一种心理折磨。人们往往并不为已经到来的或正在经历的事而惧怕，而是对结果的预感产生恐慌。人们生怕无助、生怕被排斥、生怕孤独、生怕被伤害、生怕死亡的突然降临；同时，人们也生怕失官、生怕失职、生怕失恋、生怕失亲、生怕声誉瞬息遭毁。其实，让我们恐惧的这些东西并没有那么可怕，可怕的是恐惧本身，恐惧比什么东西都可怕。

整日游荡在充满各种恐惧的世界里的人会呈现出一副布满焦虑和担忧的脸孔，在他的心目中，似乎人生就是永恒的失意。这真是一件令人惋惜的事情！

恐惧虽然阻碍着人们力量的发挥和生活质量的提高，但它并非是不可战胜的。只要人们能够积极地行动起来，在行动中有意识地纠正自己的恐惧心理，那它就不会再成为我们的威胁了。

如果一个人面对令他恐惧的事情时总是这样想："等到没有恐惧心理时再来做吧，我得先把害怕退缩的心态赶走才可以。"这样做的结果往往是把精神全浪费在消除恐惧感上。

恐惧纯粹是一种心理现象，是一个幻想中的怪物，一旦我们认识到这一点，我们的恐惧感就会消失。如果我们都被正确地告知没有任何臆想的东西能伤害到我们，如果我们的见识广博到足以明了没有任何臆想的东西能伤害到我

们，那我们就不会再感到恐惧了。

弱者的害怕，是在害怕中充满疑虑；强者的害怕，是在害怕中仍然充满自信。

害怕是人的正常情绪，压抑自己的害怕只会令你更加手足无措；你可以害怕，但是不能输给眼前的敌人。

马克·富莱顿说："人的内心隐藏任何一点儿恐惧，都会使他受到魔鬼的利用。"美国著名作家、诺贝尔文学奖获得者福克纳说："世界上最懦弱的事情就是害怕，应该忘了恐惧感，而把全部身心放在属于人类情感的真理上。"爱因斯坦说："人只有献身社会，才能找出那实际上是短暂而有风险的生命的意义。"

循着哲人们的脚步，聆听他们智慧的声音，我们还有什么可以恐惧的理由？

勇敢的思想和坚定的信心是治疗恐惧的良药，它们能够中和恐惧思想，如同化学家通过在酸溶液里加一点儿碱，就可以破坏酸的腐蚀性一样。当人们心神不安时，当忧虑正消耗着他们的活力和精力时，他们是不可能获得最佳效率的，是不可能事半功倍地将事情办好的。

所有的恐惧在某种程度上都与人自己的软弱感和力不从心有关，因为此时他的思想意识和他体内的巨大力量是分离的。一旦他开始心力交融，一旦他重新找到了让他自己感到满意和大彻大悟的那种平和感，那么，他将真正体味到做人的荣耀。感受到这种力量和享受到这种无穷力量的福祉之后，他便绝对不会满足于心灵的不安和四处游荡，绝对不会满足于萎靡不振的状态。

在不安、恐惧的心态下仍勇于作为，是克服神经紧张的处方，能使人在行动之中获得活力与生气，渐渐忘却恐惧心理。只要不畏缩，有了初步行动，就能带动第二、第三次的出发，如此一来，心理与行动都会渐渐走上正确的轨道。

恐惧产生的结果多是自我伤害，它不仅会让你丧失自信心或战斗力，还能使人被根本不存在的危险伤害。与恐惧相反，勇气和镇定能使人变得强大，能减少或避免危害。所以，在面对危险的时候，一定要临危不乱，牢记勇者无惧的箴言，这样你才能从容面对生活并且走向成功。

心浮气躁，难以成事

浮躁，乃轻浮急躁之意。

今天用来比喻强求速成反而坏事的成语"揠苗助长"，就源于这个寓言：宋国有个种田人，为了让自己田里的禾苗长得快一些，就下到田里把禾苗一棵一棵地往上拔。拔完回到家，他对家人说："今天累坏了，我帮助田里的禾苗长高了。"他的儿子听后忙到田里去看，只见田里的禾苗全都枯萎了。

急于求成是永远不会获得想要的效果的，只有脚踏实地才能获得最终的成功。

浮躁心理是造成人们做事目的与结果不一致的常见原因。具有浮躁心理的人，一味地追求效率和速度，他们通常是手脚比脑袋快，想到什么做什么，却往往不会考虑结果。他们常常会犯拔苗助长的错误，让自己所做的工作事倍功半，结果只能与成功背道而驰。

小付无论学什么都是半途而废。他曾经废寝忘食地攻读法语，但要真正掌握法语，必须首先对古法语有透彻的了解，而没有对拉丁语的全面掌握和理解，要想学好古法语是绝不可能的。

小付进而发现，掌握拉丁语的唯一途径是学习梵文，因此便一头扑进梵文的学习之中，可这就更加旷日废时了。

小付从未获得过什么学位，他所受过的教育也始终没有用武之地，但他的先辈为他留下了一些本钱。他拿出10万美元投资办了一家煤气厂，可造煤气所需的煤炭价钱昂贵，这使他大为亏本。于是，他以9万美元的售价把煤气厂转让出去，开办起煤矿来。可他又不走运，因为采矿机械的耗资大得吓人。因此，小付把在矿里拥有的股份变卖成8万美元，转入了煤矿机器制造业。从那以后，他便像一个内行的滑冰者，在

有关的各种工业部门中滑进滑出，没完没了。

很多历史上的名人也用过求速成的方法，但在追求过程中，又转向了下苦功。例如，宋朝的朱夫子是个绝顶聪明之人，他十五六岁就开始研究禅学。而到了中年之时他才感觉到，速成不是创作良方。于是他坚信"欲速则不达"这句话，之后狠下苦功，最后才获得了一定的成就。他有一句16字真言："宁详毋略，宁近毋远，宁下毋高，宁拙毋巧。"

为什么当今的人无法做到这一点呢？因为当前更多人信奉的是："随主流而不求本质"，在追求的过程中丧失了自己的目的性，不追求人生最根本的目的，转而追求一些形式上的成功。正如那句话所说的，瞬间的成就可以使人获得短暂的名利，但如果谈起永恒，无非只是皮毛之举。

所以在生活中，如果我们想取得永恒的成功，就必须静下心来，摆脱速成心理的牵制，看清人生最根本的目的，一步一个脚印地走下去。只有这样，我们才能达到自己的目的，最终走上成功的道路。

忧虑是一种心理疾病

忧虑是一种过度忧愁和伤感的情绪体验，人们有时都会有忧虑的心理。但如果总是毫无原因地忧虑，或虽有原因，却不能自控地显得心事重重、愁眉苦脸，那就属于心理性忧虑了。

忧虑使人在情绪上表现出强烈而持久的悲伤，让人觉得心情压抑和苦闷，并常常伴随着焦虑、烦躁及易激怒等反应。忧虑使人在认识上表现出负面的自我评价，让人感到自己没有价值，生活没有意义，对未来充满悲观；还能让人对各种事物缺乏兴趣，依赖性增强，活动水平下降，变得不愿与他人交往；忧虑过重的人常伴有自卑感，严重者还会产生自杀的想法。

忧虑的核心表现就是郁郁寡欢，忧虑的人常常会无缘无故、莫名其妙地焦虑不安、苦闷伤感。如果再遇上环境刺激时，就犹如"火上浇油"，他们会进一步加重忧愁和烦恼。大家所熟悉的《红楼梦》中的林黛玉，就是属于这类忧虑性格的人。一般来讲，性格内向、心胸狭窄、任性固执、多愁善感、孤僻离群的人多带有忧虑倾向。

一个人为什么会忧虑，其产生原因是多方面的，但主要原因来自自我。正像英国作家萨克雷所说的："生活就是一面镜子，你笑，它也笑；你哭，它也哭。"这与一个人的社会经验的多寡是有关的。忧虑的人对社会、对他人的期望值过高，对实现美好愿望的艰巨性、复杂性又估计不足，于是当其愿望与现实之间出现巨大落差时，即产生失落感，进而失望、失意或忧虑。

忧虑的产生还与一个人的生存能力有关。有些人缺乏对复杂社会的适应能力，心理承受能力很低，承受挫折的耐受力很差，个性又特别脆弱，因此容易陷入忧虑甚至走极端。

忧虑这种心理疾病对我们的心理是极大的负担，甚至会影响我们的身体健康。有位著名的医生曾这么说过：

"在医生接触的病人中，有70%的人只要能够消除他们的恐惧和忧虑，病自然就会好起来。

不要误以为他们都是装病，他们的病就像你有一颗蛀牙一样实在，有时候比你想象的还严重100倍。这种病就像神经性的消化不良，某些胃溃疡、心脏病、失眠症、一些头痛症和麻痹症等。这些病都是真病，我这些话也不是乱说的，因为我自己就得过17年的胃溃疡。恐惧使你忧虑，忧虑使你紧张，并影响到你胃部的神经，使胃里的胃液由正常变为不正常，因此就容易产生胃溃疡。

精神失常的原因何在？没有人知道全部的答案。可是在大多数情况下，极可能是由恐惧和忧虑造成的。焦虑和烦躁不安的人，多半不能适应现实的世界，而跟周围的环境断了所有的联系，缩到他自己的梦想世界，借此解决他所有的忧虑问题。"

有科学家对人的忧虑进行了科学的量化、统计、分析，结果发现，几乎百分之百的忧虑是毫无必要的。统计发现，40%的忧虑是关于未来的事情，30%的忧虑是关于过去的事情，22%的忧虑来自微不足道的小事，4%的忧虑来自我们改变不了的事实，剩下4%的忧虑来自那些我们正在做着的事情。

快乐是自找的，烦恼也是自找的。如果你不给自己寻烦恼，别人永远也不可能给你烦恼。所以，每当你忧心忡忡的时候，每当你唉声叹气的时候，不妨把你的烦恼写下来，然后在科学家的分析中为自己的烦恼归个类：它是属于40%的未来，30%的过去，22%的小事情，4%的无法改变的事实，还

是剩下的那一个
20世纪60年
的一个康复旅行
的带领下去奥地
参观当地一位名
堡时，那位名人
待。他虽已80岁
旧精神焕发、风
说，各位客人来
我学习，真是大
该向我的伙伴们

4%？
代，意大利
团体在医生
利旅行。在
人的私人城
亲自出来接
高龄，但依
趣幽默。他
这里打算向
错特错，应
学习：我的

狗巴迪不管遭受如何惨痛的欺凌和虐待，都会很快地把痛苦抛到脑后，热情地享受每一根骨头；我的猫赖斯从不为任何事发愁，它如果感到焦虑不安，即使是最轻微的情绪紧张，也会去美美地睡一觉，让焦虑消失；我的鸟莫利最懂得忙里偷闲、享受生活，即使树丛里吃的东西很多，它也会吃一会儿就停下来唱唱歌。"相比之下，人却总是自寻烦恼，人不是最笨的动物吗？"他总结道。

忧虑的人也许各有各的忧虑，但快乐的人都是相似的。他们在面对人生的各种选择时，总会选择让自己快乐的那一种。

嫉妒是痛苦的制造者

嫉妒是痛苦的制造者，在各种心理问题中是对人伤害最严重的，可以称得上是心灵上的恶性肿瘤。如果一个人缺乏正确的竞争心理，只关心别人的成绩，同时内心产生严重的怨恨，嫉妒他人，时间一久，心中的压抑聚集，就会形成心理问题，对健康也会造成极大的伤害。

因为嫉妒，造成了很多无法挽回的惨剧。有这样一个真实的故事：

对信阳市3581高级中学三年级1班409寝室的女生而言，2003年1月21日那个凌晨，无疑是一场噩梦。

凌晨 2 时许，正在香甜的梦中熟睡的 8 名女生，突然被一声撕心裂肺的惨叫声惊醒。惨叫声是从她那边下铺的张静那里发出的。张静不住地喊痛，她原本漂亮的脸变成一片黑色，而且正在起泡，越来越恐怖。大家惊呆了：有人故意用硫酸作恶毁容！

在医院里，大家痛心地看到，张静那张被硫酸烧灼的面孔令人惨不忍睹。和张静同床的晶晶左手也被硫酸烧伤，幸运的是，她的伤只是轻微伤。

此案发生后，女生宿舍一片惶恐，因为遭硫酸袭击的床位其实是晶晶的床位。校方赶紧向公安机关报案。河区公安分局成立专案组进驻 3581 高级中学。3 天后，一个女生提供了一条线索。

办案人员立即讯问与晶晶同班的女生马娟。马娟坦白说：2003 年 1 月 20 日中午，她花了 8 元钱购买了一大瓶硫酸拿回学校。她要找机会将硫酸泼到晶晶耳朵上，让晶晶尝一尝她的厉害。

当晚，马娟早早睡下。凌晨 2 时许，她端起装有硫酸的白瓷杯，径直走到 409 室。409 室的门凑巧没锁，她轻轻一推，门开了。当马娟走到晶晶的面前时，该寝室里的一位女生正好说梦话。马娟吓了一跳，以为有人看见她了。知道晶晶和张静同睡一床的她心慌意乱，将硫酸往床上一个人的脸上一泼，转身就逃。身后传来张静痛苦的惨叫，她一听，就知道泼错人了。

马娟说："因为晶晶比较聪明，比我学习好，1 月 20 日又要考试了，我的压力比较大，决定想办法耽误一下晶晶的学习时间，以免和她的学习成绩相差太远。考虑再三，我选定了泼硫酸这个办法。"

信阳市中级人民法院审理后认为：被告人马娟因嫉妒他人，采用泼硫酸的手段，致一人重伤且造成严重残疾，一人轻微伤。犯罪手段极其残忍，后果特别严重，其行为已构成故意伤害罪。

2003 年 10 月 14 日，泼硫酸的马娟被法院判处死刑，剥夺政治权利终身。

是什么让马娟铤而走险，用众人皆知的腐蚀性很强的硫酸毁掉了同学如花的脸庞？是嫉妒！如此看来，嫉妒比毒瘤还要可怕。

嫉妒作为人类的弱点，几乎人人都有，只是多与少的不同。这是人性中残存的动物性的一面。据研究者说，许多动物都有嫉妒的本性，比如一只狼会把比它多抢了猎物的同类咬死。一个杂技团驯兽员曾说，一只叫丽娘的小狗看到驯兽员接触一只叫艾玛的小狗较多时，它竟然嫉妒地把艾玛咬死了。尽管我们早已进化成人，但这个"动物性"却似乎与生俱来。当我们还是孩子时，就会因为父母表现出的对其他兄弟姐妹的偏心而心生不快，我们会因他们比自己多吃了一口蛋糕或穿了一件新衣服而生气甚至哭闹。虽然嫉妒是人普遍存在的也可以说是天生的缺点，但我们绝不可因此而忽视它的危害性，特别是当嫉妒已经发展到很严重的地步时，我们内心产生的怨恨会越积越多，时间久了会形成心理问题，会对健康造成极大的伤害。

1.对心理健康的危害

泛化了的嫉妒是一种病态，表现为人格的偏离。这种病态的人格表现为极度的感觉过敏，思想、行动固执死板，以及坚持毫无根据的怀疑。有病态嫉妒心理的人对别人特别嫉妒，又非常羡慕；对自己过分关心，又无端夸张自己的重要性；把自己的错误或不慎产生的后果归咎于他人，不停地责备和加罪于他人，却原谅自己；总是过多过高地要求他人，但从来不信任别人的动机和意愿，总认为别人心存不良，甚至认为别人对自己耍阴谋。

很显然，这种人格是偏离常态的。在精神病学临床表现上，病人的人格不仅决定了他患病后的行为，而且为其某种精神疾病的发生打下了基础。具有病态的嫉妒的人格偏离往往会使人出现妄想症状，最后发展为偏执型精神病或精神分裂症。

2.对个人发展的危害

嫉妒对个人发展的危害是很明显的。由于人格偏离，这种人常常不信任别人，好嫉妒，好归罪于他人。这必然会影响个体的人际关系和社会职能。从他人的角度看，如果一个人对他不信任，将失败全归罪于他，对他存有嫉妒心，他怎么能与这个人友好相处及合作呢？从个体自己的角度看，不信任别人、嫉妒他人，则不能与团队愉快合作。

第二章

积极进取、改变命运的强者心态

∾第一节∾

乐观心态：营造成功的心境

乐观是无论在什么样的情况下，都可以保持良好的心态，在厄运中依然能够感受快乐的心境。乐观者通常会用快乐去感染他周围的环境。心理学家对快乐的定义是，一种主观上安乐的状态——平衡而满足的内在感受。当我们拥有快乐的时候，会喜爱自己、热爱生活，能够从每一天当中得到乐趣。

乐观源于自我肯定

许多看似与快乐联系在一起的因素——财富、盛名和好运——其实只是假象。研究发现，在富有的美国和欧洲，财富与乐观之间的相互联系微乎其微——事实上几乎没有联系。甚至连那些巨富也比普通人快乐不了多少。

真正的乐观心态，其实与外在无关，它更多的是源于内心，源于对自己的自我肯定。

有这样一则寓言：一天，皇帝独自在花园里散步，但他惊讶地发现，花园里所有的植物都枯萎了，一片荒凉。原来，橡树因为没有松树那么高大挺拔，轻生厌世死了；松树因自己不能像葡萄那样结许多果子，也死了；葡萄哀叹自己终日匍匐在架上，不能直立，不能像桃树那样开出美丽可爱的花朵，于是也死了；牵牛花也病倒了，因为它叹息自己没有紫丁香那样芬芳；其余的植物也都垂头丧气，没精打采，只有细小的心安草在茂盛地生长。

皇帝问道："小小的心安草，别的植物全都枯萎了，为什么你这么勇敢乐观，毫不沮丧呢？"

心安草回答说："皇帝啊，我一点儿也不灰心失望，因为我知道，如果皇帝您想要一棵橡树，或者一棵松树、一丛葡萄、一株桃树、一株牵牛花、一棵紫丁香等，您就会叫园丁把它们种上，而我知道您希望于我的就是要我安心做小小的心安草。"

正是由于心安草不自我贬低，肯定自我，才能够在花园中快乐地成长。做人就应该像心安草这样，而不是像园里的其他植物，一味地看到别人的长处，看不到自己的优点而贬低自己。

乐观是正视现实，不畏困境

生活就像一座困境的围城。也许在这座围城中会遇到种种麻烦：目前从事的工作不是自己喜欢的，周围的同事可能不喜欢你，自己努力做好了每一件事但上司就是没有表扬你，而更为普遍的是对自己目前收入的抱怨……这个时候，想你对自己的生活感到很失望。这样的情绪很多人都曾体验过，即使那些现在已经拥有一番事业的成功人士也一样，他们也曾经为了自己不得不比别人更努力而抱怨，但最后他们都能调整自己的心态，把自己转换到乐观的想法中去。不要总是抱怨领导不懂得欣赏自己，同事、下属素质低，家人不争气、拖自己的后腿；要正视现实，不要畏惧，要乐观面对现实的困境。

面对种种困境，还有难堪、自尊受伤，你没有时间去怜悯自己的不幸，更没有时间去抱怨生活、抱怨失败、抱怨别人对你的冷漠。既然你没有办法逃避，那就只能正视。你一定要打起精神，告诉自己："既然

已经来了，我就笑着迎接吧！"

《动物世界》里一头骆驼步履蹒跚，艰难地在烈日下行走。

解说词旁白：这是一头生病的骆驼，它要独自步行40千米，去沙漠深处的水源旁采食一种植物。据说吃下那种植物，骆驼的病很快就能好转、痊愈！

生病的骆驼，居然独自走这么远的路去找药，实在可怜呀。

屏幕上，骆驼默默无语地走着，好像根本就没有想过需要陪护之类的！4只蹄秩序井然地抬起又沉重地落下，庞大的身躯忍受着阳光的烤灼和病痛的折磨而缓缓前行。孤苦吗？很疼吗？想哭吗？那就痛快地大哭一场吧。可是再细瞧骆驼的眼睛，却全然没有一般人想象中痛苦绝望的迹象，除了倦怠，骆驼的脸上是一种平静而怡然的神态。

单调的沙漠、沉闷的天空、炙热的太阳随着镜头的推进一一浮现。生病的骆驼终于走完了寂寞的路程，找到了治病的植物。几天之后，生病的骆驼康复了，它甩开蹄子在大沙漠上快乐地奔跑游玩，充分享受着自救带来的幸福感觉。

沙漠、病痛，对于人来说可能是生命的绝境，而骆驼却可以坦然面对，没有绝望和无助。骆驼这种乐观顽强的精神给人很大的震撼和启发。

现代社会是一个竞争激烈的社会，如何保持乐观的心理状态是至关重要的。许多研究心理健康的专家一致认为，适应性强的人或心理健康的人，能以"正视现实"的心态和行为面对挑战，而不是逃避问题，怨天尤人。

但是，在现实生活中，能够以正确的态度和行为面对挫折与挑战其实并非易事。我们可以看到周围有不少人，他们或因工作、事业中的挫折而苦恼抱怨，或因家庭、婚姻关系不和而心灰意冷，甚至有的因遭受重大打击而产生轻生的念头，生命是那么脆弱。

其实，人的一生，或多或少都会遇到一些意外和不如意的事情，我们能否以乐观的心态来面对是至关重要的。

一个人在心理状况最糟糕的情况下，不是走向崩溃就是走向希望和光明。有些人之所以有着不如意的遭遇，很大程度上是由于他们个人的主观意识在起着决定性作用，他们选择了逃避，而事实上逃避根本解决不了任何问题。如果我们能够善待自己、接纳自己，并不断克服自身的缺陷，克服逃避心理，那么我们就能坦然乐观地面对生活，拥有更为完美的人生。

乐观，让你拥有好人缘

在物理学中有一种混沌效应原理：亚马孙河的蝴蝶扇动一下翅膀，美国就有一场暴风雨。这种效应又叫作"蝴蝶效应"。在人的心理活动中，同样有这种蝴蝶效应。人的情感具有传染性，悲观的人散发出来的忧郁会让别人退避三舍，而乐观者则会用快乐吸引更多的朋友，这个现象可以定义成"情感传染的混沌效应"。

悲观和乐观心态都是一种情感散发的方式，都是给他人一个对你印象的"写真"，并且让他人了解到你是谁，你到底是什么样的人，你在做什么，要到哪儿去。它是一种感觉、动作和思考的表现，透露出你的气质、意见和个性。人有一种"向光性"，即都喜欢与乐观的人做朋友，因为从他们那里可以受到快乐的感染。但是悲观，则会散发出一种拒人千里的气息，让人退避三舍。

态度的两个主要成分是投射和吸收。你的自我形象是经由你的态度传递或投射给其他人的。接下来，你所投射出去的讯息被别人接收，然后他们就会做出相应的反应。如果你希望别人对你很友好，那么在你对他们的态度中，你就必须要持有同样乐观友好的态度，而悲观的态度所得到的响应会迥然相反。就像阳光可以使接触到它的物体产生温度，而冰块则会让物体冰冷一样。人类同样有着"热感传导"效应。

当你投射出去的态度和别人接收的态度合二为一的时候，你就会变得很有吸引力，能够吸引周围的很多人作为你的朋友。如果你总是表现出快乐的情绪，感染你周围的人，别人便会产生共鸣，与你进行一种快乐的交流。

　　乐观或悲观态度是你将自我形象的思想和感觉投射在这世上的表现，检查一下你的内在思想意识和你的内在感觉。如果它们不能互相协调，在你的态度中悲观就会成为主角。你的悲观态度被别人接收后，他们就会"自动防御"—远离你。

　　态度的本身就决定了你的回报。乐观、向上的态度将迎来明媚的阳光和快乐，而悲观、阴暗的态度将迎来阴霾和苦楚。

　　每个人都可以用乐观的态度向周围散播快乐。无论做什么事都面带笑容，那么别人看到你就会很开心，他们也会开始带着笑容来工作，然后更多的人看到，就有更多的人开心，大家都带着快乐的心情工作。带着笑容做事，工作效率也会随着提高，大家合作起来就更容易，我们生活的环境也就会越来越美好。

　　你可能会想：如果我对他微笑，可是他还是板着脸，不肯理我，那我岂不是很尴尬？

　　其实不是什么人都会随时微笑的。只有那些乐观的人，才可能随时把微笑携带在身边。

　　在我们带给大家快乐的同时，也同样在给别人向我们提供快乐的机会。肯尼迪曾说过："如果一个人可以改变一件事，那么每个人都应该试试看。"一个人的力量虽然微薄，无法让每个人都快乐，但拥有乐观，我们就会赢得大多数人的好感，就会拥有好人缘，拥有很多好朋友。

不能够乐观面对生活的人会遇到种种问题，甚至会产生人际交往的障碍。

心理学家发现，如果一个人长期处于悲观状态，缺乏与他人的积极交往，缺乏稳定、良好的人际关系，那么这个人往往有明显的性格缺陷。在心理咨询的实践中也发现，绝大多数人的心理危机，都是因为缺乏乐观的心态，不能与别人好好交往，从而引发的心理疾病。那些生活在没有形成友好、合作、融洽的心理交往氛围的悲观者，常常显示出压抑、敏感、自我防卫、难以合作等悲观情绪，对生活的满意程度较低。而人际关系比较融洽的乐观者，则常常表现出愉快、轻松、健康向上的乐观心态，在行为上也以注重成就、乐于与人交往和帮助别人为主。可见，人的心态和性格状况，直接受到与别人的交往关系的影响。乐观的人，不是被动地在生活中应付人际关系，而是把与人交往当成一种快乐，这种主动自然会让他们拥有更多的友谊。

好的人缘总是与健康的乐观心态相伴随的。心理健康水平越高，与别人的交往越积极，越符合社会的期望，与别人的关系也越密切。心理学家高尔顿和奥尔波特发现，拥有乐观心态的人能够和他人建立良好的交往和融洽的关系。他们可以很体谅别人，给人以快乐、温暖、关怀和爱。这种能力成为他们拥有好人缘的制胜法宝。

拥有乐观，快乐前行

关于悲观和乐观，最经典的一个故事是：

有两个人，一个悲观，一个乐观。有一天，他们在一起吃葡萄。悲观者吃葡萄时，从大粒开始吃，他所吃的每一粒都比上一粒小，所以，他心里充满了失望。乐观者吃葡萄时，从小的开始吃，所吃的每一粒都比上一粒大，所以他心里充满了快乐。后来，悲观者想换一种吃法，从小粒开始吃。可是在他看来，他吃到的都是最小的，他还是快乐不起来。乐观者也想换一种吃法，从大粒开始吃。在他看来，他吃到的都是最大的，他还是快乐的。

乐观的人总是能从平凡和不幸中发现美，在他们的眼中，生活里的每一处都有朝阳。威廉·华兹华斯曾有一首诗道出了这份独特心境，"我曾孤独地徘徊/像一缕云/独自飘荡在峡谷小山之间/忽然一片花丛映入眼帘/一大片金黄色的水仙/我凝视着—凝视着—但从未去想/这景象给我带来了什么财富/我的心从此充满了喜悦/随那黄水仙起舞翩跹"。生活中不乏阳光，阳光需要你用心去体会。伯特兰·罗素认为："一个人感兴趣的事情越多，快乐的机会也越多，而受命运摆布的可能性便越小。"

在乐观者眼中，所有的事都可以让他们快乐，即使不幸，也只是幸福的另一种解释。

一个十分悠闲的渔者去河边钓鱼，他发现了一个在河边哭泣要跳河的妇人。他问妇人："你为什么跳河？"

"我，我被丈夫抛弃了。"

"哦，你什么时候认识你丈夫的？"

"我是3年前认识他的，我们刚结婚一年他就另觅新欢不要我了。"妇人越说越伤心，真的要去跳河了。

"哦，你等等，"渔者问，"那3年前未遇见他时你是怎么活的？没有他你就必须跳河吗？"

"哦，3年前我没有遇见他，我生活得很好，很快乐。"

"是啊，你完全可以从头再来啊，只不过3年时间，它在你一生中只占几十分之一啊，干吗要为3年付出那么多呢？3年是可以用另外一个3年挽回的。而且，应该哭的是他，因为他失去了一个爱他的人；而你则应该庆幸，你失去的是一个不爱你的人。前面还有更大的幸福等着你。"

"是啊，我应该庆幸，谢谢你。"妇人谢过渔者，轻松地离开了。

同样的一件事，只是换了一个角度，我们就可以得到悲喜两种不同的结论。究竟是谁施的魔力，让被抛弃的妇人由悲转喜？是渔者的乐观劝导。在生活中，在遇到困难不幸的时候，我们可能没有妇人幸运，她有渔者的智慧引导，但我们可以自己充当自己的渔者，怀有乐观心态，让一切不幸烟消云散。

乐观，一方面会受到客观现实的影响，但更主要的则取决于认知、思维方式。如果觉得不幸福，就会感到不幸；相反，只要心里想快乐，绝大部分人都能如愿以偿。很多时候，快乐并不取决于你是谁、你在哪儿、你在干什么，而取决于你当时的想法。两个人从同一个窗口往外看，一个人见到的是泥土，一个人见到的是星星。莎士比亚说："事情的好坏，多半是出自想法。"伊壁鸠鲁也说："人类不是被问题本身所困扰，而是被他们对问题的看法所困扰。"如果在我们眼中，一切都可以用快乐去解释，那么人生万事万物都能够引起我们的快乐。

如果我们心怀朝阳，我们就能够看到生活中光明的一面，即使在漆黑的夜晚，我们也知道星星仍在闪烁。一个心境乐观的人，在生活和工作中发现快乐，制造快乐，就能自觉而坚决地摒弃悲观的想法，不与阴霾灰暗为伍。我们既可能坚持悲观态度、执迷不悟，也可能相反，这都取决于我们自己。这个世界是我们自己创造的，因此，它属于我们每一个人，而真正拥有这个世界的人，是那些热爱生活、拥有快乐的人。也就是说，那些真正拥有快乐的人才会真正拥有这个世界。其实，人在生命进程中享受，无论你多忙，都会有时间选择两件事：快乐还是不快乐。早上起床的时候，也许你自己并不晓得，不过你的确已经选择了让自己快乐还是不快乐。

或许我们一生中不见得有机会可以赢得大奖，更不要说诺贝尔奖或奥斯卡奖，大奖总是留给少数人的。虽然从理论上来说，每个刚出生的孩子都有当上总统的机会，但是实际上大多数人并不具备使这个机会存在的条件。

不过我们获得小奖的机会就大得多。每个人都有机会得到一个拥抱、一个亲吻，或者只是一个微笑的欢迎！生活中到处有小小的喜悦，也许只是一杯柠檬茶，一碗热汤，或是一轮美丽的落日。更大一些的乐趣也不是没有，生而自由的喜悦就够我们感激一生的了。这许许多多、点点滴滴都值得我们细细去品味，去咀嚼。也就是这些小小的快乐，让我们得到生命中的阳光，做一个乐观的小太阳，不仅照亮自己，还会照亮眼前的每一个事物。

❦第二节❦
积极心态：走向成功的动力

拥有积极心态，不停地挑战自我，挑战极限，就可以挖掘出水面下的冰山——潜力。在发掘潜力、不断前行的过程中，人们总会遇到很多困难，但只要你用积极心态面对，困难和挫折都可以转变成为潜力的驱动力。积极的心态，是人们走向成功的推动力。

积极是永不服老的"年轻"态

每个人都希望自己永远年轻，因而在祝福别人的时候，我们常常会说：青春永驻，永远年轻。但一个人的生命从年轻到衰老，是无法改变的自然规律。为了延缓衰老，让自己多拥有一些年轻时光，人们寻求各种养生秘方，保健品、保健器械、化妆品、医疗美容……过分关注外在的同时，人们却忽略了保持青春的另一个重要方面：保持一颗年轻的心。

一个人年轻与否，除了生理年龄和外表外，更重要的是心理年龄，即是否拥有年轻的心态。如果你只是有年轻的外表，而失去一颗年轻的心，那你的"年轻"也不会保持多久。保持年轻的心态并不意味着要放弃做一个成年人，回归孩童的幼稚，而是要求我们对待现实的心态更积极一些，热情一些。

对于一个积极生活、热爱生命的人来说，年龄只是一个数字。你若认为自己衰老，就会变得老气横秋；你若认为自己年轻，就会变得生机勃勃。岁月只能在人的皮肤上留下皱纹，失去对生活的热情却会使人的心灵起皱。人的一生必然从青年走向老年，只要珍惜和把握，无论在哪一个年龄段，都可以创造出人生美境。

麦克阿瑟是美国历史上卓有成就的一名五星上将，同时也是获得功勋最多的军人之一。他投身军旅52载，身经两次世界大战，时时刻刻都以"责任、荣誉、国家"为念。他的名言"老兵不死，只有悄然隐去"在人们心中留下深远的回响。

麦克阿瑟一生都十分自信、满怀希望、积极而不疑虑。他晚年时发表了一篇关于年轻的文章："年龄使皮肤和灵魂起皱纹，并使你放弃兴趣、爱好，你有信仰就年轻，你若疑虑就年老；你有自信就年轻，你若恐惧就年老；你有希望就年轻，你若绝望就年老。在心底深处藏有一间记录室，如果永远收到美丽、希望、愉快和勇气的讯号，你就永远年轻；当你的心房被悲观和犬儒主义所掩蔽，你就只有渐渐变老，渐渐凋零了。"

无独有偶，塞缪尔·尤尔曼，一个大器晚成、70多岁才开始写作的作家，在作品《年轻》中这样写道："年轻，不是人生旅程中的一段时光，也不是红颜、朱唇和轻快的脚步，它是心灵中的一种状态，是头脑中的一个意念，是理性思维中的创造潜力，是情感活动中的一股勃勃生机，是使人生春意盎然的源泉。"

年轻，意味着放弃固执的温室和停滞的享受而去开创生活，意味着超越羞涩、怯懦的胆识和勇气。无论是70岁还是17岁，每个人的心里都会蕴含着奇迹般的力量，都会对进取和竞争怀着孩子般的无穷无尽的渴望。在每个人的心中，都拥有一个类似无线电台的东西，只要能源源不断地接收美好、希望、欢乐、勇气和力量的信息，就会永远年轻。

永远年轻的状态是需要用对生活的热情和对挑战的勇气去保持的，否则，你的心便会被玩世不恭的冷漠和悲观绝望的严酷所覆盖，哪怕你才只有20岁，你也会衰老。但如果你永远保持热情和"不服老"的精神，捕捉每一个积极进取的音符，那你就会有希望在古稀之年依然年轻。

积极向上，重塑自我

有一个成语，叫作"心想事成"。如果一个人总认为自己丑陋，那么他就不能变得俊美；如果一个人总认为自己愚钝，那他也就成不了聪明人。只有怀着积极向上的心态，才能将自己塑造成为一个优秀且富有魅力的人，才能"心想事成"。

一个心理学家曾做过这样的试验，从大学生中挑出一个看上去最愚笨、最不招人喜欢的姑娘，并要求她的同学们改变以往对她的看法。在一个阳光明媚的日子里，大家都争先恐后地照顾这位姑娘，向她献殷勤，送她回家，大家打心里认定她是位漂亮聪慧的姑娘。结果不到一年，这位姑娘出落得妩媚婀娜、姿容动人，连她的举止也同以前判若两人。她对人们说，她获得了新生。其实，她还是原来的那个她，可又是什么力量使她脱胎换骨呢？答案是：自信心。

自信心的形成有外因的作用。如果一个人生活在被赞扬的环境中，他就会感到自己很优秀，拥有自信；如果总是被呵斥，那么他就会对自己产生怀疑，无法拥有自信。但这只是外因的作用，对于自信的人来说，更主要的是内心，如果一个人始终抱有积极态度，坚信自己会成功，那么，无论多么恶劣的条件都不可能阻挠他。我们每个人心中都有为人处世的标准，我们常常把自己的行为同这个标准进行对照，并据此指导自己的行动。因此，如果想让自己变得更好，就要提高自信力，修正心中的做人标准。如果我们想进行自我改造，就应该首先改变对自己的看法。不然，自我改造的全部努力便会落空。

拥有自信，积极重塑自我，往往能使平凡的人做出惊人的事来。胆怯和意志不坚定的人即便有出众的才干、优秀的天赋、高尚的性格，也终难成就伟大的事业。

你相信自己到什么地步，你的成就就会到达什么样的高度。如果拿破仑在率领军队越过阿尔卑斯山的时候只是坐着说："这件事太困难了。"无疑，他的军队永远不会越过那座高山。所以，无论做什么事，坚定不移的自信力，都是成功所必需的和最重要的因素。

不论才干大小、天资高低，成功都取决于坚定的自信力。相信能做成的事，一定能够成功。反之，不相信能做成的事，就绝不会成功。

大多数有自卑感的人总是把注意的焦点放在自我身上，也就是将目光放在自己的弱点上。对不重要的事也以自我为中心来考虑，以为每个人都在注意这些事，其实并不是如此。

现实中，人们总爱拿别人的长处比对自己的短处，自认为这就是缺点，然后又费尽心机使自己相信"因为这个弱点，所以不能成功"。要解决这个问题，就必须知道我们每个人都能成功、快乐和坚强。所以你必须决定，你打算要突出哪一方面。一旦你选择突出自己的长处和优点，自卑感便会消失，一种强而有力的能力便会取代你的缺陷及弱点。

富兰克林意识到他总是不断地与人发生争执，不断地失去朋友，总是和人相处不好。在新年前夕，大家都在制订新年计划。富兰克林也坐下来，开出一张清单，清单上有他所有让人讨厌的性格特点。他把它们一一列出来，并对这些特点进行编排，把最有害的放在清单的第一位，然后依次排下来，害处最小

的排在最后。他决定要一个一个地改掉这些令人讨厌的性格特点。每次他发现自己已经成功地改掉了一个坏毛病的时候，他就把这个毛病从清单上画掉，直到清单上所有的坏毛病都画完为止。正是由于他积极地改变自我，所以他成了全美国人格最为完美的人之一，每个人都尊敬他、崇拜他。今天，几乎在所有关于性格塑造的书中，你都会发现富兰克林的名字，他的重塑自我行动给了人们很多启发。

富兰克林为了改变自我，不断地向自己的缺点挑战，将自己改造成为一个优秀的人。其实只要你有心，有正确方法、积极的态度和持之以恒的精神，你就可以达到富兰克林的高度。

改正缺点，让自己成为一个接近完美的人，这对任何人都非常重要。你需要大声地重复这句话，并把它深深地印在脑海中，这样，你便可以将最弱的地方转为最强。

马特恩设计过一套公式：

（1）孤立弱点，将它研究透彻，然后设计一个计划加以克服。

（2）详细列出你期望达到的目标。

（3）想象一幅将你自己的弱势变成强势的景象。

（4）立即开始成为你所希望的强人。

（5）在你的最弱之处采取最强的步骤。

（6）请求他人的帮助，相信他们会帮助你的。

每个人都有自己的缺点，对你来说，你想克服的是什么？恐惧、愤怒、伤感、失望、沮丧？无论是什么，只要下决心改掉自己的缺点，愿意接受积极思想，你就可以将最弱的地方转为最强，塑造一个全新的自我。

全力以赴才有更多机会

在通往成功的道路上，不要寻求偷懒的捷径，而是要尽全力去做你该做的事。

成功者的秘诀，就在于他们愿意去做一些失败者所不愿意做的事。反之亦同，失败者之所以失败，在于他们一直在做成功者所不愿意做的事。

要搞清楚到底什么是该做或不该做的事，首要条件就是必须拥有明确的目标，再就是需要全力以赴。这样，就可以有正确的判断力，看清自己该做的事情。

真正的成功者，看清自己该做的事情后，没有别的选择，他们只是会立即行动，全力以赴。如果意识中有任何想拖延的消极思想产生，不妨想想，一个人若不在失败中站起，便会在失败中倒下。

是的，你必须全力以赴，并清楚地知道，你的成功不仅会为自己带来幸福和快乐，还会为你身边的人带来阳光般的喜讯。

那些成功的人总是全力以赴，以生活中最优秀者为目标，而不是像失败者那样脱离现实，想入非非。一个人只要有决心、肯努力、不畏艰难、全力以赴，他一定可以成为成功的人。我们从很多成功者的奋斗史中可以看出时刻全力以赴、努力劳动的伟大价值，他们做任何事情总是要求自己精益求精。做事总是兢兢业业，从不妄想一步登天，因而，他们的成功都是必然的。

我们时常可看见那些明明能力、才干都在他人之上的人，却屈居人下，很大程度上是因为他们不努力工作，没有全力以赴，最终他们将被淘汰。

在职场中，不热爱自己的工作、不能全力以赴的人，不可能获得上司的青睐和事业上的成功。因为，一个对工作不负责、不尽心尽力的人，是没有任何资本去获得成功的。要想成功，要想把工作做得更好、更出色，你就必须比你的同事付出更多，工作更努力。

有一位老师曾讲起过他的经历："在我多年的教学实践中，我发觉有许多在校时资质平平的学生，他们的成绩大多在中等或中等偏下，没有特殊的天分，有的只是安分守己的诚实性格。这些孩子走上社会参加工作，不爱出风头，默默地奉献。但毕业几年或十几年后，他们却已经有了成功的事业，而那些以前看来有美好前程的孩子却一事无成。"

老师常与同事一起琢磨，最后得出一个结论：成功与在校成绩并没有什么必然的联系，但和踏实的性格密切相关。平凡的人比较务实，能够自律，比别人更努力，更能拼命地去做事，所以许多机会落在这种人身上。平凡的人如果加上勤奋的特质，成功之门必会向他大方地敞开。

成功的人永远比他人做得更多，当一般人放弃的时候，他们在努力；当别人享受休闲的乐趣时，他们也在努力；当别人正躺在床上呼呼大睡时，他们还在努力。

飞人迈克尔·乔丹是美国篮坛史上的神话，被称为"篮球之神"。他具备所有成为篮球王的特质和条件，他打任何一场比赛都胜券在握。尽管如此，他仍在参加任何一场赛事之前认真地练习投篮，练习基本动作。他是球队练习最刻苦的人，也是准备工作做得最充分的人。

全力以赴，才能做好准备，抓住机遇。成功大师卡耐基告诉奋斗者们：时刻做好准备并寻找机会；在机会降临时要果断、及时地把握住；当机会握在手中时，要善于充分利用它并去争取成功—这是成功者必备的3种品质，其中，做好准备是前提。

机遇不喜欢空等的人，而往往垂青全力以赴的人；全力以赴做好准备，做事就会顺利。

失败者总会对别人的成功持有偏见："人家有好的运气。"他们不采取行动，总是等待着有一天他们会走运，他们把成功看作是降临在"幸运儿"头上的偶然事件。而成功者都是勤奋的人，他们从来都不等待运气的降临，只是忙于解决问题，忙于把事情做好。

　　比尔·盖茨说："你能够使成功成为你生活中的组成部分，你能够使昨日的理想成为今天的现实。但是，靠愿望和祈祷是不行的，必须动手去做才能让你的理想实现，天下没有免费的午餐。"

　　机会对每个人来说都是公平的，但它更垂青于全力以赴做好准备的人。因为机会的资源是有限的，给一个没有准备的人是浪费资源，而给一个准备工作做得非常好的人则是在合理利用资源和增加资源。

　　准备工作做得越充分，成功的可能性就越大，我们常说"养兵千日，用兵一时"，也是这个道理。

对自己的人生主动出击

　　大凡在世界上做出成就的人，往往不是那些幸运之神的宠儿，倒反而是那些"没有机会"的苦孩子。因为没有机会永远是弱者的推托之词。但凡成功者，都是自己命运的指挥者。

　　很多失败者都认为，他们之所以失败，是因为不能得到别人所具有的机会，没有人帮助他们，没有人提拔他们。他们将对你说，好的位置已经人满了，高职位已被抢走了，一切好的机会都已被别人捷足先登，所以他们毫无机会了。

　　但积极的人却不会推托，他们不哀叹，而是主动对自己的人生出击。他们只是迈步向前，不等待别人的援助，他们靠的是自己。

　　刚毕业不久的大学生小杨，在工作初期遇到了很多困难，但他告诉自己：面对问题时，要倾全力，心中除了胜利以外什么都不想。这种想法改变了他的人生。如今他已成为一家大公司中的第一号推销员了。他说："约在4年前，我还是个完全的落伍者。成天唉声叹气、愁眉不展，抱怨苍天待我不公平；我终日懒懒散散，整天做着发财梦，可是这些异想天开的幸运始终没有发生。我的美梦终于破灭了，只觉得前途一片黑暗，就在这个时候，一个朋友对我说：'天下没有不劳而获的事情，人生要靠自己主动去开创，你对人生付出多少，人生就给予你多少。'人生每天都向我们提出一些问题——你是否对人生怀疑？你是否对自己的能力有信心？唯有信心才能使你主动去创造成功的人生。过去我从没有努力地工作过，再加上自己又缺乏信心，当然尝不到成功的果实。突然间，我感到自己整个人都变了，也发现现实充满了新的机会，我决定就从推销员干起，我相信自己有能力突破任何困难。从此'信心与行动'便成了我的人生信条。"

很多成功者谈到自己的经验时，总是谦逊地说："运气真好。"但我们应该知道，经验与判断力才是他们的利器。坐等运气的人往往以虚度光阴或灾难临头收场。他们也许会在偶然的机会里暴富，但这种繁华很容易变成过眼云烟。随波逐流的人通常是最相信运气的人。许多人庸庸碌碌，默默而终，是因为他们认为命运自有天定，从没想到可以创造人生。事实是，人生存在世上，那是天定；好好地把握自己的生活，使它朝着自己的计划和目标奋进，这才是人生。

积极进取的人会把运气撇在一边，抓住机会，不放过任何可能让他成功的机会。他不会等待运气护送他走向成功，而会努力换取更多成功的机会。他可能会因为经验不足、判断失误而犯错，但是只要肯从错误中学习，等他逐渐成熟后，就会成功。真正想成功的人不会只是坐下来怨天尤人，埋怨运气不佳，他会检讨自己，再接再厉。

掌握自己人生的主动权，就需主动对自己的人生出击，遇到事情不顺利时，必须抱着主动的精神和充分的信心，积极努力地去克服困难，就是遇到了再大的阻力，也决不可退缩，如此才有成功的希望。若开始就抱着放弃的心理，那就根本产生不了斗志，到头来困难更多，这样下去一定会失败。所以我们在遭遇困难时必须直面问题、冷静思考，努力地去尝试。

在遇到困难时，不要找些理由或借口来逃避现实。但凡成功立大业之人，都能面对困难，解决困难，不被逆流轻易击倒，甚至在找不到解决困难的方法时，他们也会自己去创造一些方法来解决。

要对自己的人生主动出击，可以运用下面的一

些原则：

（1）遇到困难时，最重要的就是绝不放弃并持之以恒。

（2）尽量用充满希望的积极言语来鼓励自己，不要老说一些丧失斗志的话。

（3）不让外在控制内在，要以内在来控制外在，扭转形势，发挥"我认为能，就做得到"的精神。

（4）做个主动的人。要勇于做事，做个真正在做事的人。

（5）用行动来克服恐惧，同时增强自信。怕什么就去做什么，恐惧感自然就会消失。

（6）培养自己推动自己的精神，不要坐等精神来推动你去做事。主动一点，自然会精神百倍。

（7）时刻想到"明天""下礼拜""将来"之类的词跟"永远不可能做到"意义相同，要成为"我现在就去做"的那种人。

（8）态度要主动积极，做一个改变者。要自告奋勇地去改变现状，要主动担任义务工作，向大家证明你有成功的能力与雄心。

❧第三节❧
强者心态：扫除成功的障碍

　　强者的生活就是面对和克服那些像潮水一样涌来的逆境，他们不会放过"往上爬"的机会，因为他们经历了太多的逆境。在现实中我们看到许多成功者都来自不利的环境，他们都能从逆境淹没的世界里走出来。

强者是苦难学校的毕业生

　　贝多芬生下来就是个麻子脸，而且正当风华正茂、踌躇满志之时，他竟然发现自己的听力在衰退。对于一个音乐家来说，听力的衰退不啻世界末日。但贝多芬进行了顽强的抗争，并说出了那句传颂千古的名言："我要扼住命运的咽喉，它绝不能使我屈服。"弥尔顿，这位英国伟大的诗人，这位失去了光明的战士，这位坚强地立足于苍茫大地的人，在描述自我的境遇时是这样自勉的："在茫茫的岁月里／我这无用的双眼／再也瞧不见太阳、月亮

和星星/男人和女人/但我并不埋怨/我还能勇往直前。"

爱伦·坡是一位浪漫、神秘的天才诗人、小说家。

在他的不朽名著《乌鸦》中这样写道："那只乌鸦总不飞去，老是栖息着，老是栖息着，在我房门上方那苍白的帕拉斯半身雕像上。它眼中流露的神情，看上去就好像梦中的一个恶魔。在它头顶上倾泻着的灯光将它的阴影投射在地板上。"这恰恰是他的人生写照。

这位天才诗人一生都在穷困中度过，他大部分时间付不起房租，尽管房子简陋。他的妻子患有肺痨，因为没有钱寻医问药，只有终日卧于病榻。他们没有钱买食物，有时候，他们一连好几天都没有一点东西可吃。当车前草在院子里开花的时候，他们就把它摘下来，用水煮熟了当饭吃，有一段时间几乎天天如此。

然而，曾经只卖了10美元的《乌鸦》原稿，后来却成了无价之宝。

帕格尼尼是世界著名的小提琴家，他的一生都是在苦难与不幸中度过的，但他善用苦难这根琴弦，所以他得到了上帝所赠予的才华。

帕格尼尼的不幸可以列出长长的一张表。4岁时，一场麻疹和强直性昏厥症，差点使他进入坟墓；7岁时患上了严重的肺炎；46岁时牙床突然长满脓疮，他拔掉了几乎所有的牙齿，并且染上可怕的眼疾，几乎失明；50岁后，关节炎、肠道炎、喉结核等多种疾病吞噬着他的肌体；后来声带也坏了，靠儿子按口形翻译他的思想。

他长期把自己囚禁起来，每天练琴10～12小时。13岁起他就周游各地，过着流浪的生活。

他把苦难拥抱得那么热烈和悲壮。

但同时，他也得到了回报，他的才华得到了举世的承认；12岁就举办首次音乐会，并一举成功，轰动世界。之后他的琴声遍及法、意、奥、德、英、捷等国。他的演奏使帕尔玛首席小提琴家罗拉惊异得从病榻上跳下来，木然而立，无颜收他为徒。

他用充满魔力的旋律征服了整个欧洲和世界，几乎欧洲所有文学艺术大师，如大仲马、巴尔扎克、司汤达等都听过他演奏并为之激动。音乐评论家勃拉兹称他为"操琴弓的魔术师"。歌德评价他"在琴弦上展现了火一样的灵魂"。李斯特大喊："天啊，在这四根琴弦中包含着多少苦难、痛苦和受到残害的生灵啊！"

贝多芬、弥尔顿、爱伦·坡、帕格尼尼，他们都在世界历史上占有举足轻重的地位，他们每个人都遭受过沉重的苦难，但同时又享受着这些苦难。

苦难是人生的一大财富，不幸和挫折可能使人沉沦，也可能铸造坚强的意志品质，成就充实的人生。苦难是人生的一位良师，能教我们学会用感激的心、积极的态度去对待一切问题，养成坚强的意志，勇敢地参与社会竞争。

苦难是一所学校。许多人之所以伟大，都来自他们所承受的苦难。最好的才干往往是从烈火中冶炼出来的。

没有苦难的人生也就没有辉煌，正如孟子所说"生于忧患，死于安乐"。因为人们面对苦难，下意识地就会挑战苦难，并最终战胜苦难。

有谁没面对过风霜的侵袭，又有谁在茫茫人海中漂泊，能顺利地觅得一席安寝之地？也许我们应该听听那些成功之人背后的故事，其实每一个成功之人背后都有一部苦难史。

高尔基说过："苦难是人生最好的大学。"进过这所大学而且还能挺着胸走出来的人，必将成为生命的强者。他们就像是山顶的树，狂风来时会低一下头，弯一下腰；但风一过，又直直地挺起了头，刚强而又有韧性。

苦难会给人很多财富。有的人在苦难中学会了坚强和忍耐，性格变得平和而达观。他们隐忍着自己的伤痛，对他人充满仁慈与关爱，甚至对曾经伤害过自己的人也给予宽容和理解。人性中那些轻狂浮躁、狡黠虚伪、庸俗势利等天性，离他们越来越远。因为他们知道，人生无常，命运无常，费尽心机得到的浮华终将是过眼烟云，是自己的跑不掉，不是自己的强留也留不住。珍惜自己所拥有的，走好脚下的每一步，才是根本。

苦难虽然有时会把你一生的追求和信念一瞬间撕得粉碎，也可能对你穷追不舍，一点点地蚕食着你生命中的绿色。但是，无论你经历过多少苦难，走过多少坎坷，你都不会一无所有，你总会拥有一些东西，它们是你生命里最为宝贵的财富。

其实苦难只是人生中的考验，有谁能不经历苦难就为自己争得一片天地？苦难是人生中不可或缺的部分，没有它，人生岂能活得精彩？

苦难，是一个人、一个群体与一个民族精神成长的食粮。而贫乏的时代之所以贫乏，往往在于世人不知苦难的深刻，人民不知苦难的深广，民族不知苦难的深重。只有承受苦难之后的不屈不挠，才称得上是灵魂的一种坚实状态，才称得上是源自坚强而又返归坚强的精神性存在。

只有从苦难这所学校毕业的人，才能拥有辉煌的人生，成为生命的强者。

坚强执着的"阿甘精神"

在 1995 年的第 67 届奥斯卡金像奖最佳影片的角逐中，影片《阿甘正传》一举获得了最佳影片、最佳男主角、最佳导演、最佳改编剧本、最佳剪辑和最佳视觉效果等 6 项大奖。在影片中，阿甘是个智商只有 75 的低能儿。在学校里为了躲避别的孩子的欺侮，听从一个朋友珍妮的话而开始跑。他一直以跑躲避别人的捉弄。在中学时，他为了躲避别人而跑进了一所大学的橄榄球场，就这样被破格录取，并成了橄榄球巨星，受到了肯尼迪总统的接见。

大学毕业后，阿甘应征入伍去了越南。在那里，他有了两个朋友：热衷捕虾的布巴和令人敬畏的长官邓·泰勒上尉。

战争结束后，阿甘作为英雄受到了约翰逊总统的接见。在"说到就要做到"这一信条的指引下，阿甘最终闯出了一片属于自己的天空。他结识了许多名人，他告发了水门事件的窃听者，他作为美国乒乓球队的一员到了中国，为中美建交立下了功劳。猫王和约翰·列侬这两位音乐巨星也是通过与他的交往，而创作了许多风靡一时的歌曲。最后，他靠捕虾成了一名企业家。为了纪念死去的布巴，他成立了布巴·甘公司，并把公司的一半股份给了布巴的母亲，自己去做一名园丁。他经历了世界风云变幻的各个历史时期，但无论何时，无论何处，无论和谁在一起，他都依然如故，淳朴而善良……

强者总是用行动来证明他们的一切，他们的言谈举止都表现了他们的实干精神。他们的语言与行动总是能很好地配合。所以，对那些没有任何行动支持的语言，他们是不喜欢的。他们会直接说："让我们马上去干！行动是最好的语言。"

迎接挑战要付出的代价是很大的，谁都不能否认这点，但是在战胜挑战后收获同样也是丰厚的。正是因为这样，那些懦弱的半途而废者所付出的代价，要比迎接挑战付出的还多。

压力为人创造了值得思考琢磨的机会，使人能尽快成熟起来。世上成大事的人无不是经过艰苦磨炼的。艰难的环境会使人沉沦，但是在成大事者的眼里，困难终会被克服。这就是所谓的"艰难困苦，玉汝于成"，即经过艰辛的雕琢，玉才可成器。

无关外在，强者是内心的强大

"一个人并不是生来要被打败的，你尽可以把他消灭掉，可就是打不败他。"这是桑提亚哥的生活信念，虽然渔夫已老，但他依然胸怀壮志，这样一个坚强的人，怎么可以说不是强者？

或许，每个人对于"强者"的定义都不同。但无论千种万种结论，强者的本质在于内心，一个内心强大的人，远远强于只徒有外表的懦弱者。

从心理学上来说，强者要具备4种关键的品质：

1.独立性

独立性是指个体倾向于自主地选取决定和行动，既不易受外界环境的偶然影响，也不易被周围人所左右。一个强者，首先必须独立，不依赖别人，这样才能成为自己的主宰，让自己能够独立发展存在。

意大利诗人但丁由于反对当时权重势大的教皇统治，被教皇罗织罪名，判处终身放逐。在他逝世前5年，教皇曾宣布，若他当众认罪，就允许他回国。但丁为了不使自己的清白遭受玷污，断然拒绝。他说："一心循着你自己的道路走，让人家随便怎样去说吧！"这句为马克思十分欣赏的名言，显示出一种高度独立的意志特征。

2.果断性

果断性是指善于在复杂的情境中迅速而有效地做出决定。欲求成功，把握时机很重要，时机瞬间即逝，只有处事果断，才能抓住有利时机。强者不仅要有强劲的韧性，还要有果敢的勇气。

强者不是有勇无谋的武夫，而是智勇双全的勇士，他们能够随机应变，而不优柔寡断，"该出手时就出手"是强者的英雄本色。

3.坚忍性

人生是一个漫长的过程，实现人生的总目标需要数十年的奋斗。长时间地向着既定目标奋进、拼搏，必须具有坚忍的意志。鲁迅在"风雨如磐"的旧社会，特别强调要坚持"韧性的战斗"。

许多卓有成就的革命家、科学家、文艺家之所以取得成功，除了他们的才能之外，无一例外地都具有坚忍的意志。正是这种坚忍性，使他们数十年如一日地克服种种艰难险阻，百折不挠地向前搏击。强者可以被打败，但不可以被打倒，说的便是这种坚忍性。

4.自制力

人不但是客观环境的主人，也应是自己的主人。人能根据正确的原则指挥自己、控制自己。自制力典型的范例是英雄邱少云，他为了不在敌人面前暴露目标，强忍烈火烧身的煎熬，一动不动，直至失去生命，这是为了事业，为了全局利益，高度发挥了人的自制力的杰出事例。这一事例也证明，一个人高尚而强烈的社会性动机可以在很大程度上制约和克服自己的生理性动机，展示出令人惊叹的意志力量。

自制，让强者时时进行自我规范、自我完善。用强大的自制力规范自我，使得强者比平常人更加优秀。

一夜之间，一场火灾烧毁了美丽的"森林庄园"，刚刚从祖父那里继承了这座庄园的乔治陷入了一筹莫展的境地。

他经受不住打击，闭门不出，茶饭不思，眼睛熬出了血丝。

一个多月过去了，年已古稀的祖母获悉此事，意味深长地对乔治说："小伙子，庄园成了废墟并不可怕，可怕的是你的眼睛失去光泽，一天一天地老去。一双老去的眼睛怎么能看得见希望……"

乔治在祖母的说服下，一个人走出了庄园。

乔治漫无目的地闲逛着，在一条街道的拐弯处，他看到一家店铺的门前有人在排队。原来是一些家庭主妇正在排队购买木炭。那一块块躺在纸箱里的木炭忽然让乔治的眼睛一亮，他看到了一线希望。

在接下来的两个星期里，乔治雇了几名烧炭工，将庄园里烧焦的树木加工成优质的木炭，送到集市上的木炭经销店。

结果，木炭被抢购一空，他因此得了一笔不菲的收入。然后他用这笔收入购买了一大批新树苗，一个新的庄园初具规模。几年以后，"森林庄园"再度绿意盎然。

从这则故事中我们可以看出，古稀的祖母比年轻的乔治更加坚强。她使乔治用一颗强大的内心抵御外界的灾难，从而获得了新生。

强者—正是我们所追求的目标。我们之所以追随强者的脚步，是因为有了它我们才可能获得一次又一次成功，是因为有了它我们才可能登上生命的巅峰。

我们追求内心的强大，它让我们无畏于征途中的艰难险阻，它让我们在一次次挫折之后仍是不屈不挠，它让我们在承受一次又一次的打击后却仍能为心的向往而努力奋斗。只有在拥有坚忍的品格之后才能具有坚强的心理承受力，而有了坚强的心理承受力之后你便能正视厄运—从厄运中吸取经验教训，争取下一次的成功，而不是在遭受打击之后一蹶不振，永远陷于"厄运"的泥淖中再无翻身之地。

我们追求内心的强大，是因为我们在一些方面仍不能承受过重的压力，是因为我们还不能正确地面对自身的一些问题，是因为我们在受到失败的打击之后仍需旁人的鼓励和鞭策，而不能靠自身的力量去摆脱失败的痛苦。这是我们不想见到的。所以，我们需要追求独立坚忍的品格，追求果断自制的理性，追求那无处不在的坚强的心理承受力。

我们追求内心的强大，是因为我们是处于钢铁和鸡蛋之间的那种人—具有一定的心理承受力，虽不像鸡蛋一般脆弱，但也没有钢铁的坚强。这种人可能在失败后获得成功，也可能在挫折中一败涂地。这是我们不想见到的，所以我们仍需要去追求，追求坚忍，追求坚强。

但是一颗坚强的心并不是说说就能拥有的，它需要我们通

过不懈的努力，才能树立起正确的世界观和人生观，勇敢面对各种失败和挫折。只有正确地面对失败，才有失败后仍然坚持成功的信念；只有失败后的成功，才能证明你是一个强者，才算拥有坚强的心理承受力。

即使贫穷、潦倒、失败、一无所有，甚至疾病缠身，这种种的厄运围绕在一个人周围，都没有关系，只要他拥有一颗强大的内心，终究会击退厄运之神，以强者之姿傲然挺立。

磨难成就辉煌人生

人们在获得成功的道路上，不但会遭遇挫折，而且还会遭遇困难和艰辛。

这些磨难只能吓住那些性格软弱的人。对于真正坚强的人来说，任何磨难都难以迫使他就范。相反，磨难越多，对手越强，他们就越感到拼搏有意义。黑格尔说："人格的伟大和刚强只有借矛盾对立的伟大和刚强才能衡量出来。"

奥斯特洛夫斯基曾说过："人的生命似洪水在奔腾，不遇着岛屿和暗礁，难以激起美丽的浪花。"

大文豪巴尔扎克也说："世界上的事情永远不是绝对的，结果完全因人而异。苦难对于天才是一块垫脚石，对于能干的人是一笔财富，对弱者是一个万丈深渊。"

生活中总避免不了困难与不幸，但有些时候，它们并不都是坏事。平静、安逸、舒适的生活，往往使人安于现状、耽于享受；而挫折和磨难，却能使人受到磨炼和考验，变得坚强起来。"自古雄才多磨难，从来纨绔少伟男"，痛苦和磨难，不仅会把我们磨炼得更坚强，而且能扩大我们对生活的认识范围和认识的深度，变得更加成熟。比如，别人的嫉妒和谣言中伤会给我们带来痛苦，但从另一个角度来看，也让我们认识到人与人之间的复杂关系，练就一身"百毒不侵"的功夫，更好地在人群中保护自己，在调整和处理人际关系上学到更多的东西。再比如，进行某项改革，由于经验不足失败了，这是痛苦的。但是，"失败乃成功之母"，失败所带来的启示常会把我们引向成功之路。只要我们不泄气，勇于继续探索，善于总结经验教训，就一定能开辟出一条成功的道路来。

美国科学家弗罗斯特教授不屈不挠地苦斗了25年，硬是用数学方法推算出太空星群以及银河系的活动、变化规律。可是你知道吗，他是个盲人，完全看不见他终生热爱着的天空。英国辞典编纂家塞缪尔·约翰逊视力衰弱，但他却成功地编纂了全世界第一本真正堪称伟大的《英语大辞典》。英国大诗人弥尔顿最完美的杰作诞生于他双目失明之后。达尔文被病魔缠身40年，可是他从未间断过对改变了整个世界观念的科学预想的探索。爱默生一生多病，但是他留下了美国文学史上第一流的诗文集。查理斯·狄更斯，他的一生都在与病魔做斗争，但他却创作了世界上最优秀的小说……

在生活和工作中遭受挫折、经受考验是很正常的事情，像朋友的背叛、家人的不理解，等等，所有这些，我们都可能会遇到。每当我们遇到这些挫折的时候，我们应该扪心自问：我所遇到的这一切，与弗罗斯特、塞缪尔、弥尔顿、达尔文他们相比，又算得了什么呢？

种子深埋在泥土之中，泥土既是它发芽的障碍，更是它生长的基础和源泉。瀑布迈着勇敢的步伐，在悬崖峭壁前毫不退缩，因山崖的拦截碰撞造就了自己生命的壮观。挫折是成功的前奏曲，挫折是成功的磨刀石。因挫折而一蹶不振的人是生活的弱者，视挫折为人生财富的人才会获得成功的桂冠。

人的一生绝不可能是一帆风顺的，它既有成功的喜悦，也有扰人的烦恼；既会经历波澜不兴的坦途，更有布满荆棘的坎坷与险阻。在挫折和磨难面前，畏缩不前的是懦夫，奋而前行的是勇者，攻而克之的是英雄。唯有与挫折作不懈抗争的人，才有希望看见胜利女神高擎着的橄榄枝。

挫折是惊涛骇浪的大海，你既可以在那里锻炼胆识、磨炼意志、获取宝藏，也有可能因胆怯而后退，甚至被吞没。

真正的强者，不但在碰到困难时不害怕，而且在没有碰到困难时会积极主动地寻找困难。这些具有更强的成就欲的人，是希望冒险的开拓者，他们更有希望获得成功。在《一千零一夜》里，有一个勇敢的航海家辛伯达，他总是去寻求那种与大自然抗争、与海盗搏斗的惊险航行，而恰恰是这些经历使他应付危机的能力大大增强，使他一次次大难不死，安全抵达目的地。在生活和事业中，千千万万的强者，不正是从克服困难的过程中取得了一个又一个引人注目的成就吗？

成功是在不断的挫折和失败中建立起来的，它不仅是一种结果，更是一种不怕失败，在磨难中永不屈服的能力。松下幸之助说："成功是一位贫乏的教师，它能教给你的东西很少；我们在失败的时候，学到的东西最多。"因此，不要害怕失败，失败是成功之母。没有失败，你不可能成功。那些不成功的人是永远没有失败过的人。

困难的环境最能磨炼人的意志，增强人的才干，对人的性格有着特殊的锻炼价值。对于磨难，我们不必害怕也不必回避，而应以强者的姿态迎难而上，在征服磨难的过程中锻炼得更加坚强。

有的人能够战胜和超越磨难站立起来，而有些人则被磨难击垮。在磨难中站起来的是强者，正如鲁迅所说："真的猛士敢于直面惨淡的人生，敢于正视淋漓的鲜血。"古今中外，强者战胜磨难的感人事迹不胜枚举。而被磨难击垮的则是弱者。弱者在磨难面前只看到困难和威胁，只看到所遭受的损失，只会后悔自己的行为，或怨天尤人，整天处于焦虑不安、悲观失望、精神沮丧之中；而强者却能战胜磨难，坚持到最后。

只有经历了风雨的彩虹才会放出美丽的光彩，只有从困境中走出的人才是真正的强者。"宝剑锋从磨砺出，梅花香自苦寒来。"

不懂得在痛苦中丰富和提高自己的人多半是愚蠢和懦弱的。对我们遇到的种种挫折和问题，既不能回避，也不要沮丧，而要多想办法，迎难而上，这样才能使自己与智慧结下缘分，让磨难铸就你的辉煌人生。

天助自助者

某人在屋檐下躲雨，看见一个和尚撑伞走过。

这人说："大师，普度一下众生吧，带我一段如何？"

和尚说："我在雨里，你在檐下，而檐下无雨，你不需要我度。"

这人立刻跳出檐下，站在雨中："现在我也在雨中了，该度我了吧？"

和尚说："我也在雨中，你也在雨中，我不被淋，因为有伞；你被雨淋，因为无伞。所以不是我度自己，而是伞度我，你要被度，不必找我，请自找

伞！"说完便走了。

自助而后天助。自己的命运唯有自己去把握，别人是帮不上忙的。

"自立者，天助也"，这是一条人生格言，它早已被无数人的经验所证实。自立的精神是个人发展与进步的真正动力，是国家兴旺强大的真正源泉。

一个在心灵上处于被动奴化状态的人是不可能仅仅靠别人的帮助就能改变自己的命运的。

贫穷非但不会变成不幸和痛苦，相反，通过吃苦耐劳、坚忍不拔的自助实干，它也许会转化成为一种幸福；它能唤起人们奋发向上的激情，并为之勇敢地战斗。

露皮塔 27 岁那年，出现了她一生中的转折点。她去了一趟两个儿子一起上学的学校，校长的话让她的心都碎了。"你这两个儿子反应太迟钝了。"校长对她说。

她自己从小智力就很差，以至于不得不退学，到了16岁就出嫁，婚后生了两男一女。如今两个孩子又被列为低能者，这让她难以接受。她决心自己来死啃孩子们的教科书，自己先上学，再教孩子们。

就这样，她上学了，还要兼顾做家务。到第一学年末，她惊奇地意识到，自己的能力并不比别人差。于是，她开始更加勤奋地学习。

1974年，露皮塔被授予文学硕士学位。1977年，她又取得了博士学位，成为颇具声望的美国教育委员会的会员。而她的孩子们也在母亲的鼓励下顺利而出色地完成了学业。

露皮塔没有因为自身的缺陷而怨恨，而是通过努力，为自己开辟了一条"星光大道"。

自力更生和战胜自我将教会一个人从自身力量的源泉中吸取动力，依靠自己的力量品尝成功的味道。

最穷苦的人也有登上顶峰的时候，在他们走向成功的道路上没有被证明根本不可战胜的困难。

自助是一种智慧和能力，这种智慧和能力潜藏在我们生命之中，只有当我们自信地奋斗、自己救自己时，它们才会聚集起来发挥作用。

❧第四节❧

卓越心态：提升成功的高度

一个人不能因为自己比别人优秀就以为万事无忧，要知道，优秀不是卓越，卓越在优秀之上。追求卓越像是一块坚硬厚重的磨刀石，它会磨砺你，把你的工作带向最完美的境界。也许十全十美永远难以企及，但是你只要不停地追求，拥有追求卓越的心态，你就不会原地踏步。

不甘平庸才能造就卓越

世界上有很多人只满足于过一种温饱无忧的生活：找一份稳定的工作，每天总是做着同样的事情，一直到老。他们以为人的一生所能获得的东西也就只能是这么多了。而那些追求卓越的人不满足于现有的成就，他们以批判的态度审视自己，把他们现在的地位和他们所期待的位置进行比较，并以此激励自己不断努力。

"现在的自己永远是有待完善的"，诗人格斯特的这句话说的便是这个意思。他之所以会成功，很大一部分原因就是他能常常向上看，不甘平庸，努力塑造理想中的自我。

每个人都希望自己能出人头地，拥有精彩的人生。然而，很多人一辈子却庸庸碌碌，不仅没有任何作为，反而活得一塌糊涂。这样的结果，完全是自己甘于平庸的心态所造成的。

只有不甘平庸，才能造就卓越。造物主赋予我们每个人一种突出的才能，你也许有管理的才能、绘画的天赋、写作的悟性、思考的资质……无论你的特长是什么，都不应该将它们藏起来，而应该积极地发挥出来，并发挥得淋漓尽致。如此，你才不会被平庸的心态淹没，才不会白白葬送自己的天赋。

"超越平庸，造就卓越。"这是一句值得我们每个人一生追求的格言。

碌碌无为的生活会使人的精神和意志变得麻木。所以我们要超越平庸，如果你可以比别人多勤奋一天，那为什么不好好利用这一天呢？为什么我们只能被动地去做他人反复做过的事情？为什么我们不可以超越平庸？

只有不甘平庸，不满足于现状，我们才会对生活有所追求，才能使我们热血沸腾、干劲十足，才会使我们加倍努力。

何永智原来在一个制鞋厂工作，丈夫是电工，日子过得很清贫。何永智不甘于这种只能解决温饱问题的生活，她下班后就去做些小买卖，以改变窘迫的现状。

改革开放初期，何永智大胆地把房子卖了做生意，抓住了商机。卖房的价格是原来买房时的5倍，何永智从中小赚了一笔。她用3 000元买了成都市八一路一间临街房，卖服装和皮鞋。

后来，八一路改成了火锅特色一条街，何永智果断地关闭了原来的店铺，开了"小天鹅火锅店"。刚开始，店面很小，只能摆下3张桌，设3口锅。第一个月没有经验，亏损。第二个月，何永智把心思用在两个方面：一是口味；二是服务。生意一天天好起来。

何永智的店越来越红火，一天的收入将近她过去一个月的工资，但她并不满足，盼望着也当个万元户。20世纪80年代初时，万元户还很少。

为了这个店，何永智废寝忘食，把所有的精力都用在经营上，店也一天比一天红火。6年后，她成了这条街上的"火锅皇后"，经营面积扩大到100平方米。这时，何永智有了更大的梦想。

20世纪90年代初，她在成都租下2 000平方米的房屋，开设了第一家分

店。分店也开得同样成功。何永智接着扩大规模，相继在绵阳、双流等周边地区开设分店，影响越来越大。

1994 年，天津加盟连锁店的开设使何永智的火锅事业又步上了一个新台阶。天津加盟火锅店的起源是这样的：1992 年，到绵阳办事的天津人景文汉看到小天鹅火锅那么红火，于是开始寻找何永智。足足找了 3 个月，他才找到在武汉开店的何永智，并提出合作。何永智被对方的诚意所感动，同意合作，而且条件优惠。她说："我出人员、技术、品牌，你投入资金，共同办店。收回投资前，三七分成，你七我三；收回投资后，五五平分。"

天津连锁店的开设让何永智看到了事业发展的另一番天地，于是她又大干了一番，以平均每月一家的速度开办加盟连锁店，向全国各大城市推进。很快，上海、北京、南宁、广州、西安、沈阳、哈尔滨等地都开起了加盟店。她甚至把火锅店开到了美国西雅图等地，成为国际型企业。何永智一举跨入了亿万富翁的行列。

如果何永智甘于某一阶段的富足，害怕冒险，见好就收，仅满足于在天津的经营，就不会成就后来的大事业。

目前，何永智已成为大企业的集团总裁，曾连续当选为第8届、第9届全国妇联代表，她所创办的企业也跻身"中国私营企业500强"的行列，成为"中国最具前景的50家特许经营企业"。

人如果没有理想，没有事业心，那就只能庸庸碌碌地度过一生。不管你有多大的才干，没有远大的理想和抱负，不愿行动，势必会自我埋没。

人可以平凡，但不能平庸。只要不甘平庸，即使再平凡的岗位，你都可以成就不凡的事业，达到卓越的目标。

卓越，激发你的潜能

人的潜能是一座巨大的能量宝库，取之不尽、用之不竭。如果我们能深入到内在力量的深处，那么就可以寻找到生命的源泉。一旦饮得这生命的源泉，就不会再疲乏困倦，可以顺利地走向成功之路。

卓越，可以激发你的潜能，帮你成就你所向往的一切东西，成就不朽的事业。世界上那些碌碌无为的人中，有些人虽然到了山穷水尽的地步，但在这些人的体内同样有着巨大的潜能，只要激发他们体内的一小部分潜能，就可以成就他们伟大的、神奇的事业。

翻开那些获得成功的卓越者的人生阅历，你会发达到目标的计划，现，他们每一个人都各有一套卓越的目标，都已制订出并且花费许多心思、付出许多努力来实现他们的卓越目标。

卡内基原本是一家钢铁厂的工人，但他以制造及销售比其他同行更高品质的钢铁为目标，而成为全国最富有的人之一。

他的目标已不只是一个愿望而已，它已形成了一股强烈的卓越欲望，人只要拥有卓越的欲望目标，就会将其转化为动力，不断发掘自己的潜能，做到常人所不能及的事情。

如果你知道你希望得到的是什么，如果你对达到自己的目标的坚定性已到了执着的程度，而且能以不断的努力和稳健的计划来支持这份执着的话，那你就已经在激发你的潜能了。

卓越的目标是你努力的依据，也是对你的鞭策。卓越的目标给你一个看得见的彼岸。随着这些目标的不断实现，你就会有成就感，你的心态就会向着更积极主动的方向转变。

卓越的目标使你看清使命，产生动力。有了卓越的目标，那自己心目中的世界便成了一幅清晰的图画，你就会集中精力和开发资源于你所选择的方向和目标上，因而你也就会更加热心于你的目标。爱默生说："一心向着自己目标前进的人，整个世界都给他让路！"

卓越，从理想、目标开始。凡卓越能成大事者都执着于自己的目标，激发自己的潜能，努力实现目标。如果你心中有了理想，你就会感到生存的重要意义。如果这个理想又是由一个个目标组成的，那么，你就会觉得为目标而付出是有意义的。一句话，明确的目标会使你感受到生存的意义与价值。

成功不是做了多少工作，而是获得多少成果。目标使你集中精力、激发潜能，把握现在，成就未来。

诗人奥德·卢德曾说："我们的未来开始于我们的欲望。"欲望是人生达到目标的动力。卓越的人都将自己的人生目标化成一股强烈的人生欲望，燃烧自己的欲望，激发无限的潜能。日本著名企业家松下幸之助说："欲望是生命力的表现，是最先于善恶存在的东西。"在面对一份工作的时候，如果你的表现证明，你比其他对这份工作有兴趣的人更渴望得到它，那么这就是欲望的表现。现实中，越来越多的公司开始意识到人对工作的欲望是成功的关键。在这种欲望的驱使下，他们往往表现得更为出色，更受优秀企业的欢迎。

欲望能激励一个人做自己真正想做的事情，充分发挥个人的潜能，在工作中实现预期的高质量的工作标准。燃烧你炙热的欲望，让它化作你成功路上的无限潜能。

是以辉煌的成就度过人生，还是在平庸中熬过日子，就看你是否能超越极限，在潜能爆发中铸就一个卓越的自己。

当你树立了只走1千米路的目标，在完成0.8千米时，便会有可能感到疲倦而松懈，以为反正快到目标了。但如果你的目标是要走10千米的路程，你便会做好思想准备和其他准备，调动各方面的潜在力量。这就是平庸者和卓越者的区别。

每个人都有无尽的潜能，只要我们将它充分地发挥出来，就能化失败为成功，化怯懦为信心。但若甘于平庸，则宝藏便像撞上冰山的泰坦尼克号一样，永沉洋底。沉于洋底的泰坦尼克号只是一艘无法使用的废船，尽管它曾号称是

"世界上最豪华、最先进的轮船"，却不如一只破旧的小渔船更有使用价值。所以只有当你运用自己内在无限的潜能时，你才变得真实而有价值。

爱迪生曾说："如果我们做出所有我们能做的事情，结果毫无疑问会使我们自己大吃一惊。"从中我们可以问一句：你一生有没有使自己吃惊过？

"我不能"
只是精神虚弱者的面具

我们的能量来自自然的赐予，而自然对于我们来说仍是一个未知数。无法认识自然，也就无法知道我们自己到底有多大能量。简而言之，"自己不可能知道自己的能力"，这才是真理。

人的一生中所有的事情只有亲自经历才能下结论，既然如此，任何事情都"非做做看不可，否则不能说不能"。换句话说，除了"做"之外，别无其他方法。如果做都没做，就提出不能的结论，这就是一个人精神虚弱的表现。

很多人都拿自己的经验来做论证："这件事我做不了。"但经验本身是微不足道的，有时还具有欺骗性。人必须遭遇未知的体验，才能激发出其潜能来，所以生存的真正喜悦在于经常能够发现未曾自知的新力量，并惊讶地说出"原来我竟具有这种力量"，这才是人生最大的欣喜。人生总要试着去体验，否则就是一张写满"我不能"的纸，岂不可悲？

一位撑竿跳选手一直苦于无法超越一个高度。他失望地对教练说："我实在是跳不过去。"

教练问："你心里在想什么？"

他说："我一冲到起跳线时，看到那个高度，就觉得我跳不过去。"

教练告诉他："你一定可以跳过去。把你的心从竿上撑过去，你的身体就一定会跟着过去。"

他撑起竿又跳了一次，果然一跃而过。

我们每个人都是一个撑竿跳选手，而我们一次次跳过的是"我不能"的精神障碍。

相信自己的能力，你就能摘下"我不能"的精神虚弱者的面具。相信自己有能力做好身边的每一件事，只有给自己这样的信心，你才可以跨出消极心理的圈子，走上成功之路。

很多人的"我不能"并非客观上的原因，而是因为自卑而低估了自己的能力，才使得自己缺乏自信、毫无斗志。这些人夸大了自己身上的缺点。

如果你认为自己满身是缺点；如果你认为自己是一个笨拙的人，是一个总是遭遇不幸的人；如果你承认自己绝不能取得其他人所能取得的成就，那么，你只会因为自卑而失败。

通常，一个人做事情最大的敌人就是自卑。绝大多数人的自信心都不足。

如果给予一个总说"我不能"的精神虚弱者自信，开导他不要陷入自我贬低的泥潭，让他相信会有光辉灿烂的前途，那么他一定能成为卓越的人才。对他进行不断地训练、调教，就可以使他充满自信。这种自信不仅能增加他的勇气，同样也能加强他其他方面的能力。

我们每个人都在自己的生命过程中绘制了一个理想图景，为自己描绘画像。如果一个天才相信自己只是一个笨蛋，并且一直这么想，那么他就会真的成为一个"笨蛋"。

卓越者从不会说"我不能"，他们总是用自信去激发自己的潜能。这就是为什么一个看似平凡但对自己信心十足的人所取得的成就，往往比一个具有非凡才能但自信心不足的人所取得的成就大得多的原因。

低劣、平庸的自卑所产生的有效力量远没有伟大、崇高的自信所产生的有效力量强大。如果你有了强烈的自信心，你就不会总说"我不能"。你身上的所有力量就会凝聚起来，帮助你实现理想，因为精力总是跟随你确定的理想走。

一定要对自己有一种卓越的自信，一定要相信"天生我材必有用"。如果你坚持不懈地努力达到最高的要求，那么，由此而产生的卓越动力就会帮助你摘去"我不能"的精神虚弱者的面具。

要迈向卓越、挑战自我的第一步，就是克服自卑，摘掉"我不能"的面具，用一个充满自信的自我去迎接未来的挑战。

面对问题，不要说"我不能"，取而代之的应是"我一定能"，驱散自卑带来的阴影，为自己的梦想努力奋斗，就会成为千千万万个摘下"我不能"面具的卓越人士。

为了追求最好，只有做到更好

对在职场中打拼的人来说，自我满足就意味着停滞不前，一旦一个人自以为工作做得很出色了，那么他就会故步自封，慢慢地，他就会逐渐找不到自己的位置。

要想做得比别人更好，秘诀只有一条，那就是随时朝着"完美"这一目标进发。公司聘用你来工作，你应随时思考，运用你的判断力，以组织利益为前提采取行动。所以，职场人士要时刻提醒自己，任何工作都有"百尺竿头，更进一步"的必要。

人的一生，就是一个不断做"选择题"的过程。你可以选择一种得过且过的生活，当然你也可以选择一种追求完美的生活。卓越人士成功的秘诀就是他们总是不满足于一般的工作表现，他们不论在哪里，不论做什么工作，再困难，再辛苦，只要手上有一份工作，只要肩上担着一份责任，就会始终坚守一个信念：认认真真做事，做出成绩，才能面对企业、面对领导、面对自己。

我们应该养成这样的好习惯：一旦投入工作就全力以赴，要求自己专心致志以达到更好的工作状态。当然，完美可以无限接近，却永远无法达到。但你在追求完美的过程中可以不断提升自己的能力，你追求卓越的精神会为你赢得更多的发展机会。

我们常说"态度决定高度"，做到最好是人生的一种追求，无论是做一个最好的保洁员，做一个最好服务员，还是做一个最好的领导，这本身不是一种目标，而是一种态度。如果连这样的态度都没有，那我们的努力就失去了参照的坐标。因此，每个人都要有一种追求最好的心态，即使让你去洗马桶，你也要将马桶清洗得光洁如新！只有在这种力量的驱使下，你才能永远保持最旺盛的工作热情、忘我的工作态度，才能成为走向更好的卓越者，离完美的境地又近一步。

那些追求最好的卓越者们，他们在别人都放弃时仍坚持不懈，在所有人都认定事不可为时仍殚精竭虑，他们不仅仅维持工作或恪尽职守，他们更深入内在，寻求更多的东西。他们工作是为了内心的满足，他们因为满足而愿意全力以赴，他们这样做只是为了让自己能做得更好。

完美是工作和生活的态度。尽管事实是：我们尽力了却未必完美，但这并不重要，真正可贵的并不是你所取得的结果，而是你所形成和表现出来的一种卓越品质，用追求完美的态度去做好自己的工作，让别人无可挑剔。这是我们在生活中如鱼得水、游刃有余的法宝。

希望能够在事业生涯中出类拔萃的人，他们为了追求最好，只有做得更好。在这样的过程当中，他们会逐渐发现有问题的地方，并且会加以修补、调整，然后再继续努力朝着理想一步步地推进。细微的瑕疵、不尽完美之处，或是不怎么理想的成果都有可能出现，这些都是行进过程中必然的环节。不过在我们朝卓越进军的过程中，如果碰到了问题就停滞不前，或不去努力解决问题，日后就很难成功达到卓越的境界。追求最好的这份心态，成了卓越和平庸的分水岭。诚如奥利弗·克伦威尔曾说的："不求自我提醒的人，到最后只会落得退化的命运。"所以说，追求是永远都不该停止的。

要做别人不愿意做的小事。

每一件事都有它存在的意义。不要小看自己所做的每一件事，即使是最普

通、最卑微的、别人都不愿意做的小事，也值得你去做。

一个卓尔不群的人是不会挑剔自己的工作的，即使那件工作没有人愿意去做，他也会主动执行，尽职尽责地完成。

全美国最成功的零售商诺斯多姆公司，它的成功就在于做别人不愿意做的小事——永远愿为顾客多跑一趟。

有位名叫沙维琪的老师，订购了一本诺斯多姆公司出版的《围巾用法手册》，这本书的价钱仅为1美元。4个星期后，书送到了，而且不收服务费。更让人觉得不可思议的是，沙维琪住在256千米外，诺斯多姆公司为了送一个1美元的产品而劳累奔波，不赚反赔。当然，沙维琪此后成为诺斯多姆公司的忠诚顾客。

诺斯多姆公司愿意做别人不愿做的事情，正因为这样，他们也得到了别人得不到的东西。

有一句箴言："不管是谁，如果他认为自己已经很了不起而不屑去做小事情的话，那么，也许他其实是太渺小而不配去担当重任。"

是的，小事情也可能造成重大影响！如果你能留意一些小事情，那么那些大事情也会自动地降临到你头上的。

李瑞和张芸丽是大学同学。毕业后，她们同时受聘于一家五星级的大酒店。没想到上班的第一天，李瑞被分配到前台负责接待工作，而张芸丽则被分配到洗手间工作。

一听到主管的宣布后，张芸丽便大声抗议道："不，我不愿意去洗手间工作！"

"为什么？"主管对张芸丽的抗议很吃惊，要知道在当时找一份工作是多么不容易呀！

"我是大学毕业的高才生，你们安排我去打扫厕所，岂不是大材小用！"张芸丽的言下之意是酒店太委屈自己了。这一点，主管当然也看出来了。但他只是有点为难地看了一眼张芸丽，却并没有改变自己决定的意思，因为洗手间确实是太需要人手了。

"那就让我去洗手间工作吧！我愿意和张芸丽调换一下工作岗位。"李瑞微笑着对主管说。

"你真的愿意？那真是太好了！"主管同意了李瑞的请求。

其实，李瑞在心里当然是更愿意从事前台接待工作。但她想："既然卫生间缺少工作人员，而张芸丽又不愿意去那里，那么，自己就有责任主动去从事这项工作，主动去做别人不愿意做的事。"

在洗手间工作了一段时间后，李瑞喜欢上了这项工作，她认识到工作没有贵贱高低之分，酒店的每一项工作都关系到酒店的整体形象与声誉。

由于李瑞工作认真、服务周到热情、能积极主动帮助客人解决一些困难，许多客人在接受她的服务之后，都对她的礼貌服务赞不绝口，李瑞也因此被评为饭店的"服务明星"。李瑞出色的工作表现为酒店赢得了很多的回头客。

一年后，李瑞被破格提拔为客户服务部经理，而张芸丽依然在前台从事接待工作。

相同的起点，不同的结局。一年后，两人的境遇却有了天壤之别，而造成这种差别的原因就是：李瑞做了别人不愿做的事，并从心底热爱这份工作。

其实，不管在什么地方，别人都希望与主动工作、不挑剔、不找借口的人为伍。对于那些挑三拣四、拈轻怕重的人，社会自然会将他们抛弃。只有那些能主动执行，把工作做得比预期的还要好的人，才是社会所喜欢和选择的人。

要做到卓越，需要做好3件事：一是做别人不愿意做的事情；二是做别人不能做的事情；三是做别人做不好的事情。

做别人不愿意做的事情，表现一个人不一样的心态；做别人不能做的事情，表现一个人与众不同的能力；做别人做不好的事情，表现一个人的特长。只有做别人不愿做的事情，才能培养能力和特长，做别人不能做和做不好的事情。

第三章

突破自我、成就人生的黄金心态

∽第一节∾

务实心态：奠定成功的基石

但凡成功者，都具备务实心态，他们不是只有梦想、只做计划、只擅空谈的人，而是行动者，是把梦想和计划付诸行动的人。一旦他们下定了决心，他们会马上行动。因为他们懂得，成功必须依赖行动，像能力、技能和知识这些东西，只有当你开始行动的时候，它们才会助你一臂之力。

从实际出发，脚踏实地

"无知与好高骛远是年轻人最容易犯的两个错误，也是导致他们常常失败的原因。"许许多多的人内心充满梦想与激情，但却不能脚踏实地去干。

很多年轻人在谋职时，总是盯着高职、高薪，总希望英雄能有用武之地，一旦他们对工作厌烦时，就会抱怨工作的枯燥与单调，埋怨职业毫无前途，而当他们遭受挫折与失败时，就会怀疑工作的意义，逐渐地，他们轻视自己的工作并厌倦生活。

那些有所成就的人都具备务实的心态，都是踏踏实实地从简单的工作开始，通过一些微不足道的小事找到自我发展的平衡点和支撑点的，他们积极调整心态，通过持久的努力走出困境，并逐步迈向成功的大门。

只有踏实去干，才能有所成就。如果只流于空想，那也只能是"心比天高，命比纸薄"。

在现实生活中，虽然许多人拥有较好的条件，包括天赋、家庭条件、社会地位等，然而终生却碌碌无为；与之相反，一些人生存环境恶劣，且厄运不断，然而最终却能成就大业。连接人生起点与成功彼岸的桥梁究竟是什么？追根溯源，透过纷繁复杂的表象，我们就会发现一个真理，这就是"做"！"做"是连接人生起点与成功的桥梁，而"不做"则是隔断人生起点与成功的深渊。

千里之行，始于足下。人生的真谛在于脚踏实地地去做。只有脚踏实地，你才能用勤劳的双手换得丰硕的果实，从而满足生活的基本需要；只有脚踏实地，你才能展现出思想的勃勃生机，从而领略社会原本的多姿多彩；只有脚踏实地，你才能感受人生的五味，从而尽情体验自然所赋予生命的固有本义……反之，你若仅是"动口不动手"或只有想法没有行动，那么生命中所有的色彩都会与你无缘。

只有努力去做，辛勤地付出劳动和汗水，你才能不断提高自身驰骋疆场、驾驭时空的能力；只有积极地去做，满怀激情地面对人生，你才能在生命的变化过程中寻找契机；只有坚持不懈地去做，充满信心地迎接生命中的风风雨

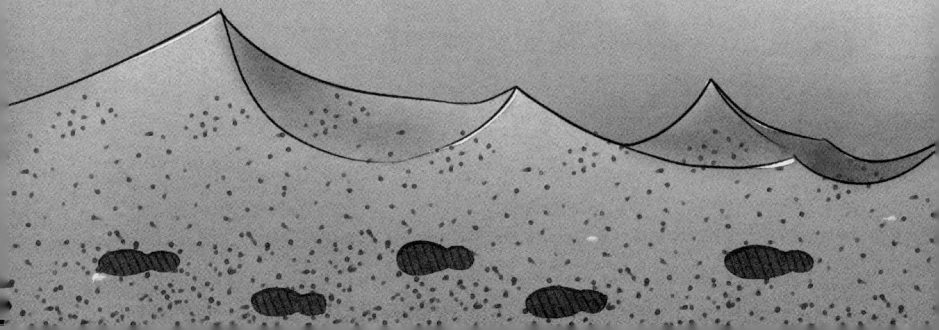

雨，你才能从挫折和失败中汲取力量，从而在人生的道路上披荆斩棘，最终摘取成功之花。

一分耕耘就有一分收获。只要从脚踏实地开始，就能体验生命的乐趣，展现生命的风采；只要以脚踏实地为本，勤奋的人就会变为天才，人生就会走向辉煌。

务实者才能成大事，而务实，就是从实际出发，脚踏实地。

务实，奠定成功的基础

有这样一道题：给你一张报纸，然后重复下面的动作：对折，再对折，不停地循环下去。当你把这张报纸对折了 51 次的时候，你猜所达到的厚度有多少？一个冰箱？两层楼？你能肯定这是你所能想象的最大厚度吗？但是在计算机的模拟演算下，得到一个惊人的结果，这个厚度接近于地球到太阳之间的距离！

重复这样简简单单的动作，却制造了一个惊人的结果。为什么看似毫无分别的重复，会出现这样的奇迹

呢？换句话说，这种貌似"意外"的成功，根基何在？

秋千所荡到的高度与每一次加力是分不开的，任何一次偷懒都会降低你的高度，所以动作虽然简单，却依然要一丝不苟地去做。

看来，只有务实，一步一步打实成功的基石，就能达到水滴石穿的惊人结果。

"脚踏实地，才能避免漂浮。"这是成功者不断勉励自己的至理名言。

飘而无根，就会随风摇摆；脚踏实地，才可震而不乱。要想成大事就要不断地对自己说这些话，不厌其烦地提醒自己，因为它对你是终身有益的。

务实，奠定你成功的基础，让你从芸芸众生中脱颖而出。只要你能全身心地投入到自己的工作中去。即使你的能力一般，也可以取得令人瞩目的成绩。

如果你想得到老板的青睐、同事的称赞，就要脚踏实地、勤勤恳恳、全神贯注、充满热情地工作。同时，你也向领导表明了你的忠心，使你更贴近领导，并且你的务实心态常常会感染别人，激励他人务实进取。

让领导放心的就是你这份务实的心态，影响领导的也是这份心态。老板不喜欢那种冷漠、粗心大意、懒惰的员工。

人们对待工作的不同态度，产生了不同的结果。我们都知道，一心一意和三心二意的结果有着天壤之别。

"来到这个世界上，做任何事都要全力以赴。"这句引自罗斯金的话说得很有道理。我们来到这个世界，没有贵贱之分，没有高尚和卑微的职业之别，每个人都从事对社会有意义的事情，每个人都可以在属于自己的行业里得到快乐与满足。

一件事情的好坏与否，关键在于你怎样去做。如果散漫对待，即使是称王拜相，也不过沽名钓誉；但若能务实以待、全力以赴，则一个小小的教书匠都可以变成大哲人。

英国哲学家约翰·密尔曾说："生活中有一条颠扑不破的真理，不管是最伟大的道德家还是最普通的老百姓，都要遵循这一准则，无论世事如何变化，也要坚持这一信念。它就是在充分考虑到自己的能力和外部条件的前提下，进行各种尝试，找到最适合自己做的工作，然后集中精力、全力以赴地做下去。"

务实是快乐的源泉。约翰·密尔还曾这样解释过生活的准则："这条准则可以用一个词表达：工作。工作是生活的第一要义；不工作，生命就会变得空虚，就会变得毫无意义，也不会有乐趣。没有人游手好闲却能感受到真正的快乐。对于刚刚跨入社会门槛的年轻人来说，我的建议只是3个词：工作，工作，工作！"

有人这样说过："工作是人类与生俱来的权利，至今仍保存完好，它是最有效的心灵滋补剂，是医治精神疾病的良药。这在自然界就可以得到体现。一潭死水会逐渐变臭，奔流的小溪会更加清澈。如果没有狂风暴雨，没有飓风海啸，地球上会全部是陆地，空气也会静止不动，这样的世界就毫无生气。在气候宜人、四季温暖如春的地方，人们十分惬意地享受着生活，自然容易无精打采，甚至对生活产生厌倦。但是，如果人们每天要为自己的生计奔波、与大自然做激烈的搏斗，经受各种考验，人们就会精神抖擞，发挥出最强大的力量。"

由此可见，务实对我们的重要意义。务实并不等于原地踏步、停滞不前，它需要的是有韧性而不失目标，时刻在前进，哪怕每一次都只前进很短的、不为人觉察的距离。然而"突然"的成功大都来自这些前进量微小而又不间断的"脚踏实地"。"不积跬步，无以至千里；不积小流，无以成江海。"我们每天早起一点，就能用这有限的时间多做一些事情；我们每天对待工作认真一点，就会在工作上少一些阻碍，多一些顺利。

因此，今后我们要脚踏实地地生活，脚踏实地地工作，脚踏实地地做人。务实，为我们奠定成功的基础。

立足实际，拒绝大跃进

许多人内心充满了激情和理想，但在对待平凡的生活和琐碎的工作时，却不屑一顾；他们常常聚在一起高谈阔论，然而一旦面对具体问题，总是挑三拣四，结果什么也做不好。

每个人都希望有高位、高薪，但有些人的期望过高。他们总对自己说："英雄须有用武之地。"然而面对平凡琐碎的工作时，他们总是心不在焉，并且会对自己说："如此枯燥、单调的工作，如此毫无前途的职业，根本不值得我付出心血！"当他们身处困境时，通常会说："这种平庸的工作，做得再好又有什么意义呢？"渐渐地，他们开始轻视自己的工作，开始厌倦生活。

立足于实际是务实精神的基础，而好高骛远者恰恰不能做到这一点。可以说，脱离实际、期望大跃进和创造奇迹就如同好高骛远者的专利一样与其形影不离。他们盲目相信奇迹能够突然降临；他们不相信成功需要经过坚持不懈的长期努力、一步一个脚印地走出来，而是相信自己只用一步就可以踏上阳光大道；这些人的理想可能比其他人的目标更"远大"。

事实是，只有建立在现实基础之上的理想和自信才有助于我们获得成功。如果我们的理想远远地脱离实际，而且所谓的自信实际上已经演化为自负，那反而会阻碍我们的成功。

奇迹不会凭空降临，那些好高骛远的空想家们却一直痴痴地幻想奇迹会发生在自己身上。当别人劝告他们不要过于脱离实际时，他们不但不知反省，反而还振振有词地以"燕雀安知鸿鹄之志"来加以反驳。结果呢？当发现奇迹不会降临时，就一蹶不振、萎靡颓废。其实，幻想奇迹会降临到自己身上的空想家在工作和生活中有着各种各样的表现：他们经常试图逃避努力，好逸恶劳；总想体验痴心妄想时的快乐；不喜欢做分内之事，想要逃避责任。而这些表现实际上都体现了一个实质，那就是不能直面现实，希望不劳而获。

相信大跃进般的奇迹会降临的空想家实际上就是希望不劳而获，不论他们是否承认，这都是一个铁定的事实。这种浮躁心态的存在注定会导致人们的失败，当一直以来幻想的奇迹都没有发生却遭遇到现实的沉重打击之后，如果不能深刻地对自己的思想和行为加以反省，在巨大的心理落差面前，他们会愈加浮躁，最终只能面临彻头彻尾的失败。没有人希望自己成为一个彻头彻尾的失败者，但是却有很多人渴望奇迹凭空降临到自己身上，这不能不说是对空想家们的一种讽刺和嘲笑。

那些空想家只是纸上谈兵，而纸上谈兵的人永远无法取得成功。为什么华盛顿、林肯这样的伟人永远只是少数，因为世界上有着成千上万个和他们一样富有理想的人，却由于眼高手低而把机会扼杀了。

在成功的定律中，理想是改变命运、决定成败的先决条件，目标是方向，方法是工具，然而，只有脚踏实地地采取行动，生命才会变得有意义。

我们或许也曾有过伟大的理想，但是却总是摇摆不定，将理想变成泡沫。仅仅有理想是不够的，如果没有行动，你将永远停留在起点上。尽管行动并不一定会带来理想的结果，但是不行动则一定不会带来任何结果。

不要让眼高手低的心态束缚了你的手脚，立足实际工作中的每一件事，不论大小都值得用心去做，而且对于那些小事更应该如此。无论你的职位如何，如果你能像那些伟大的艺术家一样投入全部精力去工作，所有的疲劳和懈怠都会消失殆尽。

那些在事业上取得一定成就的人，无一不是从低微的职位上一步一步走上来的。对他们来说，能创造奇迹不是凭空想，而是凭脚踏实地、立足实际去实干。他们总能在一些细小的事情中找到个人成长的支点，不断调整自己的心态，用恒久的努力打破困境，走向卓越与伟大。这就是他们的"奇迹"。

深陷于对未来的空想是没有前途的。你正在从事的职业和手边的工作是你成功之花的土壤，只有将这些工作做得比别人更完美、更正确、更专注，才有可能将寻常变成非凡。

认清自我，知道自己能做什么

人生重要的是要认清自我，知道自己能做什么，这样才能够找到最适合自己的位置，找到最适合自己的发展道路—这是对自己的诚实和务实。坐在自己应该坐的位置上，才最心安理得，也最能坐得长久。

美国营销学会曾经评选过有史以来对美国营销界、企业界影响最大的观念—不是大卫·奥格威的品牌理论，不是劳斯·瑞夫斯的USP理论，而是赖兹的定位理论。由此可见，一个人能够认清自我，给自己一个准确的定位是多么重要。没有准确的定位，人就不能够从实际出发，正确实践自己的理想。

每个人都能够在社会中找到适合自己的工作，并且把它做好。但并不是每个工作你都能做得最好。你需要寻找一个你最热爱、最擅长，能够做得最好的工作。

认清自我就是知道自己到底要成为一个什么样的人，自己的生命目的是什么，自己的核心价值观是什么；什么工作对自己来说是最好的工作，什么工作自己才能做得最好。

一个人知道自己能做什么，有清晰的人生定位，就可以坚定自己的信念。可以明确自己的能力所在，可以发挥自己的最大潜能，可以实现自己的最大价值。毕竟，人生有限，我们没有太多的时间浪费在飘摇不定中。

的确有很多人仍处于"雾里看花"的阶段，他们整日为自己的位置而奔波忙碌，或者从一个位置跳到另一个位置，结果不但跳得眼花缭乱，而且伤痕累累。不知道是这个社会不容自己，还是自己不适合这个社会。这样的人埋怨位置太少、伯乐太少，也埋怨竞争力太强而活着太难。其实，你的伯乐就是你自己。

在认清自己的过程中，不可能不考虑到自然、社会环境因素对一个人人生过程的影响。如果他对影响人生的各种因素认识不清，就不可能找到最恰当的位置，不能找准自己的角色。快乐、财富、自我实现、朋友……都没有了，人生还有什么意义？

认清自我本来是人们认识世界、改造世界的基础，也是人们不断完善自我、实现成功的基础，但是那些把事业、理想、成功，以及完善自我等词语挂在嘴边的人常常缺少对自我的足够认识。他们华而不实，没有务实的精神。正如西班牙作家塞万提斯笔下的堂·吉诃德，他试图承担起拯救世界的重责，但是却连自己到底是谁都不知道，结果他只能在虚幻的世界里与风车战斗，成为别人的笑柄。

一个能够全面认识自己的人不仅要从内在分析自己的能力结构和素质水平，还应该借助外界环境作参照，找出自己的优势和不足，加以完善。

认清自我就要立足于自我，从自己的实际工作出发，随时审视自己周围的环境条件是否发生了变化，实实在在地评价自己、认识自己。能够做到这些的人才算是做到了务实，也只有这样的人才能在不断超越自我和完善自我的过程中实现更大的人生价值。如果一个人自己没有足够的认识，也不肯静下心来认真思考自己所处的环境，而是将失败的原因转嫁于外界因素，那么他就只能在指责与埋怨中抱憾终生。

要认清自我，做自己能做的事，我们首先强调做那些真正适合自己并有利于自身长远发展的事情。所有人都希望自己有一个美好的未来，希望自己的事业能够持续发展，但是很多人却常常背离了自己的愿望，这是因为这些人根本就不知道自己适合做什么，不能量力而行。他们或是觉得自己大材小用，或是抱怨自己生不逢时。

要想真正找到有利于自身长远发展的事情，仍旧需要从实际出发，认清自我：

（1）清楚自己的才干和潜能，即知道自己擅长什么。

（2）应该知道哪种工作能够最大限度地激发自己的工作热情和内在潜能。

（3）知道自己的风险承受能力有多大，这将关系到你日后在工作中能够接受的挑战数量和难度。

（4）了解你对挫折的忍耐力，任何工作都不是一帆风顺的，如果你不能在一定范围内克服困难、抵御逆境，那你日后的事业必定会受到很大的影响。

认清自我，就要立足于实际，发挥务实精神，对自己各方面的条件进行全面权衡之后，你就会知道自己能做什么。

但是，在正确认清自我的过程中，最大的阻力不是来自周围的压力，而是我们自己。任何人都会认为自己才是最了解自己的人，但事实上真的如此吗？不然。

自己的事情似乎自己应该完全了解，然而人们却常常发现自己其实并不了解自己。

每个人都会存在自卑与自负的心理，这让我们过低或过高地评估自己。有的人对于自己的优点视而不见，却总是拿自己的短处去比别人的长处；有的人则是过分忽略自己的缺点，总是自以为是、唯我独尊。

任何人都有优点和缺点，如果能够知道自己的缺点，并加以克服和改正才是最重要的。要改善之前必须能了解自己的缺点，并且坦率地承认自己的缺点。但最重要的是能正确地评估什么是自己的长处和优点，把这些长处和优点找出来，发展它并活用它。

有人把对自我的定位比作是鞋，把人生比作是脚，脚穿上鞋的目的是保暖和走路，但主要目的是为了走路。路虽然是脚走出来的，但走什么样的路、走多远的路、走路的姿态、走路的心情都和鞋有关。所以，我们一定要找对自己的"鞋"，要合适才行。

我们生活得好与坏，事业成功与失败，取决于我们在什么样的位置上扮演什么样的角色，什么样的角色决定什么样的价值。我们可以从哲学上的关系来描述它们：位置决定角色，角色体现价值。我们只有在合理、合适的位置上扮演好自己的角色，才能体现出自我的社会价值。

认真规划，知道自己要做什么

在美国，曾经有一个生活在贫民窟的 10 岁小男孩，他身体非常瘦弱，却在日记里写道：立志长大后要做美国总统。但如何才能实现如此宏伟的抱负呢？经过几天几夜的思索，他拟定了这样一系列的连锁目标：

做美国总统首先要做美国州长→要竞选州长必须得到实力雄厚的财团的支持→要获得财团的支持就一定得融入财团→要融入财团最好就是娶一位豪门千金→要娶一位豪门千金必须成为名人→成为名人的快速方法就是做电影明星

→做电影明星的前提需要练好身体，练出阳刚之气。

按照这样的规划，他开始一步一步实施他的计划。一日，当他看到著名的体操运动协会主席库尔后，他相信练健美是强身健体的好途径，因而萌生了练健美的想法。他开始刻苦地练习健美，他渴望成为世界上最结实的壮汉。3年后，凭借着发达的肌肉和雕塑似的体魄，他开始成为健美先生。

短短的几年时光，他包揽了欧洲、世界、奥林匹克的"健美先生"美誉。在22岁时，他踏入了美国好莱坞。在好莱坞，他花费了10年时间，利用在健美方面的成就，用心塑造坚强不屈、百折不挠的硬汉形象。终于，他在演艺界声名鹊起。当他的电影事业如日中天时，女友的家庭在他们相恋9年后，终于接纳了这位"黑脸庄稼人"。他的女友就是赫赫有名的肯尼迪总统的侄女。

2003年，年逾57岁的他退出了影坛，转为从政，并成功地竞选成为美国加州州长。

他就是阿诺德·施瓦辛格。他的经历让人们想起了这样一句话：思想有多远，我们就能走多远。

从穷小子到美国总统，在一般人看来，这是一个多么荒谬的想法。但施瓦辛格却没有被自己的处境吓倒，他认真规划自己的人生，知道自己要怎样做才能将这个"天方夜谭"似的梦想变成现实。

做白日梦的人有很多，有人梦想成为阿尔伯特·爱因斯坦、斯蒂芬·霍金，有人崇拜毛泽东，还有人喜欢成龙、乔丹……每个人都有自己心目中的偶像，并渴望有一天自己能够成为他们的"复制品"。但这种良好的愿望却总是难以实现，这固然有很多的客观原因，如个性、环境、智力等的影响。但这并非主要原因，最关键的是，他们只流于空想，不能为自己认真规划，像一只无头苍蝇茫然无措。

认真规划，为自己设计一份职业生涯蓝图，必须是在充分且正确地认识自身的条件与相关环境的基础上进行。对自我及环境的了解越透彻，越能做好职业生涯规划。因为职业生涯规划的目的不只是帮助你达到和实现个人目标，更重要的也是帮助你真正了解自己。

正如社会学家麦克·法兰德所说："职业生涯是指一个人根据理想的长期目标所形成的一系列工作选择，以及相关的教育和训练活动，是有计划

的职业发展历程。它也是个人职业与组织、社会关系的总称。为什么要从被动中寻找主动的作用空间，也就是回答我们为什么要进行职业生涯规划的问题。"没有规划的职业生涯最终会失去方向，事倍功半。要得到良好的职业发展，必须事先就有规划，根据外界职业环境、个人素质条件，设计规划自己的职业生涯，明确自己的长期目标是什么，中期的阶梯在哪里，短期的门径是什么。这份设计清楚地告诉我们要做什么。

正确的职业生涯规划是在认清自我、知道自己能做什么的基础上对自己进行认真规划，知道自己要做什么，对影响职业生涯的各种主客观因素进行分析、总结和预测，确定一个人的人生发展目标，选择实现这一目标的职业，编制相应的工作、教育和培训等行动计划，对每一步骤的时间、顺序和方向做出合理的安排。具体来说，个人制订成功的职业生涯规划应遵循下列原则：

1.长期性

规划一定要从长远来考虑，只有这样才能给人生设定一个大方向，使你集中力量紧紧围绕这个方向做出努力，最终取得成功。

2.可行性

规划要有事实依据，要根据个人特点、企业发展需要和社会发展需要来制定，不能设立不着边际的梦想。

3.清晰性

规划一定要清晰、明确，能够把它转化为一个个可以实行的行动，人生各阶段的线路划分与安排一定要具体可行。

4.适时性

规划是预测未来的行动，确定将来的目标，因此各项事情何时实施、何时完成，都应有时间和时序上的妥善安排，以作为检查行动的依据。

5.适应性

规划未来的职业生涯，牵涉到多种可变因素，因此规划应有弹性，以增加其适应性。

6.挑战性

规划要在可行性的基础上具有一定的挑战性，完成规划要付出一定的努力，成功之后才能有较大的成就感。

7.持续性

人生的每个发展阶段应能连贯衔接，各具体规划与人生总体规划一致，不能摇摆不定，浪费各发展阶段的人力资本。

付诸行动，
莫让梦想成为空谈

有人说，天下最悲哀的一句话就是：我当时真应该那么做却没去做。世上的事情没有绝对完美，如果要等所有条件都完美以后才去做，那只能永远等待下去了。人生短暂，倘若不想成为生命中的过客，那么，与其坐而论道，不如起而躬行。

所以，有了梦想，你就应该立即付诸行动。

梦想是比较模糊的、短暂的，具有强烈的不定性。有些人今天对自己的未来充满着憧憬，但也许一夜之间就忘得一干二净，然后对另一种生活开始执着起来。

行动能够帮助你将这种梦想的不定性消除。目标进一步明晰梦想，使你前进的道路变得有序和清晰，每一阶段的任务都一层层展现在你的面前，让你知道如何去行动。

无论是梦想还是目标，都是很容易制订的，难的是付诸行动。梦想和目标都可以坐下来用脑子去想，但实现它们却需要切实的行动，只有行动才能化目标为现实。

许多人都为自己制订了详细的人生目标，从这一点来说他们似乎可以称为谋略家。但是，他们中的大多数人制订了目标之后，便把目标束之高阁，没有投入到实际行动中去，结果到头来仍然是一事无成。

目标已经制订好了，就不能有一丝一毫的犹豫，而要坚决地投入行动。观望、徘徊或者畏缩都会使你延误时机，以致使计划化为泡影。

行动是打开梦想与现实之间大门的钥匙。枯坐在那儿想打开人生局面，无异于痴人说梦。只有靠自己的双手，行动起来，才会有成功的可能。

香港大富豪杨受成被称为"钟表大王"。他的父亲在九龙窝打老道及弥敦道交界处开了个天文台表行。他在为父亲做帮手的过程中，逐渐对做生意产生了浓厚的兴趣。之后，他经常钻研赚钱之道，期望自己有朝一日能成为大富豪。

杨受成的"大富豪"梦想并没有只是流于空想，而是根据自己做帮工的经验摸索出一个规律——游客的消费力最强，与游客做买卖利润最大。

　　杨受成大胆地行动，与其在店里守株待兔似的做买卖，不如主动走出去寻找顾客。于是，他开始到码头带领一些澳洲游客返回天文台表行买表。首次主动出击寻找游客就获得了成功，这使他鼓起更大的勇气。

　　杨受成又到机场设法和一些导游取得联系，许予优惠，又采取给介绍客人的酒店司机、裁缝师傅以回扣的方法，这些办法个个奏效，更多的游客找上门来，营业额直线上升。

　　后来，杨受成干脆跑到日本和当地的旅行社联系，让他们安排游客到表店购物，此举又获得了成功。

　　主动找顾客，这就是杨受成总结出的经营策略。这一决策包含着他的聪明才智与勤奋努力，也包含着他直面人生、英勇拼搏的精神。主动找顾客，使小小的杨家钟表店赚到了第一个100万。杨受成固然有远大的梦想，但更有为实现梦想所付诸的实际行动，这些行动支持着他，让他走向成功。

　　主动找顾客，这就是杨受成总结出的经营策略。这一决策包含着他的聪明才智与勤奋努力，也包含着他直面人生、英勇拼搏的精神。主动找顾客，使小小的杨家钟表店赚到了第一个100万。杨受成固然有远大的梦想，但更有为实现梦想所付诸的实际行动，这些行动支持着他，让他走向成功。

　　正如本文前面所说的一句话：与其坐而论道，不如起而躬行。面对人生、面对梦想，怀有务实的心态，付诸实践，才能让你的梦想不成为空谈，更不会是笑谈。

๑ 第二节 ๑
共赢心态：分享成功的秘诀

21世纪是一个全球一体化的共赢时代，合作已经成为人类生存的重要手段。随着科学知识的纵深发展，社会分工越来越细，任何人都不可能成为百科全书式的人物。每个人都要借助他人的智慧完成自己人生的超越，所以这个世界既充满了竞争与挑战，又充满了合作与快乐。在这样的一个大背景下，共赢心态成为人们走向成功所必备的一种心态。

共赢是利己利人的互利合作

有些人认为只要有利可图就为"赢"，手段可以忽略不计，为了能"赢"，他们千方百计损害他人利益。但这种耗尽人力物力、顾此失彼的赢不叫"赢"，反叫"输"。共赢观念在人脑中的植入，无疑改变了传统思维中那种你死我活的残酷的竞争意识。如今，有些人已深知，要以良好的合作、共同获利作为互补共赢的生存主题。

如果我们放开眼界，倡导共赢规则，共同分享利益，我们就会和我们的朋友乃至同行取得共同发展。因此，利益共享不仅是追求幸福的必由之路，同时也是发展的动力之源。就像面对一桌山珍海味，是孤单地独享快乐还是几个朋友一起分享快乐呢？答案是后者。

共赢是人与人或人与自然之间更好的、和谐的共处方式。当然，这不是逃避现实，也不是拒绝竞争，而是以理智的态度求得共同的利益。

诚然，经营自己的事业需要自力更生，这也是为业之道。但是个体力量与群体力量相比总是小而有限的。如果在自力更生的基础上，有选择地借助外界的力量，形成合力，为我所用，那么竞争实力就会增加，抵抗经营风险的能力也会增加，从而达到你赢我也赢的共赢效果。

"众人拾柴火焰高。你越有本事，所做的事越大，就越需要别人的帮

助。虽然这世上有天才，却没有全才，脱离别人是无法生存的。"这是浅显易懂的道理，但也是真理。

社会在变革，时代在前进。进入现代社会之后，每一个员工在企业中的作用已被高度重视—人是最重要的资源、决定性的因素。

一种共赢的经济思想正在当前的中国兴起，"老店新人开，经营靠人才"，"善用人者胜"。

要想互利合作，就要妥善处理好人与人之间的关系，让人们在共同的信念下，自愿、自觉，互助、互惠，为企业效力、献身。

中国古代的宽厚待人、力求和谐的思想，正可以融入新的共赢哲学体系中，成为其中不可或缺的要素。可以说，我们目前提倡的以人为本、以和为贵、以德为范的人文型的管理，以及其中的重要组成部分—用人之道，正是传统文化与现代共赢思想的有机结合。卓越的东方型的共赢方法、用人之道，原本是中国人自己的创造成果，而不是外国引进的全新的东西。

俗话说得好："家和万事兴""人合百业兴"，若能坚持共赢心态，与他人合作，就可以达到双赢的结果。

单赢，"近视"的成功

曾经名震一时的史丁尼斯公司后来为何失败？

其创始人史丁尼斯虽然具有超凡的能力，一手建立起一个商业帝国，但他却刚愎自用，不懂与人合作共赢的道理。结果，在他死后，"帝国"随之而崩塌。只凭自己的力量单打独斗，即使成功也不会走得太远。史丁尼斯用他的经历告诫了世人。

在这个竞争激烈的时代，没有任何人能够不借助别人的力量独自成功。即使能够成功，也是短暂如昙花一现。社会中的任何人都要富有团队精神，融入整个工作团队当中，这样才能够真正地发挥个人的才能。一个团队是由无数个个体组成的一个整体，每个个体都应该有一种求同存异的思想，这个"同"就是大家的目标一致；"异"就是个人工作风格相异，工作中逻辑思维的差异。如果团队中的每个人都具备了这种求同存异的想法，那么这个团队的战斗力是惊人的，甚至是可怕的。

个人单打独斗的工作热情是值得肯定的，但他们缺乏相互合作的精神——一种共赢的精神。其外在表现形式通常是"吃独食"，不能与组织中的其他成员携手做"更大的蛋糕"。他们总是希望只有自己能崭露头角，为此甚至不惜贬低和诋毁别人；他们总是怀疑别人的能力，害怕别人得到某种好处，进而影响自己的利益。这样的态度使得他们无法与周围的朋友、同事、合作伙伴等建立良好的工作关系，损害了群体积极创新的良好氛围，影响了组织的整体工作效率和效益，最终自己将无法适应讲求团队精神的组织和讲求合作生财的社会。

"独食主义"者所崇尚的是单赢，即在相互竞争中，只有一方可以取得胜利，这是一种狭隘的看法。而成功的人往往最知道集思广益的合作威力，知道如何借助别人的力量。就如同不同的植物生长在一起，根部会相互缠绕，土质会因此改善，植物也会比单独生长更为茂盛。每个人的能力都是有限的，善于与人合作的人能够弥补自己能力的不足，最终达到自己的目标。许多现象表明：全体大于部分的总和。

世上没有全能的人，一个人的能力是有限的，只有善于与人合作的人才能弥补自己能力的不足，达到单凭自身达不到的目的。只要有心与他人合作共赢善假于物，就能取人之长，补己之短。

合作是能够取得成功的最佳方法。因此，凡是成大事者都力图通过合作的方式"完善"自己。

切忌独断独行，追求单赢，否则即使成功也只是短暂的。

通过别人实现自己的愿望是一种智慧，虽然我们每个人不一定都能做到这一点，但每个人都可以与人合作，携手做出更大的事业。

用沟通抹去隔阂

一个不善沟通的人很难有良好的人际关系，更不用说与别人合作，达到共赢，拥有成功的事业了。从某一层面上来说，一个人沟通所能达到的程度决定了他事业的高度。

我们每个人都是一个独立的个体，每个人都有不同的观念、不同的文化背景、不同的价值观。但在社会这个群体中，个体便会聚集起来。一个人要把自己的想法向别人表达清楚，需要沟通；一个人要从别人那里得到想要的东西，也需要沟通。

人和人之间存在着差异，就必然会有隔阂。如果想要消除它，沟通是必不可少的。要拥有良好的沟通品质和沟通效果，应遵循以下几个原则：

多谈对方感兴趣的话题。

多谈对方熟悉的事情。

多谈对对方有利、有益的事情。

多用推崇、赞美的语言。

多听少说。80%用于听，20%用于说。

多问少说。80%用于问，20%用于说。

多谈轻松的话题。

我们可以看出，在沟通中，学会倾听是至关重要的。值得注意的是：不同的倾听会产生不同的结果。

完全不用心的倾听：这种人心不在焉，只沉迷于自己的内心世界，这样就会产生很深的隔阂，甚至无法抹去。

假装在倾听：这种人好像是在用身体语言倾听，有时还会以复述别人的话来作出回应，但实际上并没有实质上的沟通。

选择性的倾听：这种人只沉迷于自己感兴趣的话题和自己关心的事情，虽然有所沟通，但却容易产生误解。

刻意的倾听：这种人全心全意地凝神倾听，可惜他始终从自己的角度出发，看似沟通，但却从己方想对方，隔阂没有完全消除。

同理心倾听：站在对方角度倾听，实现了与别人的同步理解沟通。

沟通并无好坏之分，唯有去考虑其优点和缺点，才能解决问题。

想要拥有同理心，同步是第一步。在实际的沟通中，彼此认同既是一种可以直达心灵的沟通技巧，又是沟通的动机之一。这样，在认同这个态度上，外在技巧和内在动机就结合得比较完美。认同经由同步而来，沟通关系都是从同步开始跨出第一步的。并且，认同的目的几乎就是达到同步，这就形成了一个奇妙的过程：同步—认同—同步。

作为沟通的第一步，同步指的是沟通双方彼此经过协调后所形成的、有意要达到同样目标时所采取的相互呼应、步调一致的态度。它意味着沟通在经过彼此的默许和暗示之后正走在通向成功的路上。

只有当沟通双方站在对方的立场上看问题时，同步才会开始。首先，彼此都寻找到共同点。各种共同点综合起来，沟通的可行性就大了。所以说，要沟通就得寻求同步。

如此看来，如果想与人很好地沟通，就要做到同理心倾听。这样做，就能够实现真正的沟通，使合作无阻碍，为共赢铺平道路。在对与人倾听的几种层次加以区分之后，你就可能通过观察判断，采取相应的配合措施，从而达到与他人有同感。有了同感就可以更加顺畅地沟通。这其中相当重要的是投其所好。站在对方的角度，发现对方的兴趣立场，才能"知己知彼，百战不殆"。

无论是在哪种场合下与人沟通，总是可以通过很多渠道了解到对方的喜好。对他人喜好之物表示感兴趣，可以顺利地找到沟通的共同点。

要做到投其所好并不容易，这个问题不适合主动挑起，更多的是要暗示，因为不经意和他人的兴趣爱好相一致，会更令他人兴奋。如果主动挑起话题，往往达不到效果。比如对待一个书法家，你要是主动去和他大谈书法，他可能会很厌烦，因为这方面他是专家，你所说的在他看来一句都没说到点子上。如果你无意中表示出兴趣来，让他来谈论，你们的沟通就会很迅速地达到融洽。不经意地表达出和别人一样的兴趣爱好，会让别人主动趋近你。

寻找对方的兴趣点，达到知己知彼，沟通才能够畅通无阻，使合作无间，携手共赢，走向成功之路。

ꙮ 第三节 ꙮ

感恩心态：孕育成功的心灵

　　人生在世，难免会遇到困难，困难具有一定的积极意义，它可以帮助人们驱走惰性，促使人奋进。因此，困难又是一种挑战和考验。我们的生活因苦难变得丰富多彩，我们的性格因坎坷而锤炼得成熟。学会感恩，我们便会在困难中升华自己，让自己变得更加坚强、更加成熟。人生重要的不是拥有什么，而是经历了什么，任何坎坷的经历都是宝贵的人生财富。

感恩，
让我们坦然面对人生的坎坷

　　美国著名潜能开发大师席勒有一句名言："任何苦难与问题的背后都有更大的祝福！"他常常用这句话来激励学员积极思考，由于他时常将这句话挂在嘴边，连他的女儿——一个非常活泼的小姑娘在念小学的时候就可以朗朗地附和他念这句话。

　　有一次，席勒应邀到外国演讲。就在课程进行当中，他收到一封来自美国的紧急电报：他的女儿发生了一场意外，已经被送往医院进行紧急手术，有可能要截掉小腿！他心慌意乱地结束课程，火速赶回美国。到了医院，他看到的是女儿躺在病床上，一双小腿已经被截掉。

　　这是他第一次发现自己的口才完全派不上用场了，笨拙得不知如何来安慰这个热爱运动、充满活力的天使！

　　女儿好像察觉了父亲的心事，告诉他："爸爸，你不是时常说，任何苦难与问题的背后都有更大的祝福吗？不要难过！"他无奈又激动地说："可是！你的脚……"

　　女儿又说："爸爸放心，脚不行，我还有手可以用呀！"两年后，小女孩升入了中学，并且再度入选垒球队，成为该联盟有史以来最厉害的全垒球王！

"任何苦难与问题的背后都有更大的祝福！"席勒的女儿说出这句话时，是以一种感恩的心态来面对自己的灾难的。

你有权选择自己的生活，你可以敞开胸怀拥抱世界。也许你没有办法改变外在的现实环境，但你可以改变自己的心态。

你可以把自己的人生变成欢乐喜剧，也可以变成痛苦不堪的悲剧，一切都由你决定。

有一个女孩常常对父亲抱怨自己遇上的事情总是那么艰难，她不知道该如何应付生活，好像一个问题刚解决，新的问题就又出现了。

一天，父亲把她带到厨房，把水倒进3口锅里，然后用大火煮，不久锅里的水就烧开了。

父亲在第一口锅里放进了胡萝卜，第二口锅里放入鸡蛋，最后一口锅里则放入研磨成粉状的咖啡豆。他小心地将它们放进去用开水煮，但一句话也没说。

女儿见状，一直嘟嘟囔囔，很不耐烦地等着，不明白父亲到底要做什么。

大约20分钟后，父亲把炉火关掉了，他把胡萝卜和鸡蛋分别放在一个碗内，然后把咖啡舀到一个杯子里。

做完这些后，父亲这才转过身问女儿："亲爱的，你看见什么了？"

"胡萝卜、鸡蛋和咖啡。"她回答。

父亲让她靠近些，让她用手摸摸胡萝卜，她发现胡萝卜变软了。接着，他又让女儿拿着鸡蛋并打破它，然后将壳剥掉，她看到了煮熟的鸡蛋。

最后，父亲让她喝一口咖啡。当品尝到香浓的咖啡时，女儿终于笑了。

她怯声问："父亲，这意味着什么？"

父亲回答说："这3样东西都是在煮沸的开水中，但它们的反应却各不相同：胡萝卜入锅之前是强壮结实的，但进入开水后，它就变得柔软了；而鸡蛋本来是易碎的，只有薄薄的外壳保护着，但是一经开水煮熟，它的内部却变硬了；至于粉状咖啡豆则很特别，进入沸水之后，彻底改变了水的特质。"感恩就如这咖啡豆一般，在苦难的煎熬下，散发出香浓的芬芳。

有人说，上帝像精明的生意人，给你一分天才，就搭配几倍于天才的苦难。这话不假。上帝绝不肯把所有的好处都给一个人，给了你美貌，就不肯给你智慧；给了你金钱，就不肯给你健康；给了你天才，就一定要搭配点苦难……当你遇到这些不如意时，不必怨天尤人，更不能自暴自弃，而是用一种感恩的心告诉自己：我们都是被上帝咬过的苹果，只不过上帝特别喜欢我，所以咬的这一口更大罢了。

世上每个人都是被上帝咬过一口的苹果，都是有缺陷的人。只要你相信，自己是"被上帝咬过一口的苹果"，你就能坦然面对人生坎坷，欣然迎接未来的生活。

施与爱心，体现生命价值

生命的最大价值是向他人施与爱心，我们的人生好坏往往不是由自己评定的。别人和社会是我们的参照物，我们只有学会付出，施与爱心，才能体现出我们的人生价值。对于一个有给予心的人来说，别人对于他所提供帮助的那些小事比他曾经做过的那些大事记得更清楚，在他脑海中会留下更深的印象。

英国诗人勃朗宁说："我是幸福的，因为我爱，

"因为我有爱。"从小到大，我们都生活在一个爱的世界里，每天都感受着来自周围的爱，这个世界如果没有爱，将会变成一片荒芜的沙漠。

曾经有一位女子，她看到有三个留着长长的白胡子的老者站在她家的门前。她从来没有见过他们。

她跟他们说："虽然我不认识你们，但我想你们一定饿坏了，如果不介意，就请进到里面来吃点东西吧！"

"男主人在家吗？"他们问道。

"没有！"她说，"他出门了！"

"那我们不能进去。"他们回答说。

到了傍晚，她的丈夫回到了家，她告诉了他白天发生的事。

"去告诉他们我回来了，让他们进来吧。"

于是，女子到外面邀请他们进屋。

"我们不能一起走进一间房子。"他们说。

"为什么呢？"她有点迷惑地问。

其中的一位老人指着其中的一位回答说："他的名字叫'财富'，"接着他指着另一位说，"他是'成功'，而我是'爱'。你进去和你丈夫商量商量，你们想要我们哪一位进到你们家。"

这个女子走进屋子并告诉丈夫他们所说的话。她的丈夫笑着说："太好了！既然如此，我们就邀请'财富'进来，让他进来使我们家充满财富吧！"

女子不同意，对自己的丈夫说："亲爱的，为什么不邀请'成功'呢？"

他们的女儿在屋里听到他们的对话，也过来提出自己的建议："邀请'爱'进来不是再好不过的吗？我们家将因此充满了爱！"

"让我们接受女儿的建议吧！"丈夫说。

"好！邀请'爱'当我们的客人。"

女子走到外面问那三位老人："哪一位是'爱'？请进来当我们今晚的客

人吧！"

"爱"站起来并走向屋子，其他两位老人也站起来跟随着他。

女子惊讶地向着"财富"和"成功"说："我只请了'爱'，为什么你们也要进来？"

三位老者一起回答说："如果你只请'财富'或是'成功'，那么，另外两个人将留在外面。但是既然你邀请了'爱'，'爱'到哪里，我们就会跟到哪里。哪里有爱，哪里就会有财富和成功！"

爱是一粒种子，只要你把它种在自己心中，用心浇灌，它就会带给你美丽的果实—成功与财富。

只有施予爱心才能体现出生命的最大价值，这是追求成功者需要的感恩心态。爱的巨大力量可以巩固和完善我们的优良品格，懂得这一人生秘密的人往往抓住了通行于世界的根本原则，能够认识到世间事物的美好与真实性，并过上一种幸福的生活。

无论发生什么，都应该直面生命，用健康的、快乐的、乐观的思想去直面生命，都应该满怀希望，坚信生命中充满了阳光。传播成功思想、快乐思想和鼓舞人心思想的人，无论到哪里都敞开心扉，真诚地爱他人，去宽慰失意的人、安抚受伤的人、激励沮丧泄气的人。他们是世界的救助者，是负担的减轻者。施与别人的同时，我们也回报了自己。

当关爱的思想治愈疾病、为创伤止痛的时候，当那些与此相反的心态带来痛苦、郁闷和孤独的时候，我们就真正领悟到了博爱的真谛。施予爱心，便是在你心中种下一粒美好的种子，让它成长为你人生价值的参天大树。

不要把拥有视为理所当然

静爱吃菠萝，却不会削菠萝。

静和枫谈恋爱时，第一次削菠萝给枫吃。静削菠萝的手法很特别，逆着削，而且削下去许多果肉。枫看了，笑着夺去她手里的菠萝，说等她削好了，他便没得吃了。从此，枫不再让静削菠萝，其实是怕她伤着自己的手。

经历了爱情的长跑后，他们走进了婚姻的殿堂。婚后的生活很甜蜜。静不会做家务，枫几乎包揽了他力所能及的一切。静喜欢写作，业余的大部分时间都用在了爬格子上。每次她写东西时，枫都会放她喜欢听的音乐，然后坐在一边，默默地削一个菠萝。枫的菠萝削得很棒，就像一件雕刻的艺术品。削完之后，他还细心地将菠萝切成小块，插上牙签。静觉得他削的菠萝是世上最好吃的，因为有种特殊的味道。

静的写作一直不太顺，作品大部分石沉大海，少数有回音的也只收到微薄的稿酬。虽然静为此感到气馁，却依然不肯放弃自己手中的笔。

静的境遇一直到遇到吴言才有所改变。吴言是一家出版社的编辑，在一次写作研讨会上，他们相识了。吴言不凡的谈吐给她留下了深刻的印象，而她的美丽大方像一张明媚耀眼的风景片定格在了吴言的眼里。

在吴言的指导下，静迎来了事业的新契机，很快她便成了圈里公认的才女，并受到广泛的关注。不久后她的第一本书出版了，销量一路看涨，她沉浸在幸福的喜悦中。吴言的博学、才干以及一个成熟男人的魅力，让静的感情出了轨。虽然她知道不会有什么结果，因为吴言是一个有家的人。可是她还是义无反顾地爱上了吴言，就像当初迷上写作一样。

这份冲动的爱情让静打算作一个决定——与枫离婚。那晚，静坐在电脑旁，一个字也没有写出，几次话到嘴边又咽下，因为她有满腹的心事难以启齿。枫看出了她的犹豫，正在削的菠萝皮忽然自手中断落，他不知是在怎样的心情下听完她离婚的理由，手中的菠萝皮不停地断落、断落，一不留神，刀子扎进了他的手中，血顺着指头流了下来，他心里感到阵阵疼痛。可是，他依然削好菠萝细细地切成小块让她吃。她接过，在咬下第一口的时候眼泪忽然流了出来，原本好吃的菠萝

在她的嘴里竟然没有了味道。

爱静的枫为了她而同意了离婚，她在感到轻松的同时，隐隐的疼痛开始在她的心里生长开来，这种隐痛慢慢生长成为心灵的煎熬，让她难以忍受。因为她以为自己是在理智的状况下选择了爱情而放弃这段婚姻，她以为她做到了对感情负责，但令她感到奇怪的是，她并没因这份爱情而感到心灵愉悦。而很多时候却是这样：在不经意的瞬间，她总会想起他，想起他为她削菠萝的样子，心里有一种割裂开来的痛楚。自从她离开枫以后，她再没有吃过菠萝，因为每次拿起菠萝，她便会想起他们的婚姻。

可是，有一天她还是忍不住拿起了菠萝，她学着像他那样连刀不断地去皮，原来是那样难，一不小心就会被菠萝上的硬皮刺到，那是一份怎样的耐心呢？她终于理解了他对她的那份感情，明白了她想要在婚姻中得到的东西是什么，但是她在拥有时没能珍惜，等到回首，却已永远地失去了。

小说中的静，因为忽略了这份"理所当然"的爱，而错失了人生中最大的幸福。

每一份爱的付出都应该得到回报，不论是亲情还是爱情、友情，因为它们是每个人生命中所能感受到的最真挚、最浓烈的爱，无私且神圣。所以，请不要把你所拥有的幸福视为理所当然的，而应该理解、重视，并对这份爱充满感恩之心。

在这些感情中，最容易被忽视的往往是亲情，父母养育子女，子女赡养父母，这是人世间的准则，受道德和法律的约束，更是人与生俱来的天性。然而，所有的父母，他们在为子女付出时从来不会思及道德或法律，这种付出是不需要任何理由和前提的。同时，这种付出也完全超越了道德和法律规定的范围，他们付出的是全部，甚至还有生命。

很多时候，我们对伟大的亲情并无深刻的体会，甚至处在一种无意识状态，认为父母的一切给予都是理所当然的，自己也心安理得地接受。有些孩子往往不在意父母的辛劳，花钱大手大脚，生活中只想到自己的感受，稍有不如意便表现出强烈的不满。据统计，70%的孩子吃父母买给自己的零食时不知礼让父母，只顾自己吃；父母病了，50%的孩子不端水、不递药、不过问，全然不记得自己生病时父母无微不至的照顾；98%的孩子要求父母给自己庆祝生日，但98.2%的孩子不知道哪天是父母的生日；更有甚者，某些高三学生竟让母亲给自己端洗脚水。有时候，也许有必要列出一份清单，记录父母在孩子成长过程中的每一次付出，在这份爱的清单面前，上述那些孩子一定会受到教育和启发。

不要把你所拥有的幸福视为理所当然，那些才是你人生中最大、最现实的幸福。为所有的爱列一份清单，让它们永远不会在我们的生命中消逝。

感恩你所拥有的幸福

有个修道者告别了母亲，来到深山，想要拜菩萨以修得正果。在路上，他向一个老和尚问路："请问大师，哪里有得道的菩萨？"

老和尚打量了一下修道者，缓缓地说："与其去找菩萨，还不如去找佛。"

修道者忙问："请问哪里有佛？"

老和尚说："你现在就回家去，在路上有个人会披着衣服、反穿着鞋子来接你，那个人就是佛。"

修道者拜谢了老和尚，开始启程回家。路上，他不停地留意着老和尚说的那个人，可是他已经快到家了，那个人也没出现。修道者又气又悔，以为是老和尚欺骗了他。

等他回到家时，夜已经很深了。他灰心丧气地抬手敲门，他的母亲知道自己的儿子回来了，急忙抓起衣服披在身上，连灯也来不及点着就去开门，慌乱中连鞋子都穿反了。修道者看到母亲狼狈的样子，不禁热泪盈眶，也立刻觉悟了。

修道者是幸运的，因为到最后他及时领悟了"佛"的含义。但在现实生活中，更多人总是认为："得不到的总是最好的。"

我们想要这个或那个，如果我们不能得到自己想要的，就会不停地去想它，并且保持一种不满足感。如果我们得到了我们想要的，仅仅会在新的环境中再次滋生同样的想法。因此，尽管得到了我们想要的，我们仍旧不高兴，当我们充满新的欲望时，我们就会觉得自己仍旧不幸福。

　　我们总追求得不到的东西。而一旦拥有，却又不去珍惜，反而苛求更多。我们应该改变思考的重心，从关注自己所想要的转到自己所拥有的。不是期望你现在的爱人是别人，而是试着去想他美好的品质；不是抱怨你的薪水，而是珍惜你的工作；不是期望你能去夏威夷度假，而是想到你家附近也有乐趣……这样你才会真正体会到幸福的感觉！

　　当你跌入对"追求"无限贪婪的陷阱中时，爬上来，并且重新走过，深吸口气，记住：要珍惜你所拥有的一切！

　　如果你聚焦于你爱人的好品质，那么他将会表现出更多爱意；如果你珍惜你的工作而不去抱怨，那么你将会把它做得更好，并且可能最终得到加薪；如果你聚焦于在房屋周围享受的方式，而不是等着在夏威夷享受，你最终会有更多的乐趣。

　　总之，世间最珍贵的不是"得不到"和"已失去"，而是现在能把握的幸福。

　　智者眼中的幸福很多，因为他们懂得感恩。有这样一段话，把活着当作一种幸福："活着就是幸福。当我们站在野蒿丛生的墓地前，凝望那已然化为一捧黄土的逝者，想到他们生前的兴衰荣辱都随这一捧黄土烟消云散。我们还能走动、沉默、追思、悲伤，因为我思故我在，有感觉，会思想，我们仍然活在这世界上，而在地下安眠的人们却永远失去了这样的权利。活着便是一种幸运，对无可逃避的死亡的敬畏变成了内心涌动着的对此时还拥有生命的感激。活着就是一种幸福。生命自它诞生的刹那起，就进入死亡的倒计时。生与死，只是一线之隔。佛说：生死呼吸之间，一口气转不来，即成来世。很多时候，生命太过脆弱，一点小小的意外便会让生命之火熄灭。对于那些逝者，我们除了回忆他们的功业和智慧以外，更多地只会叹息：他要是还活着就好了。那些已经逝去的人永远无法与你竞争了；那些昨日还曾见面的人，今日就只能凭借想象来回忆他的音容笑貌。死亡有时很容易，仅仅就是几秒钟的事情，如车祸的发生。虽然我们一生都在与死神赛跑，可却对生与死的界线依然懵懂。对于活着的感动，只有那些经历过生与死考验的人才会深有体会。"

活着是一种美丽，是一种幸福，活着的每一分钟都是不容易的，我们活过的每一秒都是值得庆贺的。因为在生命之旅中，我们战胜过无数次疾病，以及每天都可能飞来的"横祸"，才有平安、健康、幸福的生活。生命是脆弱的，拥有活着的权利的我们是多么幸福。

只要你拥有感恩之心，你就不会失去你所拥有的幸福，还会创造更多的幸福。

❧ 第四节 ❧
包容心态：通向成功的保障

包容是一门做人的艺术。宽容待人，首先是要在心理上接纳别人、理解别人、体谅别人，在接受别人的长处时，也接受别人的短处。其次，当你遇到事情打算用愤恨解决问题时，不妨试试"包容"，或许它更能帮你实现目标，解决矛盾，化干戈为玉帛。

包容别人，放松自己

包容别人，其实也是在为自己赢得一片更广阔的天地。

人想活着轻松，就得少烦恼；要少烦恼，心胸就得开阔一些，宽广一些，学会宽恕自己和容忍别人，这就叫作包容人生。本来，生活就应该从容不迫、悠然自得。

人要活得从容，首先就得接受自己，不要对自己要求太苛刻，也不要因看不起自己而焦虑不安。遇到不幸和灾祸，要能够想得开，而且能"不动声色"。

包容者活得很随意。他们摸透了自己的脾气，知道自己的欲望和观点，干什么事都不用先去调查求证，或者察言观色，看别人的意见，他们只管走自己的路，不管他人飞短流长。

同时，包容者能够包容他人。生活变化无常，这是个人所无法改变的现实，不能改变，那就欣然接受，让自己活得快乐些。不要为了无法改变的事情而忧虑，那只是浪费

感情。

因为这种包容，包容者与他人的关系比较融洽，因为他们能平和自然地与各种各样的人相处，而不管这些人的年龄、教养和性格特点。由于他们是按照人的本性，而不是按照自己的要求去待人接物，所以他们很少会对别人感到失望，更不会吹毛求疵。

有了包容，才有了人生的快乐和放松，这就是包容的真谛。所以人生的包容是一种建立在认识现实基础上的心安理得的生活方式。包容不是抱怨，也不是虚假的开心、欺骗的宽容和不切实际的异想天开。

我们包容了别人，包容了世界，自然就会放下情感的包袱，放松自己。

包容让你拥有更多的朋友

清朝末年，在一个小镇上，王氏家族与胡氏家族两家世代为敌，两户人家只要一碰面就会动起手来。有一天傍晚，王虎与胡一从市集里出来，碰巧遇见了。两个仇人一碰面，倒没有开打，不过也保持着距离，互不理睬。两人一前一后走在小路上，相距几米之远。

天色渐渐暗了，是个乌云蔽月的夜晚。走着走着突然王虎听见前面的胡一"啊呀"一声惊叫，原来他掉进溪沟里了。王虎看见后，连忙赶上前去，心想："无论如何总是条人命，怎么能见死不救呢？"

王虎看见胡一在溪沟里挣扎。急中生智的王虎连忙折下一段枯枝，迅速将枝梢递到胡一的手中。

胡一被救上岸后，感激地说了一声"谢谢"。然而，胡一猛一抬头后才发现，原来救自己的人居然是仇家王虎。

胡一怀疑地问："你为什么要救我？"

王虎说："为了报恩。"

胡一一听更为疑惑："报恩？恩从何来？"

王虎说："因为你救了我啊！"

胡一不解地问："咦？我什么时候救过你？"

王虎笑着说："刚刚啊！因为今夜在这条路上，只有我们两个人一前一后行走。刚才你遇险时，倘不是你那一声'啊呀'，第二个坠入溪沟里的人肯定就是我了。所以，我哪有知恩不报的道理呢？因此，真要说感谢的话，那理当先由我说啊！"

此刻，月亮从乌云里露出脸来，在月光的照射下，王虎与胡一当年曾殴打过对方的双手紧紧地握在了一起。

俗话说"冤家宜解不宜结"，世上本来没有什么解不开的深仇大恨，所有的都只是人们的一种执念在作祟。

若王虎仍记恨于家仇，不去救助胡一，多的只是一条亡魂和一颗黑心。但王虎选择了包容，他失去的是沉重的仇恨，得到的是一份真挚的友情。

一个人要想取得事业上的成功，光靠自己的力量是不行的，光靠朋友的力量是不够的，那些过去与你是竞争对手的人，只要你可以包容，就能够将其纳入到共同利益里，壮大力量才能夺取更大的胜利。朋友和敌人，从来都不是绝对和永恒的，只要你学会包容，再大的仇恨也能消融，再多的朋友都可以结交。而结成朋友的根本目的就是壮大自己的力量，以便在社会的奋斗和交往中做到游刃有余，左右逢源，为自己、为他人创造更多的财富和更多的机会。

敌人的存在，有时候是我们目光短浅、孤陋寡闻所致，而你一旦想改变这种先入为主的第一印象，却是难上加难。所以，这一切要靠你的勇气和非凡的远见与卓识，包容别人，也是在宽恕自己。与朋友团结，与敌人握手。

在日常的工作和生活中，人际关系纷繁复杂，你不妨去冷静地观察，努力寻找你的朋友和能够成为朋友的敌人。或许，你是位个性很强的人，对世界划分得太过绝对，很重视自己的独立、自主、自我奋斗；或许你是位理想主义者，对敌人的阴险与毒辣视而不见，而将这世界想象得美好与安静。但是现实毕竟是现实，而且是不以你的意志为转移的。现实总有一天会击碎理想主义的光环，使你认识到自己并非无所不能。这时朋友的重要性便突显了出来。多个敌人少条路，多个朋友多条路。用你的包容之心化敌为友，把自己的成功之路拓得更宽些。

广纳百川万事亨通

"广纳百川万事亨通"，拥有一颗包容心，你的人生道路便不会难走。

台湾作家罗兰曾说："宽宏大量是一种美德。它是由修养和自信、同情和仁爱组成的。一个宽宏大量的人快乐必多，烦恼必少。"包容是一种俯瞰的姿势，是一种善与美的投入，它更是一种智慧。这种智慧的源泉来自文化的修养和思想的明智与深刻。拥有包容心的人，他一定有一种祥和的心境，这种心境来自他的阅历，他肯定有着一种不争的人生态度和一颗善良仁慈的心。

包容的胸襟，往往包含在谅解之中。要想见到不顺心的事而不发脾气，就必须养成能够原谅他人的缺点和过失的习惯。待人接物，不能过于苛求，"水至清则无鱼，人至察则无徒"，对别人过于苛求，往往使自己跟别人合不来。社会是由各种各样的人组成的，我们总不能要求别人说话办事都符合自己的标准和要求。当那些度量较小、修养较浅的人做了得罪自己的事情时，真正的包容者能够宽容他们、谅解他们，不会和他们一般见识。从这个意义上说，那些最豁达、最能宽容的人，乃是最善于谅解人、最通达世事人情的人。

为人处世，首先应当提倡"广纳百川"的胸怀。广纳百川，是一种容人容物的器量。

气量和容人，犹如器之容水，器量大则容水多，器量小则容水少，器漏则上注而下逝，无器者则有水而不容。

气量大的人，容人之量、容物之量也大，能和各种不同性格、不同脾气的人们处得来。能兼容并包，听得进批评自己的话。也能忍辱负重，经得起误会和委屈。

广纳百川万事亨通，意思是说一个人若能有宽宏的度量，那么他事事皆会称心如意。广纳百川，表现为对人、对友能求同存异，不以自己的特殊个性或癖好责人，唯以事业上的志同道合为交友的基础。广纳百川，也表现为能听得进各种不同意见，尤其能认真听取相反的意见。广纳百川，还要能容忍朋友的过失，尤其是当朋友曾对自己犯有过失时，能不计前嫌，一如既往。广纳百川，更应表现为能够虚心接受批评，一经发现自己的过失便立即改正。和朋友发生矛盾时，能够主动检讨自己，而不文过饰非，推诿责任。大度者，能够关心人、帮助人、体贴人，责己严，待人宽。

眼睛只盯着自己的私利，根本不可能有广纳百川万事亨通的胸怀和度量。"心底无私天地宽。"只有从个人私利的小圈子中解放出来，心里经常装着更远、更大的目标的人，才能具备广纳百川的胸怀，领略到万事亨通的精神境界。

大千世界，芸芸众生，如同世界上没有两片相同的叶子，我们每个人都是孤立的个体。在面对同一件事情时，每个人的反应都不同：同样是大敌当前，为什么岳飞宁死不屈，而秦桧却卖国求荣？同样是楚汉相争，为什么刘邦能一统天下，而项羽却乌江自刎？同样是才华横溢，为什么毕加索能一举成名，而凡·高却郁郁而终？同样是遭遇厄运，为什么贝多芬能扼住命运的咽喉，而许多离成功仅有一步之遥的人却在关键时刻选择放弃？太多的为什么让我们不得不联想到性格，正是因为性格的不同而导致了选择的不同、行为的不同，进而导致命运的不同。

中篇

好性格

第一章

解开性格密码

第一节

解开性格密码

性格本身是复杂而多样的，这体现在每一个个体上更是纷繁复杂、变化万千。为什么我们周围的人有的开朗活泼、有的沉稳冷静、有的热情大方、有的冷若冰霜、有的潇洒大方、有的郁郁寡欢、有的细心谨慎、有的粗枝大叶……归根结底都是性格所决定的。尽管性格的差异是普遍存在的，但也不能否认人们的性格也存在着共同性。

性格是人最本质的象征

心理学家认为：性格是一个人典型性的行为方式。也就是说，一个较成熟的人在各种行为中，总贯穿着某一种典型的方式，这是经常的，而不是偶然的。这就是性格。

例如，王某不论在众人聚会的场合还是在工作中，都是开朗大方、活力四射的。这样，我们说他的性格是活泼的。如果某一日，他有点心事，因而变得沉默寡言，但这只是很偶然的情形，我们不能说他的性格是沉默寡言的。性格是人的心理的个别差异的重要方面，人的个性差异首先表现在性格上。恩格斯说："刻画一个人物不仅应表现他做什么，而且应表现他怎样做。""做什么"，说明一个人追求什么、拒绝什么，反映了人的活动动机或对现实的态度；"怎样做"，说明一个人如何去追求要得到的东西，如何去拒绝要避免的东西，反映了人的活动方式。

如果一个人对现实的一种态度在类似的情境下不断地出现，逐渐地得到巩固，并且使相应的行为方式习惯化，那么这种较稳固的对现实的态度和习惯化了的行为方式所表现出的心理特征就是性格。例如，一个人在为人处世中总是表现出高度的原则性、热情奔放、豪爽无拘、坚毅果断、深谋远虑、见义勇为，那么我们说这些特征就组成了这个人的性格。构成一个人性格的态度和行为方式总是比较稳固的，在类似的甚至不同的情境中都会表现出来。当我们对一个人的性格有了比较深切的了解之后，我们就可以预测到这个人在一定的情境中将会做什么和怎样做。

而性格差异是普遍存在的，这就使得每个个体都拥有自己独特的个性。事实上我们生来就具有自己的优点和缺点，只有意识到自己的独一无二，才能理解为什么大家在学同一课程，在同样的时间里由同一位老师讲课，却往往会获得不同的成绩。尽管性格的差异是普遍存在的，但是不能否认人们的性格也存在着共同性，性格是在人的社会化过程中形成的，因此，作为个体总要受到一定社会环境的影响。人是生活在群体之中的，相同的环境条件与实践活动会使人们的性格带有群体的共性特点，像直爽、热情、好客就是东北人的共性。可以说共性是相对存在的，而性格的差异是绝对的。具体地说，性格的特征大致包含了整体性、稳定性、独特性和社会性，以及可变性、复杂性。

1.整体性

性格是一个统一的整体结构，是人的整个心理面貌。每个人的性格倾向性和性格心理特征并不是各自孤立的，它们相互联系、相互制约，构成一个统一的整体。一个固执的人同时也可能是坚强果断的，而一个温柔的人也可能同时是宽容的。因此，分析自己的性格，应当从自身全面地去看，既要看到自己性格的优势，也要看到劣势，只有这样，才能真正认识自己的性格。

2.稳定性

性格是指一个人比较稳定的心理倾向和心理特征的总和，它表现为对人对事所采取的一定的态度和行为方式。一种性格特征一旦形成就比较稳固，不论在何时、何地，于何种情境下，人总是以他惯用的态度和行为方式行事。"江山易改，本性难移"形象地说明了性格的稳定性。

3.独特性

每个人的性格都是由独特的性格倾向性和性格心理特征组成的，即使是双胞胎，他们在遗传方面可能是完全相同的，但性格品质也会有所差异。因为每个人在后天的实践环境中，条件不可能绝对相同；而且即使是生活在同一家庭中的兄弟姐妹，宏观环境相同，个人的微观环境也是有差异的。因此，每个人的性格都反映了自身独特的、与他人有所区别的心理状态。如《水浒传》中的108条好汉，便是个个性格迥异。

4.社会性

人不仅具有自然属性，同时也具有社会属性。一个人如果离开了人群，离开了社会，正常的心理发育将无法完成，更谈不上性格的发展。生物因素只给人的性格发展提供了可能性，而社会因素则使这种可能性转化为现实。性格作为一个整体，是由社会生活条件所决定的。中国古代"孟母三迁"的故事就充分地反映了人的性格的社会性。

5.可变性

整个人类的心理素质都处在不断进化的过程之中，作为人的心理素质之一的性格当然也在不断进化。性格也会因为年龄的增长、环境的变化而发生改变，总体来说是趋向成熟的。一个人，当发现自己的性格特征是好的，对他自身的发展有利时，他便会通过自我意识来巩固、加强和完善这一性格特点；而当他发现自己的性格特点是不好的、有缺陷的，严重地阻碍了他的发展时，他便通过自我意识有目地制制和消除。人便是通过这个方式改变不好的性格和培养好的性格，不断完善自己，塑造优良而完美的性格。

6.复杂性

人的性格的复杂性，来源于现实社会生活中人的复杂性和矛盾性。人是社会属性和自然属性的统一体，从社会属性来说，人是各种社会关系的总

和。由于社会生活的复杂，人的思想、行为不可避免地要受到各方面的影响。因此，人的行为的动机、欲望、需求是相当复杂的，甚至是互相矛盾的。人的性格也往往表现出这种矛盾性。有的人平时温文尔雅、态度谦和，但在面对恶势力时也能疾恶如仇、敢爱敢恨。所以，一个人的性格实际上充满了矛盾性和复杂性，很难用一个简单的词来描绘一个人的性格。因此只有深刻地剖析自己的内心世界，剖析自己的各种欲念和思想动机，并且把这些和自己性格方面的各种表现联系起来加以考察，才能从本质上把握住自己的性格。性格的概念是如此的广泛，因此，我们只有准确地了解和把握性格决定行为的规律、不断地认识和了解自己和他人的性格，同时进一步改造和完善自己的性格，才能在真正意义上把握和掌握好自己的命运，成就美好的人生。

性格的成熟

　　荣格认为：性格的发展、形成及变化，一直到成熟，都和人的遗传、环境等因素有着密切的关系。

　　一般理论都倾向于认为：遗传因素通过气质和智力影响人的性格。在遗传因素的作用下形成的气质，按照自己的活动方式，使性格具有独特的色彩。例如，同样是助人为乐的性格特征，多血质的人在帮助人时动作敏捷、热情溢于言表，而黏液质的人则沉着冷静、情感蕴含在心。气质为人的高级神经活动类型所决定，所以，一开始气质就影响性格形成和发展速度。

　　不论儿童是由生身父母还是由收养或寄养家庭抚养，他们和生身父母之间在智商上总是有显著的相关。荣格把此归因于遗传对智力的影响。进而言之，智力和活动的特性和力对人的性格这作用在人的来。人们运用掌握相应的知审时度势，使观规律，这样性格都受高级神经类型的影响，而智形成是有作用的，发展过程中显示出自己的聪明才智，识和技能，冷静地自己的行为符合客就会促使自己勇于克服困难，在艰难险阻中表现出自觉、大胆、果断和坚毅等良好的性格特征。因此，大凡政治家、发明家、作家、艺术家，虽然从事不同的职业，但他们都兼有高度发达的智力、创造力和优良的性格特征。

性格不但受遗传因素的影响，更为重要的是，环境是性格发展形成的一个决定性因素。环境的作用主要是通过家庭、学校、社会活动以及工作实践来发生效应的。

性格的成熟是相对的，绝对的成熟是不存在的。从人所处环境的变化来讲，性格也有一定变化，但是，除非较大刺激（比如失恋、对自己重要的人发生意外、重大失败或挫折等），一个人的性格一旦形成，就基本稳定了。

性格的表现形式

1.活动凸现出性格

人的心理和活动是密切联系的。性格在活动中形成，也在活动中表现。因此，应在游戏、学习、劳动和交往等各种具体活动中研究人的性格。

儿童的性格在游戏中会表现出来。例如，让儿童在各种各样的游戏之间选择一个他最喜欢的游戏，从而由这个游戏的类型来判定儿童的性格，例如，有的游戏是需要团队协作的，有的是由个人独立进行的；有的游戏是运动型的，有的则是安静型的。一般来说，愿做运动型游戏的儿童的性格是比较活泼好动的；愿做安静型游戏的儿童的性格是内向的；而愿做个人游戏的儿童表现出其性格孤僻的一面的同时，也表现出其特立独行的一面；喜欢参加团队协作的儿童的性格，既有善于交往的一面，也有依赖他人的一面。

学生的性格则会在学习活动中表现出来，如学习的责任心和坚持性。作业是否认真、细致，上课时的精神状态和表现，也能反映其性格上的特点。

人的性格还会在工作中表现出来，例如，可以从一个人对工作的态度，如何处理工作中的人际关系及如何完成任务等方面观察到他的性格特征。

2.语言体现出性格

俗话说："言为心声。"我们观察一个人怎样说话，对认识其性格具有重要的意义。如说话的内容、说话真诚与否、言语风格如何等，都可以表现出一个人的性格特点。

一个人表里不一，也可以从其言语中表现出来，如阳奉阴违、说一套做一套，这充分表现出其虚伪的性格特征。一个正直的人在说话时不仅语气坚定、斩钉截铁，而且用语也非常讲究礼貌、准确，其内容更是由字里行间透出一股正气。而一个狡诈的人在编造谎言时语气往往是飘浮不定的，而且用语也给人一种不确定、不可靠的感觉，其内容更是漏洞百出。

当然，语言只是我们判断一个人性格的一方面，因此，为了更好、也更准确地判断一个人，我们必须把言语的不同方面与性格的其他表现联系起来。

3.外貌表情反映出性格

其实一个人的面部表情、姿势、打扮、衣着等也在某种程度上反映出一个人的性格特点。一个热情开朗的人总是将他的开朗的性格写在笑脸上，而一个阴郁的人则总是一脸的惆怅表情。微笑本身也可以表现出不同的性格特征。托尔斯泰写道："有些人一双眼睛在笑，这是奸诈的人和利己主义者。有些人不用眼睛而是口中发笑，这是软弱、优柔寡断的人，而这两种笑都是不愉快的。"面部表情是多种多样的，会表现出不同的性格特性。

眼睛是心灵的窗口，人的眼睛在面貌的表现上起着重要的作用，它显示了人的性格和气质的某些特征。托尔斯泰就曾把人的眼神分为：狡猾的目光、炯炯有神的目光、明朗的目光、

忧郁的目光、冷淡的目光、无情的目光等。

典型的姿势，如一个人是放开大步走还是迈着碎步走，是笔直地站着还是斜歪着，双手放在什么地方等，往往也反映出一个人的性格特征。

一个人的服饰也可表现出人的性格。比如，活泼型的姑娘一般喜爱色泽鲜艳、图案活泼多变的服装；温柔文静的姑娘则爱穿素净淡雅、饰物线条简单的服装。

性格的两种基本分类：
内向型和外向型

同时，这两种相反的倾向常常同时存在于一个人的性格中。哪一种是优势，则外在表现为哪一种。例如：有的人一向开朗活泼、社交广泛、善于言谈，总是人群中的核心人物，但偶尔在几个人的时候，他会很沉默。我们并不能因为他偶尔的沉默而否定他开朗的性格。

尽管在不同环境里可以表现出性格的不同侧面，但它仍然不会背离一个人的主导性格。

性格是一个人内在特质和外在行动的综合表现，也是一个人区别于其他人的本质特征之所在。

一般来说，性格内向的人能够独立自主，对工作认真负责，能按照自己的想法去做事，不轻易以偏概全，不冲动行事；在与外界交往的过程中，注重事物的内在变化。但也有不足之处，他们对外在环境了解不多，常常掩饰自己，易被他人误会，不喜欢工作被打断。这类人适合做钢琴师、诗人、心理学家。性格外向的人善于利用外在环境资源，乐于与他人交往，个性较开放，属于行动派，易被他人所了解。其不足之处是，不够独立，喜欢变化，比较浮躁。这类人适合做导游、公关。

其实不管是外向型还是内向型，都可以成为一个优秀的人。下面进行一项测试，看你是属于哪一类型的人。

以下是测试你是属于内向型性格还是外向型性格的试题，请根据自己的实际情况作出回答，符合的则在该问题后面的括号内画"√"，难以回答的则画"△"，不符合的则画"×"。

1. 你与观点不同的人也能友好往来。（　　）

2. 你读书较慢，力求完全看懂。（　　）

3. 你做事较快，但较粗糙。（　　）

4. 你不敢在众人面前发表演说。（　　）

5. 你能够做好领导团体的工作。（　　）

6. 你常会猜疑别人。（　　）

7. 受到表扬后你会工作得更努力。（　　）

8. 你希望过平静、轻松的生活。（　　）

9. 你经常分析自己、研究自己。（　　）

10. 生气时，你总是不加抑制地把怒气发泄出来。（　　）

11. 在人多的时候和其他场合你总力求不引人注意。（　　）

12. 你不喜欢记日记。（　　）

13. 你待人总是很小心。（　　）

14. 你是个不拘小节的人。（　　）

15. 你从不考虑自己几年后的事情。（　　）

16. 你常会一个人想入非非。（　　）

17. 你喜欢经常变换工作。（　　）

18. 你常回忆自己过去的生活。（　　）

19. 你喜欢参加集体娱乐活动。（　　）

20. 你总是三思而后行。（　　）

21. 你肚里有话憋不住，总想对人说出来。（　　）

22. 你常有自卑感。（　　）

23. 你不大注意自己的服装是否整洁。（　　）

24. 你很关心别人对你有什么看法。（　　）

25. 和别人在一起时，你的话比别人多。（　　）

26. 你喜欢独自一个人在房内休息。（　　）

27. 你的情绪很容易波动。（　　）

28. 你用金钱时从不精打细算。（　）

29. 对陌生人你从不轻易相信。（　）

30. 你几乎从不主动制订学习或工作计划。（　）

31. 你不善于结交朋友。（　）

32. 你的意见和观点常会发生变化。（　）

33. 你很注意交通安全。（　）

34. 看到房间里杂乱无章，你就静不下心来。（　）

35. 旁边有说话声或广播声，你就无法静下心来学习。（　）

36. 你讨厌工作时有人在旁边观看。（　）

37. 你始终以乐观的态度对待人生。（　）

38. 你总是独立思考问题。（　）

39. 你不怕应付麻烦的事情。（　）

40. 你的口头表达能力还不错。（　）

41. 你是个沉默寡言的人。（　）

42. 在一个新的环境里你很快就能熟悉了。（　）

43. 要你同陌生人打交道，你常感到为难。（　）

44. 你常会过高地估计自己的能力。（　）

45. 遭到失败后你总是忘不了。（　）

46. 你很注意同伴们的工作或学习成绩。（　）

47. 比起读小说和看电影来，你更喜欢郊游与跳舞。（　）

48. 买东西时，你常常犹豫不决。（　）

49. 你喜欢和小动物在一起胜过与人在一起。（　）

50. 你很容易去原谅别人。（　）

记分与评分：

题号为奇数的题目（如1，3，5，7……），答案为"√"各计2分，答案为"△"各计1分，答案为"×"各计0分；题号为偶数的题目（如2，4，6，8……），答案为"√"各计0分，答案为"△"各计1分，答案为"×"各计2分。最后把各题分数相加，再查评分表，你就可以了解你的性格属于哪种类型了。

评分：

1. 0 ~ 19 分，性格内向型。

2. 20 ~ 39 分，性格偏内向型。

3. 40 ~ 59 分，性格中间型。

4. 60 ~ 79 分，性格偏外向型。

5. 80 ~ 100 分，性格外向型。

一般而言，内向型的人通常比较自恋、感情丰富、第六感发达，为人处世多半会先想到自己，用自己的想法解释外界事物。有时因不善与人沟通协调，不愿意对别人让步，其结果会使得他们与众人形成对立。只有少数几个知心的人能够理解他们。

当然，这种类型的人在适应现实社会上会有许多困难，他们多半不喜欢社交，朋友很少，甚至有逃避社会的倾向，对他们而言，外在的人群、社会总是使他们无法接受或感到不安。这种类型的人只能在自己熟悉的环境下才能过得舒服愉快。因此，他们交往的范围非常狭窄，只局限于少数亲近的人。

总体上而言，内向型的性格一般都具有一些共同的特征，例如：重视主体性与自我、在乎自己的习惯与想法、不喜欢追随别人的想法、喜欢自我反省、欠缺果断、经常犹豫不决、需要较多的时间才能适应新环境、经常钻牛角尖地思考、放不开、不习惯与陌生人接触、对周围环境的变化观察敏锐、与人交往时倾向于采取被动的姿态、不容易结交新朋友、交友范围狭窄、亲密的朋友则深交、不希望参加社交活动、只有在很亲近的朋友面前才能放得开。

而所谓"外向"，是指思考总是开放式的，喜欢与人交往。因此，外向型的人多半会关心周围的人和事物，并尝试着去掌握环境与事物的变化，是属于掌握外在且比较有行动力的类型。

对于这种类型的人而言，最重视的无非是别人怎么看待自己，以及自己如何表现才符合别人的愿望与期待。

但由于他们全身心只放在别人与外界上，自己内心的想法与需求便被有意无意地忽略或压抑下来，久而久之，这种类型的人甚至不了解自己有什么欲望或心理需求。这让他们往往没有主见，容易随波逐流。这类型的人比较易受外界条件的制约。

外向型的人由于总是把眼睛放在别人身上，因此能迅速注意并了解外界变化，采取相应措施，因此，人与人之间大多能协调，很少发生冲突。不仅如此，他们能关心别人，积极地参与团队与组织活动，而且很容易被别人接受并享受群体生活的成就感。

能够适应别人、参与团队是这类人的特长。但有时太重视与别人的协调，也会有迷失自己的危险。这也正是性格外向型的人需要引起注意的地方。

外向型性格的人特征如下：能随不同场合调整自己的态度与行动方式、能经常保持对周围事物变化的注意、遇到谈得来的人就开诚布公地交往、容易接纳别人、自己一个人独处容易不安、行动快速但思考不深、很容易仓促地作决定、能迅速适应新环境、常未经评估就采取行动、喜欢积极地表达对别人的关怀、与人交往没有棱角、容易接受、社交范围广、朋友众多但容易流于酒肉之交、在众人之中不会感到不安或陌生、喜欢参加社交活动。

人的性格没有好坏、优劣之分，正如外向型性格和内向型性格都各有各的优势和劣势。如外向型的人不断以各种方式充实自己；内向型的人则习惯于保持自己的能量，有抵御外界要求的倾向。

但总体来说，外向型的人比内向型具有较强的优越感；内向型的人比外向型的人自卑，内心有种被压抑的感觉。但性格有发生改变的可能性，因此对于我们而言，不管我们是内向型性格还是外向型性格，只要我们发挥自身的性格优势，改正和弥补性格劣势，就一定能打造出完善的性格，从而使我们的人生更加顺利。

MSCP性格分类

美国心理学家弗洛斯·妮蒂雅将人的性格分为4种基本类型：活泼型（S）、完美型（M）、力量型（C）及和平型（P），又为人们进一步了解和认识自身的性格提供了一种科学的方法。

1.活泼型性格（S）—外向、多言、乐观

活泼型性格的优点很多，具备这种性格的人通常待人热情、性情奔放、豪迈、幽默、真诚而能言善辩。同时，他们富于浪漫情怀，天生喜欢乐趣，喜欢和人在一起。他们天生具有表演的天才，能把所有人的目光像吸铁石一样吸引过来，不管什么场合，他们永远都是人们瞩目的焦点。他们也很情绪化，感情外露；对任何东西都有着强烈的好奇心，这样就使得他们经常略显孩子气，即使年龄偏大也依然童心未泯，但这并不表示他们对工作没有热情。

活泼型性格的人在工作上也有很高的热情，工作态度很主动，好奇的性格特征使得他们在工作上富有创造性，充满干劲，同时他们热情的性格又会使他们在工作中与同事和谐相处。他们永远精力充沛、活力四射，总是自告奋勇地去做每一件事情，他们从不吝啬赞扬别人，永远学不会记恨；与人发生不愉快时，他们很快就会主动向别人示好，所以他们容易交上很多朋友。活泼型性格的父母在与孩子相处中更是如鱼得水，他们把自己的孩子看作是自己的朋友，这也让孩子们感到轻松，从而愿意与父母一起分享他们的小秘密。

活泼型性格的人总会用他们的热情和幽默带给我们欢乐；当我们心力交瘁时，他们会带给我们轻松。活泼型性格的人永远是最受欢迎的人。

但是，活泼型性格的人也有其本身所固有的缺点，他们虽然健谈，但通常也会总是叽叽喳喳地说个不停。而且，他们在描述一件事情的时候，总是喜欢添油加醋，似乎不说得夸张点就表达不出事情的真相。虽然他们喜欢表现自我、展示自我，但也容易以自我为中心，往往把自我放在第一位，对自己的故事津津乐道的同时常常忽视别人的感受。而且这种活泼型性格的人因其活泼好动、没有耐性的本性而养成了记忆力不好的坏毛病。他们对数字毫无概念，所以他们通常都记不住别人的电话号码和别人的名字。

活泼型的人由于性格开朗，喜欢结交朋友，因而他的朋友是很多的。但

也正因为如此，活泼型的人交朋友大多随兴而至，朋友虽多，但真正称得上知心的朋友却很少。

而且，活泼型的人做事情总是很有激情地开始，但往往以没有结束而告终，这是阻碍活泼型性格的人成功的最大敌人。

2.完美型性格（M）—内向、思考、悲观

完美型性格的人与活泼型性格的人可以说是两个不同的极端。完美型性格的人在情感方面很冷静，他们不会像活泼型的人一样情感外露，相反，他们深思熟虑、善于分析。但这并不是说他们不喜欢与人相处，只是他们对任何事情都有自己的一套标准，而且对任何事都严肃认真；他们要求事情做得有条不紊，喜欢清单、表格、数据，追求准确，有很强的责任心。

完美型性格的人在工作上喜欢预先作详细的计划，一旦开始工作就完全投入，有条理、有目标地完成，善始善终，永远不会中途放弃。而且他们很善用资源、勤俭节约、讲求经济效益，用最合理的方法解决问题。他们对自己和别人都要求很高，他们注重生活细节，对生活环境很讲究，十分爱干净，将事情安排得井井有条。

在交友上，完美型性格的人和活泼型性格的人可以说是截然相反。完美型性格的人选择朋友很谨慎，他们的朋友不会很多，但只要是他们的朋友，一般都是十分知心的，可以真诚相对、相互关心。而且他们善于聆听抱怨，积极帮助朋友解决问题。在选择配偶的问题上，他们也追求完美，有着近乎苛刻的标准。完美型性格的父母对孩子有着很高的要求，他们不会像活泼型性格的父母那样把孩子看作自己的朋友，他们希望自己的孩子很出色，因此，他们一般

对待孩子都较严厉。

由于完美型性格的人善于分析、勤于思考，并且制订相关的计划，目标明确，善始善终，并且高标准、严要求，因此，从某种角度来说，完美型性格的人是离成功最近的人。这也正如亚里士多德所说："所有天才都有完美型的特点。"

当然，任何性格都不是完美的，完美型的性格也存在自身的不足，由于他们不想让自己太激动，很难让人看出是喜是悲。他们总是显得很阴沉，没有活力，使身边的人也觉得很沉闷。由于他们过分地注重细节，并且非常敏感，在现实生活中，他们极易受到伤害。与此同时他们又具有悲观主义的人生观，对自己和他人及一切事物的要求非常之高，这往往带给他们身边的人巨大的压力，从而使他们对自己也过分苛刻。正因为他们的完美主义倾向，他们总是得不到满足，内心十分痛苦，并且缺乏安全感。

3.力量型性格（C）—外向、行动、乐观

具有力量型性格的人天生就具有领导者的气质，在工作上他们总是显得精力充沛，充满自信；他们意志坚决、果断，一旦认准目标就绝不放弃；他们不易气馁，总是信心百倍地将事情继续下去，并且不允许有任何的差错；他们是天生的工作狂，有很强的行动力，设定目标后，就迅速地将全部身心投入到工作中。同时，力量型性格的人善于管理，能综观全局，知人善任，合理地委派工作，寻求最实际、最合适的解决问题的方法。

在交友方面，由于这种性格的人总是自信满满，而且特立独行，再加上他们天生的领导才能，所以他们往往不大需要朋友；另外，由于他们自信的本性，他们往往有点自以为是，听不进别人的意见，所以不大容易交上朋友，因为没人能容忍他们自大的秉性。力量型性格的父母在家庭里可以说是个独裁者，他们说一不二，设定目标，督促全家人行动，像一个领导者一样有条不紊地管理着整个家庭的日常事务。

力量型性格的人永远充满动力，他们会充满理想，勇于攀登高不可攀的顶峰。这些性格特质往往使他们在自己所选择的职业中达到顶峰。

力量型性格的人正因为力量太强，所以总想控制别人，这会造成许多人的反感。而且，他们永远高高在上，俯视别人的生活，爱指使别人，认为不用他们的方法看待事物的人都是错误的，别人若是犯一点点的错误，他们便不能接受。所以他们希望身边的每个人都听他们的指示，受他们的支配。最让人忍受不了的是：他们从来都不主动道歉，即使他们错了，他们也由于过分自信而拒不道歉，在他们眼中，错误是不可能发生在自己身上的。

4.和平型性格（P）—内向、旁观、悲观

和平型性格的人在情感方面显得很低调，总是一副很平和、镇静、坦然自若的样子，对任何事都很有耐心，对任何情况都能适应。他们性情善良，总是善于隐藏自己内心的情绪，总能平静地接受命运的安排；他们很细心，做任何事情都很周到，绝对不会让别人受到冷落；他们有着一成不变的生活模式，在工作上他们也喜欢从事自己很熟悉或者很熟练的工作，不会轻易变换工作；由于与他们相处没有任何压力，因此，他们具有很强的亲和力；他们善于调节问题，有一定的行政能力，不是雷厉风行的领导者，但绝对是平和、给人亲切感觉的、可信任的上司。

在交友方面，由于他们是很好的倾听者，对朋友有爱心，所以他们有很多的朋友。但与活泼型性格的人不同的是，和平型性格的人永远是付出较多的一方，他们喜欢静静地站在一旁给处于劣境中的朋友中肯的建议；这让其他性格的人都愿意找和平型性格的人做朋友。和平型性格的父母可以说绝对是好父母，他们对待孩子不急不躁，很有耐心，他们不容易生气，对于孩子的错误他们也很宽容。

但是，和平型性格的人最大的缺点是没有主见。他们往往因为害怕对事情负责而拒绝作决定，而且他们对任何事情总是显得没有魄力和热情，因为他

们害怕变化的结果可能会更糟而宁愿保持现状。也正是因为他们一成不变，因此，他们往往缺乏创新，对自己承诺的事也不会特意花时间去做。

由于他们的性格让他们不愿去伤害别人，因此，他们总是会去做他们并不喜欢的事情，在别人眼里永远是一个"老好人"。但事实上，他也将违背自己的意愿。

可以说，活泼型、完美型、力量型和和平型这4种性格无好坏优劣之分，各有各的优点和缺点。而且，这4种性格之间相互补充，都能积极发挥各自性格的长处，用别的性格的长处来弥补自身性格的短处则会产生意想不到的良好效果。

相信大家都很熟悉我国四大名著之一的《西游记》吧！其中的4个主角——猪八戒、唐僧、孙悟空、沙僧的不同性格演绎出来的不同形象一定给你留下了深刻的印象吧！唐僧师徒4人之所以能历尽千辛万苦取回真经，在很大程度上源于这支取经队伍成员性格的黄金组合，即：猪八戒的活泼型+唐僧的完美型+孙悟空的力量型+沙僧的和平型。在这样的组合之中，这4个人物各自发挥自身性格的优势，同时相互之间互补性格的劣势，这便使得整个队伍中的性格劣势在互补的作用下降到最低，而性格优势则在不断的联合下大大加强。这样几乎接近完美的性格组合的团队不取得胜利才怪呢！

红、蓝、黄、绿4色性格分类

随着性格研究的不断深入，在美国著名性格分析专家佛洛伦斯·妮蒂雅进行MSCP4种性格分类后，又出现了与此相关的用色彩来对性格进行分类的方式，但这并不是近代人的发明创造，而是根据卡尔·荣格的研究进行升华的结果。做以下30道测试题，你将知道你是哪种色彩的性格。请在符合你的选项上打"√"，均为单选，每题计1分。

1. 你如何看待你的人生：

A. 希望能够有尽量多的人生体验，所以会有多元化的想法。

B. 在小心合理的基础上谨慎确定目标，一旦确定就会坚定不移地去做。

C. 取得一切有可能的成就。

D. 宁愿剔除风险而享受平静或现状。

2. 你会如何选择下山路线：

A. 好玩有趣的新路线。

B. 安全第一，原路返回。

C. 有挑战性的新路线。

D. 怕麻烦，原路返回。

3. 通常在表达一件事情上，你更看重：

A. 说话给对方留下的强烈印象。

B. 说话表述的准确程度。

C. 说话所能达到的最终目标。

D. 说话后周围的人是否觉得舒服。

4. 你的内心更倾向于：

A. 刺激。

B. 安全。

C. 挑战。

D. 稳定。

5. 你觉得你的情感更倾向于：

A. 情绪多变，经常波动。

B. 表面上自我控制能力强，但内心感情起伏极大，一旦挫伤便难以平复。

C. 感情不拖泥带水，较为直接，只是一旦不稳定，容易激动和发怒。

D. 很难有情绪的波动。

6. 你认为你的控制欲：

A. 没有控制欲，只有感染带动他人的欲望，且自控力不强。

B. 用规则来保持你对自己的控制和对他人的要求。

C. 内心有较强控制欲和希望别人服从你的欲望。

D. 不会有任何兴趣去影响别人，也不愿意别人来管控你。

7. 你在与情人交往时更注重：

A. 兴趣上的相容，一起做喜欢的事情。

B. 思想上的相容，体贴入微，对他的需求很敏感。

C. 智慧上的相容，沟通重要的想法，客观地讨论、辩论事情。

D. 和谐上的相容，包容理解另一半的不同观点。

8. 在人际交往时，你：

A. 可以快速建立起友谊和人际关系。

B. 非常审慎缓慢地进入，一旦认为是朋友，便长久地维持。

C. 希望在人际关系中占据主导地位。

D. 顺其自然，相对被动。

9. 你觉得你是一个怎样的人：

A. 感情丰富的人。

B. 思路清晰的人。

C. 办事麻利的人。

D. 心态平静的人。

10. 通常你完成任务的方式是：

A. 赶在最后期限前突击完成。

B. 自己认真地做，不主动寻求别人的帮助。

C. 很早就快速完成。

D. 使用传统的方法，需要时从他人处得到帮忙。

11. 当别人惹恼你时：

A. 虽然受伤，但最终很多时候还是会原谅对方。

B. 感到愤怒，不会轻易忘记，同时以后完全避开那个家伙。

C. 会火冒三丈，并且内心期望有机会狠狠地报复。

D. 表面上似乎什么也没有发生，内心将他踢出朋友的名单。

12. 你最在意下列哪项：

A. 得到他人的赞美和欢迎。

B. 得到他人的理解和欣赏。

C. 得到他人的感激和尊敬。

D. 得到他人的尊重和接纳。

13. 你在工作中会是个怎样的人：

A. 充满热忱，有很多的想法和创意。

B. 心思细腻，完美精确，认真可靠。

C. 坚强而直截了当。

D. 有耐心，适应性强而且善于协调。

14. 你过往的老师最有可能对你的评价是：

A. 情绪起伏大，善于表达和抒发情感。

B. 特立独行，有时会显得孤独或是不合群。

C. 动作敏捷又独立，喜欢独立做事情。

D. 看起来安稳轻松，性情随和。

15. 朋友对你的评价最有可能的是：

A. 喜欢对朋友述说事情，有较强的说服力。

B. 总是提出很多问题，而且需要许多有说服力的解释。

C. 直言表达想法，有时会直率而犀利地谈论讨厌的人、事、物。

D. 通常是多听少说。

16. 你怎样去帮助他人：

A. 有求必应。

B. 值得帮助的人才帮助。

C. 不轻易承诺，一旦承诺则遵守不移。

D. 往往是心有余而力不足。

17. 你面对别人的赞美会：

A. 有没有都无所谓，特别欣喜也不至于。

B. 不喜欢那些无关痛痒的赞美，宁可让他们欣赏你的能力。

C. 有点怀疑对方是否真诚或者立即保持低调。

D. 来者不拒。

18. 你如何看待你的现状：

A. 你觉得自己这样还不错。

B. 这个世界不进则退，所以你需要不停地前进。

C. 在所有的问题未发生之前，就应该尽量想好所有的可能性。

D. 快乐最重要。

19. 你如何看待规则：

A. 不愿违反规则，但可能因为松散而无法达到规则的要求。

B. 打破规则，希望由自己来制定规则。

C. 严格遵守规则，并且竭尽全力做到规则内的最好。

D. 不喜欢被规则束缚。

20. 你认为自己在行为上的基本特点是：

A. 慢条斯理，办事按部就班，能与周围的人协调一致。

B. 目标明确，集中精力为实现目标而努力，善于抓住重点。

C. 慎重小心，为做好预防及善后，会不惜一切而尽心操劳。

D. 丰富跃动，不喜欢制度和约束，反应迅速。

21. 你如何面对压力：

A. 化解压力。

B. 压力越大，动力越大。

C. 将压力藏在内心慢慢融化。

D. 本能地回避压力，回避不掉就用各种方法来宣泄出去。

22. 当结束一段刻骨铭心的感情时，你会：

A. 刚开始非常难受，但时间会冲淡一切的。

B. 虽然觉得受伤，但一下定决心，就会努力把过去的影子甩掉。

C. 深陷在悲伤的情绪中，在相当长的时期里难以自拔。

D. 痛不欲生，找渠道发泄。

23. 你如何面对他人的倾诉：

A. 认同并理解对方感受。

B. 作出一些定论或判断。

C. 给予一些分析或推理。

D. 发表一些评论或意见。

24. 你在以下哪个群体中较感满足：

A. 心平气和、最终大家达成一致结论的。

B. 彼此展开充分激烈辩论的。

C. 详细讨论事情的好坏和影响的。

D. 随意无拘束的、自由散漫的。

25. 你如何看待你的工作：

A. 希望没有压力，追求持久的工作。

B. 应该以最快的速度完成，且争取去完成更多的任务。

C.要么不做，要做就做到最好。

D.只想做喜欢的事。

26.如果你是领导，你内心更希望在部属心目中，你是：

A.亲近的和善于为他们着想的。

B.有很强的能力和富有领导力的。

C.公平公正且足以信赖的。

D.被他们喜欢并且觉得富有感召力的。

27.你希望别人怎样认同你：

A.无所谓别人是否认同。

B.精英群体认同最重要。

C.只要我认同的人或者我在乎的人认同就可以了。

D.希望得到所有大众的认同。

28.当你还是个孩子的时候，你：

A.不太会积极尝试新事物，通常比较喜欢旧有的和熟悉的。

B.是孩子王，大家经常听我的决定。

C.害怕见生人，有意识地回避。

D.调皮可爱，在大部分的情况下是乐观而又热心的。

29.你觉得你会是个怎样的父母：

A.不干涉子女或者容易被说动的。

B.严厉的或者直接对孩子加以管理的。

C.用行动代替语言来表示关爱或者高要求的。

D.愿意陪伴孩子一起玩的。

30.你最认可下列哪组格言：

A.最深刻的真理是最简单和最平凡的。要在人世间取得成功必须大智若愚。好脾气是一个人在社交中所能穿着的最佳服饰。知足是人生在世界上最大的幸福。

B.走自己的路，让人家去说吧。虽然世界充满了苦难，但是苦难总是能战胜的。有所成就是人生唯一的真正的乐趣。对我而言，解决一个问题和享受一个假期一样好。

C.一个不注意小事情的人永远不会成就大事业。理性是灵魂中最高贵的因素。切忌浮夸铺张，与其说得过分，不如说得不全。谨慎比大胆要有力量得多。

D. 与其在死的时候握着一大把钱，还不如活时活得丰富多彩。任何时候都要最真实地对待你自己，这比什么都重要。使生活变成幻想，再把幻想化为现实。

将你所打"√"的选项分别计分，然后按照下列提示进行计分：

前 1 ~ 15 题合计数	后 16 ~ 30 题合计数
A 的数量（　　）	A 的数量（　　）
B 的数量（　　）	B 的数量（　　）
C 的数量（　　）	C 的数量（　　）
D 的数量（　　）	D 的数量（　　）
共计：15	共计：15

然后将两边的数目按下列方式进行相加，这样便得出你的性格色彩得分：

红色：前 A+ 后 D 的总数（　　）	
蓝色：前 B+ 后 C 的总数（　　）	
黄色：前 C+ 后 B 的总数（　　）	
绿色：前 D+ 后 A 的总数（　　）	
总计：30	

在整个测试中，总分中数目最大的字母代表你的核心性格，其他字母的分数则代表你整个性格中组合的整体比例，哪个字母的得分越高，表示你的性格组合中该性格的主导性越强。

1.红色性格

可以说红色类型的人是4种性格中最有魅力的一种性格，他们总是以一种活泼外向的面貌示人，并且开朗、乐观、热情，喜欢成为公众的中心。他们往往有很多新奇的设想和主意，热衷于与别人交谈，特别是谈他们自己。其特点是好奇心重、天真、风趣滑稽、喜欢开玩笑甚至是恶作剧，不拘小节，丢三落四，务虚长于务实，处世短于为人。

红色类型的人能说会道且乐此不疲，但通常就是纯粹聊天。他们是自然流露的乐天派，开朗豪爽、喋喋不休，但很少直截了当和咄咄逼人。

他们是一些讲故事的行家，在4种类型中，他们的声音是花样最多的，而且在他们表白个人的感情时，音调会有相当复杂的变化。他们说话可能总有一点演话剧的味道，语速快，而且常常是声音很大。"看看我！我是多么与众不同"是你经常能从他的话里听到的潜台词。

这种性格的人很讨人喜欢，他们总是能给人带来快乐，只要有他们在的地方，就会有欢声笑语。理查德·费曼就是一个这样的人。

理查德·费曼是美国加州理工学院物理系教授，任教约40年。20世纪30年代在普林斯顿大学毕业后，他随即被征召加入制造原子弹的曼哈顿计划。费曼生性好奇，在严密的保安系统监控之下，他以破解安全锁自娱。取得机密资料以后，留下字条告诫政府小心安全。

费曼被戴森（《全方位的无限》及《宇宙波澜》的作者）评为21世纪最聪明的科学家，他

着。他在理论物理电动力学上的开奖，在物理界享有也被传诵一时。他研究，当那酒吧被时，他上法庭为酒

的一生多姿多彩，从没闲上有巨大的贡献，以量子拓性理论获诺贝尔物理学传奇性的声誉，他的轶事爱坐在上空酒吧内做科学控告有碍风化而遭到取缔吧老板作证辩护。

物理学家拉比曾说："物理学家是人类中的小飞侠，他们从不长大，永葆赤子之心。"理查德·费曼永不停止的创造力、好奇心使他成为天才中的小飞侠。《别闹了，费曼先生》这本书是理查德·费曼的一本自传。书中的共同著作人拉夫·雷顿也这样评价费曼：

在长达7年的时间里，我跟费曼经常在一起打鼓，共度了许多美好时光，本书所搜集的故事，就是这样断断续续地从费曼口中听来的。

我觉得这些故事都各有其趣，合起来的整体效果却很惊人：在一个人的

一生中居然会发生这么多神奇疯狂的妙事，简直有点令人难以置信，而这么多纯真、顽皮的恶作剧全都由一人引发，实在令人莞尔、深思，也给我们带来无限启发和灵感！

2.黄色性格

黄色类型的人个性固执而刚毅，自我感觉良好，充满自信，勇于挑战，遇事善作决断，果敢而不畏风险，然而他们最缺乏耐心，心有所动则溢于言表。那些常常喜欢坐在桌子上发号施令的人，很可能就是黄色类型的人。

"她的衣着充满着强烈的色彩……言语中流露出不可阻挡的说服力，出类拔萃、坚定、果断、强硬、挑战、强烈抗议……"这是美国《时代周刊》的一篇文章，描写的是美国前国务卿奥尔布赖特。也许我们还没亲眼见过这位女国务卿，可是从这篇文章的描述来 看，我们已经可以基本确定，奥尔布赖特在公众前的大部分表现可能属 于黄色特征。

不仅奥尔布赖特是黄色的性 格，世界上很多的成功人士，他们的性格大部分都是黄色性 格，像无论是在影界好莱坞还是政坛都很出色、并且连续 荣获7届"奥林匹克先生"头衔的阿诺德·施瓦辛格也 是典型的黄色性格。

1997 年 3 月 1 日，"国际健美联合会金 质勋章"授予了阿诺德·施瓦辛格，称 他为"20世纪最优秀的健美运动 员"，是健美运动史上最优秀的 人。

施瓦辛格是 20 世纪唯一获此殊荣的人。

谁能想到，出生在奥地利的施瓦辛格，幼年竟然是个体弱多病的孩子。不过幸运的是，他从小就喜爱运动，当他发现自己真正喜爱的项目是举重后，潜心苦练长达 3 年，练就了一副强壮的身板。当时，施瓦辛格的父母怕他锻炼过量，限制他去健身房的次数，但他一确定了目标就不肯再轻易更改，他说："我不能在镜子里看到自己肌肉松弛的样子，不能违反自己制订的计划。"于是，固执的施瓦辛格把家里一间没有暖气的房间改为健身房继续锻炼。坚持不懈的努力，终于使他在 18 岁时就获得了"欧洲先生"的称号。20 岁那年，施瓦辛格更是荣获了"环球先生"。自此之后，他几乎包揽过所有世界级比赛的健美冠军，共集13个世界冠军头衔于一身，这在世界健美界是绝无仅有的。

其后他又开始了演艺生涯，一度成为美国历史上最有票房号召力的明星。现在，大名鼎鼎的施瓦辛格又成了美国加州州长，很多人说他还可能会成为美国历史上第一个非美国本土出生的总统……谁知道呢？在他的身上，什么都有可能发生。

虽然有幸运的成分，但施瓦辛格更多的是靠自己的勤奋走向成功。他有明确的目标，并且甘愿为梦想付出一切。从健美冠军到电影明星，再到加州州长，施瓦辛格用自己的传奇人生提示着人们："只要不放弃自己的追求，梦想总有实现的一天。"

然而，正如施瓦辛格的坚定一样，他的黄色性格中的固执也在他的身上体现得淋漓尽致。

在他担任加州州长后，不仅在政府事务上比较固执，在子女教育上，他也表现出了力量型父母的最主要的特点—用强硬手段来支配子女，命令他们什么该干而什么不能。

施瓦辛格管教自己的4个儿女时，就像是他扮演的"终结者"一样，常让一家人感到心惊胆寒。

总之，黄色性格在4种性格中是最容易成功的一种性格，这与他们坚定执着、刚毅强硬等性格特征相关。总体来说，黄色性格也可用以下一段话来加以概括：

当别人失去控制正在迷惘时，他会有着坚强的控制力和决断力。在充满疑虑的前景下，他仍然愿意去把握每一个机会。面对嘲笑，他会满怀信心地坚持真理；面对批评，他会仍然坚守自己的立场。当我们误入迷途时，他会指明生活的航向。面对困难，他必定顽强对抗，不胜不休。

3.蓝色性格

蓝色类型的人总是给人以矜持和沉稳的感觉，他们对自己本身也是团队的一部分这点没有太多的表现，而且总是回避风险，不管需要付出什么代价。他们是特立独行的人，他们可能比绿色类型的人更想把事情办好，但是会用比黄色类型的人更为低调一点的方式。

蓝色类型的人说话的时候措辞谨慎、语调平缓，似乎不带感情色彩，通常他们只有在自己认为必要的时候才发言。他们的声音也不会告诉你他们在想什么，你有时可能会感觉他们比较冷淡。

蓝色类型的人最突出的特征就是他们绝对是不折不扣的完美主义者和理想主义者，他们追求完美，为人小心谨慎，擅长思考，酷爱理性分析，在乎细节，敏感但喜怒不形于色。他们做事有条不素，讲求章法，遇事总遵循原则，但有时也会显得过于死板。

但也正是由于蓝色类型的人追求完美，有完美主义倾向，因此，他们也是4种性格类型中最接近艺术本质的性格：完美而细腻，深邃而独特。因此，蓝色性格往往是最容易造就艺术家的一个性格，在世界著名的艺术家中，不少人都是蓝色性格。像导演过《大白鲨》《E.T外星人》《霍克船长》《侏罗纪公园》《辛德勒名单》《拯救大兵瑞恩》及《廊桥遗梦》等影片的著名导演斯蒂芬·斯皮尔伯格就是典型的蓝色性格。

1946年12月18日，斯皮尔伯格出生于美国俄亥俄州。童年的他是个腼腆的男孩，自以为鼻子太大而羞于见人。长辈们说他从小就不爱和人讲话，喜欢一个人待在角落里幻想。直到有一天，他从父亲的手里接过一台8厘米摄影机，从此，那个优柔寡断的男孩突然变成了一个思想深刻、悲天悯人的大导演。他的影片，无论是孩子气十足的《E.T外星人》《霍克船长》，还是富有人性哲理的《辛德勒的名单》《人工智能》，都会让我们为影片背后所展现的深刻内涵而感动。他怎么会把大制作拍得如此奇异、梦幻、富有童趣和温情，同时还可以在严肃的电影领域创造令人难以置信的辉煌？到底是怎样的精神世界，让他不但对宇宙产生美轮美奂的梦想，还对世界历史上的暴行产生充满历史感和责任感的叹息之情？

当年那个害羞的小孩子今天已经成为世界级的大导演，可是在他的电影里，我们依然可以隐约看到那个孩童般富于幻想的精神世界。

"我的电影都隐含着自己的童年，隐含在电影的故事或者构思里面，只有在童年才能找到我想要的东西。童年是我创作取之不尽、渊博绵延的宝库。"斯蒂芬·斯皮尔伯格说。

蓝色性格的人似乎天生就有一种高雅而脱俗的艺术家气质，他们总是在沉默中爆发出令人惊叹的力量。那么，就让我们用下面这一段话来概括所有蓝色性格的人，这是对他们最好的评价：

洞悉人类心灵世界的敏锐目光，欣赏世界之美善的艺术品位。所有的天才都具有优势，具有创作出前无古人之惊世作品的才华。工作忙乱时入微的观察，缜密的思维，始终如一的处世目标。任何事都做得有条不紊，具有圆满成功的理想和决心。

4.绿色性格

绿色性格的人就像绿色一样，给人一种平和而宁静的印象，就像是平静的湖面，很难激起波澜。他们一般都平和低调，无异议，少主见；慢性子，不慌不忙，极有耐心，擅长聆听而非表达；诙谐幽默；喜欢平稳的生活而不是冒险，最看重的是与他人关系的

亲疏远近。他们很有人缘，注重合作，不喜欢冲突，总希望面面俱到；有时过于保守，对变革从来都不积极，乐于担当旁观者。

他们又是那种与人为善、敏感细腻的人，可能有一点缺乏主见甚至是温良恭顺。他们喜欢询问别人的观点，很少会把自己的观念强加于别人，他们喜欢稳定和被人接受。与表达相比，他们更擅长聆听。说话的时候，他们通常会用比较沉稳和平和的语调，他们的声音中不乏温情和真诚。

我们似乎总能在社会公益活动中见到绿色性格的人，他们似乎永远都是那样的平和与耐心，也许他们没有红色性格的人那么多的梦想，也没有黄色性格的人那么多的目标，但是，他们是最踏实的人，他们总能在平凡的岗位和事情中做出不平凡的成绩。特雷莎修女便是这样一位伟大的绿色性格女性，一位伟大的"绿色天使"。

特蕾莎修女是阿尔巴尼亚人，1910年她出生在马其顿首都斯科普里城，但她一生都在印度的加尔各答为穷人服务，并且成为印度公民。

特蕾莎修女是1979年诺贝尔和平奖的获得者，她是继阿尔伯特·史怀泽博士1952年获得诺贝尔和平奖以来，最没有争议的一个得奖者，也是20世纪80年代美国青少年最崇拜的人物之一。她活着时是世界上获奖最多的人，但她从未在自己身上花过哪怕一分钱的奖金。她认为她只是穷人的手臂，她是代替世界上所有的穷人去领奖的。

特蕾莎修女除了被誉为"穷人的圣母"外，还被誉为"慈悲天使""贫民窟的守护者""行动的爱者""贫民窟的圣人""带光行走的人"等。她创建的仁爱传教修女会在她1997年去世时拥有4亿多美元的资产，世界上最有钱的公司都乐意无偿地捐钱给她；她的组织有7000多名正式成员，组织外还有数不清的追随者和义工；她与众多的总统、国王、传媒巨头和商业巨子关系友善，并受到他们的敬仰和爱戴……

但是，她住的地方，除了电灯外，唯一的电器是一部电话；她没有秘书，所有信件她都亲笔回复；她没有会客室，她在教堂外的走廊里接待所有来访者；她穿的衣服一共只有3套，而且自己换洗；她只穿凉鞋，不穿袜子。当她去世时，人们看到她所拥有的全部个人财产，就是1张耶稣受难像，1双凉鞋和3件滚着蓝边的白色粗布纱丽—1件穿在身上，1件待洗，1件已经破损，需要缝补。

特蕾莎修女的思想核心只有4个字：爱无界限。特蕾莎修女曾经在不同的场合反复表明她的观点，她不关心政治，更不关心阶级，她只关心人，每一个具体的人，不管那是一个什么样的人。因此她对人的爱，是没有界限的—不只是超越了种族、国家，更重要的是，超越了宗教。她自己是一名虔诚的天主教修女，但她耗尽一生为之付出的人，绝大多数却都是其他宗教的信徒，或没有宗教信仰的人。她的平和宁静总能慰藉那些受伤的心灵，她的耐心足以平息人内心的仇恨，她的爱足以融化所有人心里的冰山。

可以说，将绿色性格的人称为"和平主义者"是绝对的名副其实，他们的一言一行也正体现了他们的性格，正如下面一段话所言：

　　稳定地保持原则，忍受惹是生非者的耐心。当别人说话时，你会聆听；天赋的协调能力，会把相反的力量融合。富有安慰受伤者的同情心，为达到和平而不惜任何代价。头脑冷静，有时连你的敌人都找不到你的把柄。

9点图性格分类

　　"9点图"（enneagrams）一词由希腊文"9"（ennea）和"图"（gram）组合而成，意为"由9个点构成的图"。如下图所示，9点图以1个圆和圆内的9个点，以及连接这9个点的线构成。在这看似简单的构图中，蕴藏着表现人们内心世界的地图。

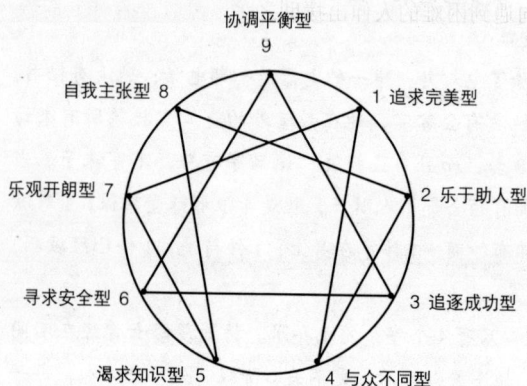

　　9点图的基本理论是：人从本质上可以归纳为9种不同的类型，每个人在降临人世时都具备了其中的某一种。正如男女出生的性别比例几乎相等一样，在世界任何地区，9种人所占的比例也相等。对那些不喜欢简单分类的人来

　　协调平衡型 9
　　自我主张型 8
　　乐观开朗型 7
　　寻求安全型 6
　　渴求知识型 5
　　1 追求完美型
　　2 乐于助人型
　　3 追逐成功型
　　4 与众不同型

说，这种分法或许缺乏科学根据。

　　然而，9点图的目的并不是进行简单的分类，而是试图使决定你行动的能量达到理想的平衡状态。9点图认为，每个人都拥有自己没有发现的卓越的能力。首先，必须找到真正的自我，然后以此为前提，去除那些阻挠你发挥潜力的桎梏、怀疑、恐惧、自大等因素，恢复你的真正潜能，并使之达到平衡状态。分类只是更好地掌握9点图智慧的起点。

　　接下来，我们来对这9种性格进行具体的分类分析：

1.追求完美型

这种人做任何事都力求完美，以积极的态度追求自己的理想，不惜付出任何努力。经常关心公正和正义，为人正直，值得信赖，坚信自己的伦理观是正确的。给人以井井有条的印象，经常注意保持克制，常把"应该怎么"挂在嘴边。如果"做得对""理解得正确"，会感到非常满足。

2.乐于助人型

这类人充满关心，会向遇到困难的人伸出援助之手，随时准备帮助周围的人。一方面拼命满足他人的要求，另一方面并没意识到自己也需要他人的帮助。直觉敏锐，能够与周围的人和睦相处，对环境的适应能力很强。另外，擅长交际，具有与不同的人打交道的本事。在帮助他人、忘我地照顾他人的时候，会感到非常满足。

3.追逐成功型

这类人总是在意效率，为了成功，即使牺牲自己的个人生活也在所不惜。期待他人也能朝着自己所定下的目标大步向前，很会激发周围人的干劲。以成功或不成功为尺度衡量人生价值，属于重视成就的、精力充沛的人。为了给周围的人以好印象，常常表现出很有自信的样子。当成功了、事情进展很顺利的时候，会感到非常满足。

4.与众不同型

这类人多自豪地认为自己是特别的人，最重视感情，讨厌平凡。认为比他人更能深深地体会悲伤和孤独；关心别人，喜欢鼓励他人。此外，认为自己就像剧中的主人公，从言谈举止到时尚流行，都给人一种清高、表现力丰富的印象。当处在"自己是特殊的存在""独一无二""沉浸在感动之中"时，会感到非常满足。

5.渴求知识型

这类人喜欢吸收知识，想当一个聪明人。有很强的分析能力和洞察能力，喜欢自始至终当一个客观的旁观者，虽然长于观察现实，但说话不多，显得内向，厌恶愚笨的表现。在开始工作或陈述意见前，会细致地收集信息，试图把握所有的一切。此外，喜欢独处，很珍惜自己的时间。如果成为"有智慧""聪明""无所不知"的人，会感到极大的满足。

6.寻求安全型

寻求安全类型的人有两面性，一方面是寻求强有力的保护人，对于这个保护人忠心耿耿，尽责尽力；另一方面，反抗不能接受的权力，倾听弱者的意见，即使没有胜算，也敢于进行挑战。能从对方的一言一行里洞悉对方的真实意图，只要能建立信任关系，就会表现出深情温柔的一面。对被人誉为"忠实""诚实"会感到满足的同时，对于被称为"率直""不服从社会规范""勇于面对危险"也会感到满足。

7.乐观开朗型

这类人凡事皆持乐观态度，为人开朗，善于从身边寻找快乐。周围有很多自己喜欢的人，本人也试图显示魅力。制订一个又一个快乐的计划，提出新的构想，好奇心强，富于想象力。当觉得"很快乐""愉快极了""有很多计划"的时候，会感到非常满足。

8.自我主张型

这类人只要认定自己是正确的，就会倾全力而战。有勇气、有力量，一眼就能识别错误、怠惰和虚荣心等，并且勇于向它们挑战；善于把握权力结构，善于保住发挥长处的位置。不拿架子，为人诚实，勇于保护弱者。当被人誉为"有本事""做得到""精力充沛"时，会感到非常满足。

9.协调平衡型

这类人是个规避矛盾和紧张的和平主义者，不喜欢自己的内心被外界扰乱。附和他人，很容易受到周围人的影响。如果环境好的话，会心胸开阔，不为外物所动，很有耐心，没有偏见，能够体谅他人的心情，善于与人沟通和交流。他们能很好地周旋于众人之间并且起到协助和调节的作用。当被称赞为"和平""善解人意""通情达理"时会有一种强烈的满足感。

荣格性格分类

著名心理学家荣格通过对内向型性格、外向型性格及性格的思维、直觉、情感、感觉4种功能进行全面地分析和研究后，将一些特殊的性格表现同心理类型结合起来，最终得出了8种性格，即外向思维型、外向直觉型、外向情感型、外向感觉型、内向思维型、内向直觉型、内向情感型、内向感觉型。

1.外向思维型

这种类型的人，努力使自己生活在一般社会普遍承认的规范中。这些人不以自己随意的独断作为判断的基础标准，他们的判断具有客观性。他们能出色地把握各种客观的事实和条件，在深思熟虑后作出结论，并使自己的行动理性化。

这种类型的人，不仅对自己，而且在与周围人的关系方面，不论被视为善恶，还是被视为美丑，一切都以被赋予理性的原则作为最高标准。这种类型的人在顺应时代的潮流方面极为敏锐和出色。但是，因为过于跟随潮流，他们也给人一种极其新潮的印象。如果生活态度僵硬化，就会给人一种缺乏自由豁达的感觉。因为这种类型的人大多数位于极端之中。

这种类型的人因为思考占优势，所以，属于感情的东西被压抑，美的活动、兴趣、艺术鉴赏、交朋友等方面被阻碍和排挤。如果感情过于压抑，在无意识中的感情就会反抗，那么也许会产生连本人都不知道缘由的结果。

由于这一类型的人的理性很强，由理性来主导行动，而且看待和对待事物较为客观，因此，这一类型主要是男性，因为思维作为决定性的功能多数是男性。通常情况下，当思维在女性身上占据优势时，它来源于心灵中直觉的活动占优势地位。

2.内向思维型

内向思维型的人与外向型思维的人相同，也追求理念，只是其方向相反，不是向外，而是向内。这种人善于在自己的内心构筑并发展理想的世界。总是富有积极性，不会因麻烦、危险、被视为异端或唯恐伤害别人的感情等理由而停滞不前。

然而，这种人却不善于把其理想付诸现实，很多人的实际能力不太出色。因为他们常常忽视客观存在，而是为理论而理论。其追求理想的方式是主观、固执，不接受他人的意见。

对待周围的人，这种人只是消极地关心，甚至漠不关心。因此，别人感到自己像被讨厌者一样被他拒绝。这种人一般给周围人冷淡、任性和自以为是的印象。因为这种人对来自他人的妨碍感到不安，所以，这种人对周围的人也会表现出礼貌和亲切，其态度总让人感到生硬。

这种人容易引起周围人的误解，不擅长社交，也不知如何得到对方的好感。与他亲近的人会极其赞赏这种人的亲切态度和丰富的内心世界，但与他疏远的人，却认为这种人冷淡、难以取悦、难以接近及妄自尊大。但这种人并不是骄傲自大，在构筑内心理想方面有勇气，敢于大胆地冒险，他们只是在同外界现实接触时怯懦、不安、想法设防。不愿自我吹嘘是这种人的美德，因为他本来就不在意别人对自己的评价。但有的人，时遇到非常理解反而立即给予对方过高的评价。

一般来说，内向思维型的人的头脑非常聪明，但不是为了成就一番事业，而是为了满足内心的需要，所以在社会上并不会成功，是典型的孤芳自赏型。德国哲学家康德就属于这一类型。同外向思维的典范—达尔文相比，前者注重主观因素，后者依据的是客观事实。康德把自己限定在对知识的评论上，而达尔文善于对极为丰富的客观现实进行探讨。在内向思维型的人看来，金钱、地位、名利不是最重要的，最重要的是自己内心的问题。这类人在数学、物理等领域能取得很大的成就。从某个角度看，这类人可能成为极富情感的人。

3.外向情感型

外向情感型的人，女性占绝对多数，她们往往选择任随自己情感的生活方式。其情感比较顺应周围的状况，她们的价值判断也同样。例如，随他人对人或事物作出"好"或"坏"的评价，自己一般不作出评价。所以，这种人较随和，在人群中可形成和谐的气氛。

女性最能清楚地表现这个特点的是选择结婚对象。女性在择偶时，不仅看对方的身份、年龄、职业、收入、身高、家庭环境等，还要看其是否符合自己的要求。与其说是自己喜好，不如说是符合社会标准。而这种类型的人，由于其情感功能占优势，所以思考功能就被压抑。但思考功能并不是不发挥作用。只是，这种人的思考不是为思考而思考，而只是情感的附属品，是为服务于情感才发挥作用的。

如果这种类型的女性过于顺从，就会丧失情感中富有巨大魅力的个性。不仅如此，还使人感到浅薄、玩弄花招和装模作样。在第三者看来，这种人的主体性完全埋没于感情之中，刚才是这种情感，而一瞬间又变成另一种情感，难免给人见异思迁、变化无常的印象。

荣格认为，外向情感型的人善于判断周围情况，在社会上起主角的作用。不过，由于对外界过于适应，反而对自己不利。他们经历某种分化后最终内心变得十分冷漠。虽然有非常美好的理想，但往往还没计划好就盲目行动，所以后果不堪设想。

4.内向情感型

这种人的感情发展程度从外部很难窥知。少言寡语，难以接近，遇到粗野的人就立即躲开。因此，在旁人看来，是沉静、彬彬有礼及性情深不可测的人，有时也被认为是忧郁的人。但如果对他人过于回避，就会被人猜测为这个人对他人的幸福和不幸都持事不关己的心态。这种人对初次见面或毫不相关的人，不会表现出热情欢迎的态度，而是采取冷淡或拒绝的态度。总之，他们对外界漠不关心。

这种类型的女性，想使自己与对方的感情停留在平静、均衡的状态，而禁止过于激越的感情。所以，在陷进去之后，她们就"刹车"并开始轻视对方。在这种情况下，只看这种人表面的人，就会轻易地认为这种人冷淡或毫无感情。但是，这种估计有些偏激，这种人只是抑制和不表露感情，而内心却蕴藏着热情。

这种人富有同情心，一旦同情某人就不是表面上的同情，而是极为深切的同情。由于这种同情过于深切，所以就像自己的事情一样感到悲哀，他们会毫不虚假地安慰、鼓励对方。但由于他们对某些人或事物什么也不表露，所以周围的人，特别是外向型的人认为这种人非常冷淡。但是，有时他们深切的同情会溢于言表，并做出令人惊奇的、崇高的或自我牺牲的献身行为。

荣格通过研究发现：女性中多出现这种明显的内向情感，用"静水则深"来形容这类女性十分贴切。许多这类女性性格文静，沉默寡言，较难接触，难以捉摸；她们往往表现出幼稚可爱或平庸的样子，显得自己毫不出众，看上去显得很忧郁。她们的主观情感掌握了自己生命的支配权，真实的动机被挡住了，所以她们显得不太真实；她们和谐的举止并不会引人特别注意，但她们富有爱心，经常参与慈善活动；她们与人相处很和睦，容易与他人产生共鸣，但不会去关心他人的感受和幸福，不想用任何方式或态度去打动、影响他人，或让其按照自己的意愿去做。

5.外向直觉型

外向直觉型的人，具有把握隐藏在客观事实深处的可能性的能力。他们认为，重要的不是现实，而是可能性。所以，这种人不断地追求可能性，感到日常安定的生活环境像监狱一样令人窒息。

一旦热心于追求可能，他们就会显示异常的狂热状态。但是，一旦看到没有再飞跃发展的希望时，就立即冷淡下来，或干脆放弃。例如，对某项事业的计划简单地认为"这个计划将来有希望"，对自己的直观能力很自信，所以他们就勇往直前。从这个意义上讲，他们是冒险家。当他们的事业走上轨道，趋向安定之后，一般人都认为继续从事这个事业更为安全有利，但这种人却想转向别的工作。

由于这种类型的人不尊重周围人的观点、主张和生活习惯，为此，有时被看作是不道德、冷酷、鲁莽的人。在企业家、商人中，属于这种类型的人有不少。但是，这种类型的人中女性比男性多。女性的直观活动能力，不是表现在职业方面，而是表现在社交的舞台上。这种女性具有利用一切社交的可能性、去与有势力的人熟知乃至亲密接触的能力。在选择交际或配偶方面，她们能敏捷、迅速地寻找到有前途的男性。但是，如果出现新的其他可能性时，迄今所得到的一切，她们就会全都放弃。

直觉者自认为有特殊的道德观，重视直觉的观点，并信服直觉观点的威望，不关心他人的事以及他人的想法，更有甚者对自己的安全状况也毫不关心。由于从不崇拜任何人，因此经常被认为是高傲、冷淡、失德的冒险家。这类人对外界客观事物的关心以及寻找各种可能性，就预示着他对某种职业怀有极大的兴趣，很乐意将自己全身心地投入到此项工作中，并将自己的才华运用到每个方面。他能够观察到事物本质和事物的可能性，如果才华横溢，将会在新商机中取得成功。许多企业家、投机者、证券人、商业大亨、文化经纪人、政客等均属这类人。

6.内向直觉型

内向直觉的特殊性质如果处于优势，就会有一种特殊类型的人产生，也就会有神秘莫测的幻想者、预言家或幻想的狂人和艺术家出现。其中艺术家被看成是这种类型中的正常情形，因为这种类型的人有把自身局限于直觉和知觉特性之间的倾向。知觉是直觉者的主要问题，那些具有创造性的艺术家也是如此。个体的疏远是由直觉这使得与真实之间强烈的人。爱幻想的狂人在生活圈子中变成像个谜一样的强化所导致的，出许多他如果是一个艺术家，就能在艺术领域创造的，又新奇古怪的作品，这些作品中既有色彩斑斓的……有琐屑无聊的，还会有可爱的、怪诞的、狂妄如果他不是艺术家，将会是一个得不到赏识的天才，一个"走错路"的人，一个聪明的傻子，或是一个"心理"小说中的角色。

这个类型中直观性为一般程度的人，给人不愿意与现实接触、也不努力适应现实的印象。对这种人来说，无论现实怎样都无所谓。事实上，外界的人物、事物及其他一切对这种类型的人员都不会是刺激。自己本是社会的一员，但作为社会的一员会给周围的人带来什么影响，他们对这种意识非常淡漠。所以，在外向型的人看来，这种人极度轻视世俗的事物。

一般而言，这种人给人的印象是腼腆、客气、缺乏自信、不知如何是好。与人交往时，则生硬、笨拙和不善表达，所以显得缺乏趣味。可是，这种类型的人，与内向型感觉类型相同，不少人有丰富的内心世界，蕴藏着用语言难以表达的优秀品质。

7.外向感觉型

愿意生活在现实之中，却没有支配欲望及反思倾向的人属于外向感觉型人。他们希望可以经常地拥有感觉，察觉客观事物的存在，还要尽可能地享受感觉。他们具有追求欢乐的能力，注重现实带来的快感，但他们并非不可爱，反而是一种很好的伙伴或对象。他们是生活中的乐天派，视觉和味觉非常灵敏，有时是位颇具审美功底，在设计和厨艺等方面都很出色的人。很多时候，他们会把很重要的事情放在一旁，甚至可以为晚餐是否丰盛这样的问题而绞尽脑汁。

当客观事物带给他们所想要的那种感觉后，他们对那些客观事物就再也没有听下去或看下去的兴趣了。但这些客观事物必须是具体的、实实在在的，或是超越具体性的推测但能增强感觉的。有时感觉的强化并不会使他们自身愉悦，他们也并不在意，因为他们只渴望得到这种单纯的感觉，而不是官能刺激。

然而，与外向思考型不同，这种人不以原则和理念规范自己，也不追求理想。重要的是现实，热爱、喜欢现实。因此，他们非常好客，愿意热情招待，谈笑风生。约会时，他们不会使对方感到无聊。服装和随身用品都很讲究。但是，如果采取过于拘泥于现实的生活态度，就会给周围人留下爱讲排场、虚荣心强的印象。

一般来说，这种类型的人不把道德放在首位，这绝不是不道德。他们不要被道德之类的东西所束缚的痛苦生活，他们要活得自由奔放。但是如果无意识的反抗增强，在日常生活中，就会带有比道德、宗教更强烈的迷信色彩，或把烦琐的仪式引入生活。除此之外，还有不少人表现出极端固执的生活态度。

8.内向感觉型

所有内向型的人都有远离外部客观世界的倾向，内向感觉型的人也不例外。他们对外界的一切事物都不在意，不管别人说什么都听不进去，只是沉浸在自己的主观感觉之中，把自己的审美意识当作人生的追求。

他们往往只关注事物的效果及自身的主观感觉，对事物的本身一点儿也不在乎。当今许多年轻人都有这一特点，无论是内向还是外向性格，感觉型的比较多。他们大多自我感觉良好，多数艺术家就属于这一类型。

荣格提出，内向感觉型是一种非理性类型。这种类型的人对偶然发生的事件进行选择时，总是被所发生的事件牵引着走，而不是从理性观点上出发。从外部看，他们无法预测将有哪些事情发生，因此只有当一种与感觉力量相等的机敏表达出现时，这类人的非理性才会被唤醒。

不善表达是内向型的特征之一，这一特征将被他的非理性挡在身后，然后通过冷静或消极的行为，以及对理性的自我抑制的形式来表达这种非理性。

这类人认为外部的世界与自己丰富多彩的内心世界相差太远，他们有时在内心中构建一个神奇的世界，在那里，人、动物、山河都是半神半魔的样子，尽管他们自己不这么认为，但那些东西已进入他的脑海，并在他的判断和行为中被充分表现出来。除了艺术之外，他感觉没有能使他施展才能的空间。外人认为他们沉默、安静、自制、随和，其实他们的思想和情感十分贫乏，是个非常单调的人。

当然，内向感觉型的人如果具有出色的表现能力，就会成为主观表现欲极强的艺术家。可是，通常这种类型的人不仅不具备这种表现能力，反而不善于表现。因此，在第三者看来，这种人具有谨慎、被动、平静及理性的自我抑制等特征。

但是，如果仔细观察，就会发现这种人所采取的主观态度令人感到奇异，给人一种无视周围的人和事，无视外界的感觉。有时，他们也能接受、理解外部的信息，并反映在自己的行为方式上，但外界的作用并不能到达本人心中。程度更强烈时，其感觉、方法和行动，都脱离现实，体现出一种真正的奇特。而且，这种人并不强迫周围人的理解并承认他的感觉方式，而是满足于自己封闭的世界，满足于平衡而温和地与外部现实世界的接触。

因此，这种人一般对周围的人不会造成伤害，但容易成为他人攻击和支配的牺牲品。由于这种人不太关心他人怎样对自己，所以，即使被不适当地对待，也容易听之任之。即使被别人颐指气使，也会甘心忍受。但有时，他也意外地发挥其反抗和顽固性，以发泄自己的愤怒。

这种类型的人，由于易采取独自生活在幻想世界的生活态度，所以会脱离现实，强行推行自己的要求并开始发挥破坏性威力。一旦达到极端，就与外向感觉类型一样，会具有极端顽固的生活态度。

❦第二节❦
认识自己的性格

作品不能完全相同，性格也一样。人的性格千差万别，我们每个人都有与众不同之处。我们每个人天生就有着与兄弟姐妹不同的组合特征，天生就有着自己的性情、自己的组合材料、自己的特质。虽然环境、智商、民族、经济环境和父母的影响都能塑造一个人的性格，但内在的本质却改变不了。

认识性格才能完善性格

法国作家让·吉罗杜说过："从我们的幼年开始，每个人身上就编织了一件无形的外衣。它渗透于我们吃饭、走路以及待人接物的方式之中。这件外衣就是我们的性格。"

然而，人与人之间的性格又存在着巨大的差异，这就正如我国古典名著《水浒传》中描写了108条梁山好汉，108个人，108种性格，个个不同；《红楼梦》里丫鬟小姐无数，也都各有各的性格。文学作品中如此，现实生活中个体之间的性格差别，就像我们的指纹一样，只有类别上的相似，没有绝对的相同。性格是区别人与人之间差异的重要特征之一。

正因为人的性格多种多样，而且方案复杂，因此，我们更需要了解自身和他人的性格，这将有利于我们更

好地去生活。正如我国古代《孙子兵法》中的一句良言："知己知彼，百战不殆！"而在《老子·三十三章》中也提到："知人者智，自知者明，胜人者有力，自胜者强。"而在这一点上，东西方似乎同时都产生了共鸣，古希腊的哲学家苏格拉底更是直白地喊出了："人啊！认识你自己。"

了解和认识自己主要是指认识自己的性格：自己是内向的、外向的，封闭的、开朗的，自卑的、自信的，懒惰的、勤劳的，虚荣的、朴素的，偏执的、随和的，浮躁的、平和的，狭隘的、心胸宽广的，贪婪的、怯懦的，多疑的……不管是什么样的性格都不要紧，因为性格是可以塑造的。优良的性格可以发扬，有缺陷的性格可以克服。歌德说过："人人都有惊人的潜力，要相信自己的力量与青春，要不断地告诉自己，万事全依赖自己。"谚语有云："播种行为，收获习惯；播种习惯，收获性格；播种性格，收获命运。"

正确地认识自己的性格，找出性格中的长处和缺陷，长处要保持，缺陷应克服。只有这样，我们才能在生活和工作的各个方面获得成功。每个人生来就与众不同，世界上只有一个自己，绝对不会有第二个人和自己一模一样。每个人的性格各不相同，但没有谁的性格是绝对优越，也没有谁的是绝对一无是处。同一种性格特征，从不同的角度看，可能会有不同的利弊结论，关键在于自己在确定目标后如何去发挥性格的长处和力量。比如某人可能是孤僻偏执的，因此朋友很少，生活乏味，没有快乐，但他却可能因超乎寻常地专心研究某个科学问题或刻苦工作，而在事业上更易成功。

探寻性格、塑造自我之路的第一步并不是要望着天空做无尽的冥思苦想，但却应注意不要硬套上那并不适合自身的衣裳。再也不要故作姿态，再也不要在茫然中生活和工作，那样是在浪费生命。让我们把目光投向自身，投向四周的世界来发现自己。在做过所有的尝试之前，在你几乎要到达终点之前，不要以为你已知道了事实的全部。

你能够想象你将是你自己的米开朗琪罗吗？

如果你不能，你应该停下手头的工作！你应该开始认识自己！你应该开始迈出探寻性格、塑造自我之路的第一步！赋予你自己的生活、工作以意义！

菲尔测试及性格分析

请你凭你的直觉如实地回答下列问题，各题为单选，选择一个最符合你情况的选项。

1. 你什么时候感觉最好：

　①早晨。

　②下午及傍晚。

　③夜里。

2. 你怎样走路：

　①大步地快走。

　②小步地快走。

　③不快，仰着头面对着世界。

　④不快，低着头。

　⑤很慢。

3. 与人交流时，你一般会：

　①手臂交叠地站着。

　②双手紧握着。

　③一只手或两手放在臀部。

　④碰着或推着与你说话的人。

　⑤碰着你的耳朵、摸着你的下巴或用手整理头发。

4. 坐下来时，你习惯于：

　①两膝盖并拢。

　②两腿交叉。

　③两腿伸直。

　④一腿蜷在身下。

5. 你一般怎样笑：

　①敞怀大笑。

　②笑，但不大声。

　③轻声地、咯咯地笑。

④羞怯地微笑。

6. 当你去参加一个活动，你会：

　　①很大声地入场以引起他人的注意。

　　②安静地入场，找你认识的人。

　　③非常安静地入场，尽量保持不被他人注意。

7. 当你正在非常专心地工作时，有人打断你，你会：

　　①欢迎他。

　　②感到非常恼怒。

　　③在以上两大极端之间。

8. 下列颜色中，你最喜欢哪一种颜色：

　　①红或橘色。

　　②黑色。

　　③黄或浅蓝色。

　　④绿色。

　　⑤深蓝或紫色。

　　⑥白色。

　　⑦棕或灰色。

9. 临入睡的前几分钟，你在床上的姿势是：

　　①仰躺，伸直。

　　②俯躺，伸直。

　　③侧躺，微蜷。

　　④头睡在一手臂上。

　　⑤被子盖过头。

10. 你经常会做的梦是：

　　①从高处落下。

　　②与别人打架或挣扎。

　　③找东西或找人。

　　④在天上飞或在水里漂浮。

　　⑤平常不做梦。

　　⑥梦都是愉快的。

以上各题的分数分配如下：

第1题	①	2分	②	4分	③	6分							
第2题	①	6分	②	4分	③	7分	④	2分	⑤	1分			
第3题	①	4分	②	2分	③	5分	④	7分	⑤	6分			
第4题	①	4分	②	6分	③	2分	④	1分					
第5题	①	6分	②	4分	③	3分	④	5分					
第6题	①	6分	②	4分	③	2分							
第7题	①	6分	②	2分	③	4分							
第8题	①	6分	②	7分	③	5分	④	4分	⑤	3分	⑥	2分	⑦	1分
第9题	①	7分	②	6分	③	4分	④	2分	⑤	1分			
第10题	①	4分	②	2分	③	3分	④	5分	⑤	6分	⑥	1分	

将你每小题的得分进行相加，最后得出一个总分数。

1. 低于21分——内向的悲观者

你是一个害羞的、神经质的、优柔寡断的人，你对别人有依赖感，需要人照顾，面对事情你永远没有自己的主见，总期待别人为你作决定；你是一个杞人忧天者，一个永远为不存在的问题自寻烦恼的人，也许有些人认为你令人乏味，但那些深知你的人知道你不是这样的人。

2. 21～30分——缺乏信心的挑剔者

你是一个谨慎的、十分小心的、勤勉刻苦的、很挑剔的人，一个缓慢而稳定、辛勤工作的人。一般而言，你的言行都在大家的意料之中，也就是说，你的性格是一个相对稳定的性格。

3. 31～40分——以牙还牙的自我保护者

你是一个明智、谨慎、注重实效、伶俐、有天赋、有才干且谦虚的人。你在交友方面很谨慎，一旦成为朋友，你将对朋友非常忠诚，同时要求朋友对你也有忠诚的回报。如果一旦这种信任被破坏，你将很难过。

4. 41 ~ 50 分—平衡的中庸者

你是一个有活力、有魅力、讲究实际且永远有趣的人；你亲切、体贴、能谅解人；你是一个永远会给人带来快乐并会帮助别人的人；你经常是群众注意的焦点，但是你还不至于因此而昏了头。

5. 51 ~ 60 分—吸引人的冒险家

你具有令人兴奋的、高度活泼的、相当易冲动的个性；你是一个天生的领袖，能在很短的时间内作出决定，虽然你的决定不总是对的。你是一个愿意尝试机会而欣赏冒险的人。因为你能给人带来刺激，周围的人都喜欢跟你在一起。

6. 60 分以上—傲慢的孤独者

在别人的眼中，你是自负的、以自我为中心的，是个极端有支配欲、统治欲的人。别人可能钦佩你，但同时也会从骨子里讨厌你的自负和高傲。

MSCP测试及性格分析

请按照相关提示完成下列的测试。

在你认为最适合你的实际情况的这项前做上记录，只能选择一个答案，每个选择1分。

你认为你具备下列哪些优点：

1. □ 富于冒险	□ 适应力强	□ 生动	□ 善于分析
2. □ 坚持不懈	□ 喜好娱乐	□ 善于说服	□ 平和
3. □ 顺服	□ 自我牺牲	□ 善于社交	□ 意志坚定
4. □ 体贴	□ 自控性	□ 竞争性	□ 使人认同
5. □ 使人振作	□ 受尊重	□ 含蓄	□ 善于应变
6. □ 满足	□ 敏感	□ 自立	□ 生机勃勃
7. □ 计划者	□ 耐性	□ 积极	□ 推动者
8. □ 肯定	□ 无拘无束	□ 时间性	□ 羞涩

9. □ 井井有条　□ 迁就　　　□ 坦率　　　□ 乐观

10. □ 友善　　　□ 忠诚　　　□ 有趣　　　□ 强迫性

11. □ 勇敢　　　□ 可爱　　　□ 外交手腕　□ 注意细节

12. □ 令人高兴　□ 贯彻始终　□ 文化修养　□ 自信

13. □ 理想主义　□ 独立　　　□ 无攻击性　□ 富激励性

14. □ 感情外露　□ 果断　　　□ 尖刻幽默　□ 深沉

15. □ 调节者　　□ 音乐性　　□ 发起者　　□ 喜交朋友

16. □ 考虑周到　□ 执着　　　□ 多言　　　□ 容忍

17. □ 聆听者　　□ 忠心　　　□ 领导者　　□ 精力充沛

18. □ 知足　　　□ 首领　　　□ 制图者　　□ 惹人喜爱

19. □ 完美主义者　□ 和气　　□ 勤劳　　　□ 受欢迎

20. □ 跳跃型　　□ 无畏　　　□ 规范型　　□ 平衡

你认为你有下列哪些缺点:

21. □ 乏味　　　□ 忸怩　　　□ 露骨　　　□ 专横

22. □ 散漫　　　□ 无同情心　□ 缺乏热情　□ 不宽恕

23. □ 保留　　　□ 怨恨　　　□ 逆反　　　□ 唠叨

24. □ 没耐性　　□ 胆小　　　□ 健忘　　　□ 率直

25. □ 挑剔　　　□ 无安全感　□ 优柔寡断　□ 好插嘴

26. □ 不受欢迎　□ 不参与　　□ 难预测　　□ 缺同情心

27. □ 固执　　　□ 即兴　　　□ 难以取悦　□ 犹豫不决

28. □ 平淡　　　□ 悲观　　　□ 自负　　　□ 放任

29. □ 易怒　　　□ 无目标　　□ 好争吵　　□ 孤芳自赏

30. □ 天真　　　□ 消极　　　□ 鲁莽　　　□ 冷漠

31. ☐ 担忧	☐ 不善交际	☐ 工作狂	☐ 喜获认同
32. ☐ 过分敏感	☐ 不圆滑老练	☐ 胆怯	☐ 喋喋不休
33. ☐ 腼腆	☐ 生活紊乱	☐ 跋扈	☐ 抑郁
34. ☐ 缺乏毅力	☐ 内向	☐ 不容忍	☐ 无异议
35. ☐ 杂乱无章	☐ 情绪化	☐ 喃喃自语	☐ 喜操纵
36. ☐ 缓慢	☐ 顽固	☐ 好表现	☐ 有戒心
37. ☐ 孤僻	☐ 统治欲	☐ 懒惰	☐ 大嗓门
38. ☐ 拖延	☐ 多疑	☐ 易怒	☐ 不专注
39. ☐ 报复型	☐ 烦躁	☐ 勉强	☐ 轻率
40. ☐ 妥协	☐ 好批评	☐ 狡猾	☐ 善变

优点：

S	C	M	P
活泼型	力量型	完美型	和平型
1. ☐ 生动	☐ 富于冒险	☐ 善于分析	☐ 适应力强
2. ☐ 喜好娱乐	☐ 善于说服	☐ 坚持不懈	☐ 平和
3. ☐ 善于社交	☐ 意志坚定	☐ 自我牺牲	☐ 顺服
4. ☐ 使人认同	☐ 竞争性	☐ 体贴	☐ 自控性
5. ☐ 使人振作	☐ 善于应变	☐ 受尊重	☐ 含蓄
6. ☐ 生机勃勃	☐ 自立	☐ 敏感	☐ 满足
7. ☐ 推动者	☐ 积极	☐ 计划者	☐ 耐性
8. ☐ 无拘无束	☐ 肯定	☐ 有时间性	☐ 羞涩
9. ☐ 乐观	☐ 坦率	☐ 井井有条	☐ 迁就
10. ☐ 有趣	☐ 强迫性	☐ 忠诚	☐ 友善

11. ☐ 可爱	☐ 勇敢	☐ 注意细节	☐ 外交手腕
12. ☐ 令人高兴	☐ 自信	☐ 文化修养	☐ 贯彻始终
13. ☐ 富激励性	☐ 独立	☐ 理想主义	☐ 无攻击性
14. ☐ 感情外露	☐ 果断	☐ 深沉	☐ 尖刻幽默
15. ☐ 喜交朋友	☐ 发起者	☐ 音乐性	☐ 调节者
16. ☐ 多言	☐ 执着	☐ 考虑周到	☐ 容忍
17. ☐ 精力充沛	☐ 领导者	☐ 忠心	☐ 聆听者
18. ☐ 惹人喜爱	☐ 首领	☐ 制图者	☐ 知足
19. ☐ 受欢迎	☐ 勤劳	☐ 完美主义者	☐ 和气
20. ☐ 跳跃型	☐ 无畏	☐ 规范型	☐ 平衡

缺点：

S	C M	P	
活泼型	力量型	完美型	和平型
21. ☐ 露骨	☐ 专横	☐ 忸怩	☐ 乏味
22. ☐ 散漫	☐ 无同情心	☐ 不宽恕	☐ 缺乏热情
23. ☐ 唠叨	☐ 逆反	☐ 怨恨	☐ 保留
24. ☐ 健忘	☐ 率直	☐ 没耐性	☐ 胆小
25. ☐ 好插嘴	☐ 挑剔	☐ 无安全感	☐ 优柔寡断
26. ☐ 难预测	☐ 缺同情心	☐ 不受欢迎	☐ 不参与
27. ☐ 即兴	☐ 固执	☐ 难于取悦	☐ 犹豫不决
28. ☐ 放任	☐ 自负	☐ 悲观	☐ 平淡
29. ☐ 易怒	☐ 好争吵	☐ 孤芳自赏	☐ 无目标
30. ☐ 天真	☐ 鲁莽	☐ 消极	☐ 冷漠

31. □ 喜获认同　□ 工作狂　□ 不善交际　□ 担忧

32. □ 喋喋不休　□ 不圆滑老练　□ 过分敏感　□ 胆怯

33. □ 生活紊乱　□ 跋扈　□ 抑郁　□ 腼腆

34. □ 缺乏毅力　□ 不容忍　□ 内向　□ 无异议

35. □ 杂乱无章　□ 喜操纵　□ 情绪化　□ 喃喃自语

36. □ 好表现　□ 顽固　□ 有戒心　□ 缓慢

37. □ 大嗓门　□ 统治欲　□ 孤僻　□ 懒惰

38. □ 不专注　□ 易怒　□ 多疑　□ 拖延

39. □ 烦躁　□ 轻率　□ 报复型　□ 勉强

40. □ 善变　□ 狡猾　□ 好批评　□ 妥协

把答案填入计分表，分别将4列中的每一列的分数加起来，然后再把优点、缺点两部分分数加起来，我们就可以知道自己的大概性格类型，同时也知道自己的组合类型。

4种性格各自所具有的优点

	S	C	M	P
感情	性格活跃，爱说，爱讲故事，聚会中心人物；幽默、能抓住听众，感情外露，热情奔放；好奇，天才演员，天真无邪，喜欢送礼和接受礼物；情绪化，内心诚挚，永远长不大	天生领导人，干劲十足；酷，好变化，定要矫枉过正；意志坚强、果断，无感情，从不泄气；独立自主，自信	深沉，好分析、严肃认真，目的性强；聪明有创造力，有音乐与艺术潜力，懂哲学、会做诗，喜欢美丽；对他人敏感，自我牺牲，理想主义	慢半拍，松松垮垮，悠闲，平和；冷静、耐心，满足现状，安静；有智慧、有同情心，和蔼，情感内向

（续表）

	S	C	M	P
工作	志愿者，总有新主意；表面轰轰烈烈，有创造力，色彩丰富；全力以赴投入工作，说干就干，鼓励并带领他人一起工作	目标明确，眼光全面，组织力强；解决问题不过夜，行动迅速，果断、坚持到底，好制订计划激励他人；在反对中成长	计划性强，完美主义者，高品位，注意细节；固执，彻底，井井有条，整洁；会算计，能发现问题，并解决问题，善始善终；喜欢制图、列清单	能胜任工作并持之以恒，平和可亲，有管理能力；中庸之道，逃避冲突；在压力下保持冷静，善找捷径
交友	易交朋友，爱别人，被称赞，被忌妒；不吝惜，善道歉、厌乏味，喜好自发活动	无须朋友，为团队工作，会领导，善组织；总能做对，善于处理紧急事项	交友谨慎，愿当绿叶，不愿出面；忠实可靠，善于听抱怨，帮人解决困难，深切关怀他人，易被感动；寻找理想伙伴	好相处，愉快待人，不伤人；最佳听众，爱挖苦人，爱观察人；多朋友，关心他人

4种性格各自所具有的缺点

	S	C	M	P
感情	唠叨，夸大其词，小题大做；记不住名字，唯恐别人离开；过于兴奋，自我吹嘘，说大话，爱抱怨；天真，不成熟，大嗓门儿，情绪化，易生气，永远长不大	霸道，缺乏耐心，急脾气，不会放松，鲁莽，喜争辩；不放弃，穷追不舍，不会恭维；不喜欢眼泪，缺乏感情，无同情心	总记住负面的东西，情绪低落，喜欢被伤害的感觉；远离这个社会，自我贬低，爱听好话，以自我为中心；过分自我反省，自责，庸人自扰，忧郁症倾向	缺乏热情，害怕，担忧，没主意；不愿负责，固执，自私，有话不说，折中主义

（续表）

工作	光说不干，忘记职责，不彻底，易失去信心；无组织纪律，杂乱无章，情感决定一切，爱走神儿	无法忍受出错，不分析细节，厌恶日常琐事；较粗鲁，过于直率，爱管人，支使他人，以工作为一切	不能忍受别人的工作干不好；干事犹豫，计划时间太长，愿分析而不愿干活；自我否定，难取悦，期望标准太高，需要别人赞同	目的性不强；缺乏自觉性，难以鼓动，厌强迫；懒惰，马虎，给别人泄气，宁愿在一边儿看着
交友	不愿独处，爱当主角儿，爱受欢迎；寻找信誉，控制谈话内容，好插嘴，不听他人的；健忘，多变，爱找借口，重复故事	利用他人，强迫别人，为别人做主；什么都知道，什么都能干好，过分独立；控制朋友与配偶，不会说"对不起"，有时是对的，但也不招人喜欢	没安全感，退缩，远离他人；爱批评人，感情内向，不喜欢被别人反对，怀疑别人；对立情绪，报复别人，不原谅，矛盾重重，一贯怀疑别人的话	缺乏热情，漠不关心，从不兴奋；爱评判他人、讽刺别人，不愿改变

荣格性格测试及分析

　　荣格将人的性格分为内向型和外向型两种最为基本的类型，了解自己的性格趋向将有利于完善自身，请你在回答下列问题时认真地加以完成，凭你的第一感觉选择最符合你实际情况的选项。

　　对下列问题，若认为符合你的情况就打"√"，若不符合打"×"，若难以判断打"△"：

　　1. 你很介意细节吗？

2. 你能立即下决心吗?

3. 你能慎重地花时间去做一些实际的事情吗?

4. 你能事后改变决心吗?

5. 与思考相比,你更喜欢行动吗?

6. 你忧郁吗?

7. 你能从失败中吸取教训吗?

8. 你无忧无虑吗?

9. 你寡言少语吗?

10. 你感情外露吗?

11. 你经常欢笑吗?

12. 你情绪经常起伏不定吗?

13. 你对待事物专心致志吗?

14. 你有忍耐心吗?

15. 你喜欢讲理和追根究底吗?

16. 你议论时易激动吗?

17. 你十分谨慎小心吗?

18. 你动作麻利吗?

19. 你的工作表详尽吗?

20. 你喜欢令人注目、抛头露面的工作吗?

21. 你对工作有热情吗?

22. 你总是异想天开吗?

23. 你清高吗?

24. 你对身边的物品漠不关心吗?

25. 你乱花钱吗?

26. 你喜欢发言吗?

27. 你挑剔吗?

28. 你爱开玩笑吗?

29. 你易被教唆吗?

30. 你固执倔强吗?

31. 你牢骚满腹吗?

32. 你很介意他人对自己的看法吗？

33. 你想得到他人的批评吗？

34. 你把自己的事情委托给别人吗？

35. 你不愿意被别人指挥、命令吗？

36. 你能管理好他人吗？

37. 你能直率地听进别人的意见吗？

38. 你机灵吗？

39. 你隐瞒什么吗？

40. 你能立即同情他人吗？

41. 你过于相信他人吗？

42. 你难以忘记仇恨吗？

43. 你腼腆、害羞吗？

44. 你喜欢独处吗？

45. 你愿意花精力去交朋友吗？

46. 你在众人面前能平静地讲话吗？

47. 你经常避开众人的焦点吗？

48. 你能轻松爽快地与意见不同的人交往吗？

49. 你好帮助别人吗？

50. 你毫无吝惜地把东西送给他人吗？

	对照栏	转记栏	√标记		对照栏	转记栏	√标记
1	×			26	√		
2	√			27	×		
3	×			28	√		
4	√			29	√		
5	√			30	×		
6	×			31	×		
7	×			32	×		

（续表）

	对照栏	转记栏	√标记		对照栏	转记栏	√标记
8	√			33	×		
9	×			34	√		
10	√			35	×		
11	√			36	√		
12	√			37	√		
13	×			38	√		
14	×			39	×		
15	×			40	√		
16	×			41	√		
17	×			42	×		
18	√			43	×		
19	√			44	×		
20	√			45	×		
21	√			46	√		
22	×			47	×		
23	×			48	√		
24	√			49	√		
25	√			50	√		

　　每个问题画好√、×或△之后，填入上面表格的"转记栏"中，然后与"对照栏"中的√或×对照。在"√栏"中把仅与"对照栏"中的√或×相同的画上"○"标记。

　　合计"○"的数量，然后，再合计"△"的数量，用2除。把前面的合计数和后面的合计数相加除以25，再乘以100，就得出你的向性指数。

$$向性指数 = \frac{○的合计数 + \frac{1}{2}△的合计数}{25} \times 100$$

判定的方法：

向性指数最高是200，最低是0。判定结果大于100，数字越大越外向；小于100，数字越小越内向。161以上是"强外向性"，59以下是"强内向性"，110到90之间，既不能说是外向性，也不能说是内向性，可以称之为"两向性"的中间性。

1.内向思维型性格测验

请回答下列问题，如果有12个或12个以上问题的答案为"是"，那么你的性格就属于内向思维型。

①你可以花很长时间去探究表明。

②你擅长检查细节。

③你喜欢讨价还价。

④你花钱时小心翼翼。

⑤你把每日工作计划好。

⑥你喜欢阅读或思考任何可以引发你兴趣的东西。

⑦你期望参与重大决策。

⑧有时你可以长时间地阅读，玩智力游戏，或思考、探索生命的本质。

⑨小心谨慎地完成一件事，是件有成就感的事。

⑩你是一个很准时的人。

⑪喜欢能刺激你思考的对话。

⑫你认为学习是为了满足内心的需求。

⑬你十分注重工作中的细节。

⑭你习惯于遵守规定。

⑮你喜欢使你思考、给你新观念的书。

内向思维型性格分析：

性格属于这种类型的人，他们希望理解的是个人的存在。他们部分陷入自我和个人的世界，在极端的情况下，会脱离现实太甚而沦为精神病患者。为随时保护自己，他们往往显现得冷漠无情。因为他们并不重视他人，他们渴望离群索居。他们并不在乎自己的思想是否为别人所接受，尽管他们的思想可能被极少数的一部人接受。他们容易变得顽固执拗、刚愎自用、不善于体谅他人，容易变得骄傲自大、敏感易怒、拒人于千里之外。

2.内向直觉型性格测验

请回答下列问题，如果有7个或7个以上问题的答案为"是"，那么你的性格就属于内向直觉型。

①喜欢去说服别人。

②喜欢探求所有事实后再有逻辑性地作决定。

③善于聆听别人的倾诉。

④你会不断地思索一个问题，直到找出答案为止。

⑤你认为教育是个发展及终身学习的过程。

⑥你不喜欢为重大决策负责。

⑦能影响别人使你感到兴奋。

⑧朋友经常向你询问解决问题的方法。

⑨你必须彻底地了解事情的真相。

内向直觉型性格分析：

性格属于这种类型的人中最典型的代表是艺术家，但也包括梦想家和幻想家。和外向直觉型的人一样，他们也始终在寻找着新的可能性。但他们的全部努力却从来也没有超出过直觉范围，而使自己得到进一步的发展。由于他们的兴趣不能始终停留在一点上，因此他们总是在不同的兴趣点之间跳来跳去。但不管怎样，他们却拥有可供别人思考、整理并加以发展的绚丽多彩的直觉。

3.内向情感型性格测验

请回答下列问题，如果有8个或8个以上问题的答案为"是"，那么你的性格就属于内向情感型。

①你用运动来强壮你的身体。

②在自己力所能及的范围内你尽力去帮助别人。

③你对社会上有许多人需要帮助感到关注。

④你热衷于帮助别人发挥天赋和才能。

⑤你喜欢帮助别人找出可以关注其他人的方法。

⑥你喜欢户外运动。

⑦你经常关心孤独、不友善的人。

⑧你常起草一个计划，而由别人完成细节。

⑨你对别人的情绪低潮相当敏感。

⑩你愿意花时间帮人解决问题。

⑪强壮而敏捷的身体对你很重要。

内向情感型性格分析：

属于这种类型的人多见于女性。她们不像外向情感型的人那样将自己的感情外露，而是把它深藏在内心。她们往往沉默寡言、难以捉摸、态度既随和又冷淡，但也往往给人内心和谐、恬淡宁静、怡然自足的感觉。事实上，她们内心也有某种强烈的情感，这种情感有时会出乎亲人朋友的意料而爆发一场情感风暴。

4.内向感觉型性格测验

请回答下列问题，如果有5个或5个以上问题的答案为"是"，那么你的性格就属于内向感觉型。

①你希望能做些与众不同的事。

②你有丰富的想象力。

③你希望自己的工作能够抒发你的情绪和感觉。

④当你从事创造性活动时，你会忘掉一切旧经验。

⑤你喜欢利用一切机会来发挥你的创造力。

⑥你期望能看到艺术表演、戏剧及好电影。

⑦你的心情受音乐、色彩、写作和美丽事物的影响极大。

内向感觉型性格分析：

性格属于这种类型的人，他们远离现实世界而沉浸在自己的主观感觉之中。与自己的内心世界相比，他们觉得外部世界是平淡寡味、了无生趣的。除了艺术之外，没有别的办法来表现自己，然而他们创作的作品又往往缺乏任何意义。而事实上，他们是思想和感情两方面都很贫乏的人。

5.外向思维型性格测验

请回答下列问题，如果有12个或12个以上问题的答案为"是"，那么你的性格就属于外向思维型。

①你能自如地应付紧急事件。

②你喜欢监督事情直至完工。

③你不怕失败，会回头再来。

④当你答应做一件事时，你会竭尽所能地监督所有细节。

⑤如果你和别人产生矛盾，你会不断地尝试化干戈为玉帛。

⑥升迁和进步对你是极重要的。

⑦你在解决问题前，必须把问题分析彻底。

⑧你喜欢独立完成一项任务。

⑨你喜欢使用双手做事。

⑩你认为要想成功，就必须定高目标。

⑪你渴望迈出众人之列，成为同行中的佼佼者。

⑫如果你来到一个陌生的环境，你会做好充分的思想准备。

⑬你在开始一个计划前会花很多时间去计划。

⑭你自信会成功，而且一定成功。

外向思维型性格分析：

性格属于这种类型的人，他们的客观思维上升为支配其生命的激情。典型的例子就是科学家。这些科学家为了尽可能多地认识客观世界，奉献了自己毕生的精力。他们的目标是理解自然现象，发现自然规律，创立理论体系。达尔文和爱因斯坦在外向思维方向上获得了最充分的发展。这种类型的人常倾向于压抑自己天生中情感的一面，因而在别人眼中，他们可能显得缺少鲜明的个性，甚至显得冷漠和傲慢。如果这种压抑过于严重，情感就会被迫采取迂回曲折甚至变态的方式来影响他们的性格。他们很可能变得专制、固执、自负、迷信，不接受任何批评。

6.外向直觉型性格测验

请回答下列问题，如果有6个或6个以上问题的答案为"是"，那么你的性格就属于外向直觉型。

①面对繁重的工作，你能抓住重点。

②你喜欢直言不讳，不喜欢转弯抹角。

③你崇尚好问精神。

④你不在乎工作时把手弄脏，只要能完成工作。

⑤你喜欢竞争。

⑥你经常借着和别人的交谈来解决自己的问题。

⑦你愿意与人分享你的忧愁和痛苦。

⑧你具有冒险精神，喜欢接受各种各样的挑战。

外向直觉型性格分析：

性格属于这种类型的人多为女性。她们从一种心境跳跃到另一种心境，借以从现实世界中发现新的可能性。由于缺乏思维能力，她们常在没有解决一个问题前就又渴望解决另一个问题。她们忍受不了日常事务的烦琐，她们赖以生存的营养是那些新奇的东西。她们容易把自己的生命虚掷在一连串的直觉上，最终却一事

无成。她们有许多的兴趣爱好，但很快就会厌倦并放弃这些爱好。她们通常很难固定地从事某一种工作。

7.外向情感型性格测验

请回答下列问题，如果有10个或10个以上问题的答案为"是"，那么你的性格就属于外向情感型。

①你愿意冒一点危险以求进步。

②你对别人的困难乐于伸出援助之手。

③你一般能体会到某人想要和他人交流的欲望。

④你喜欢尝试新事物。

⑤你喜欢周围环境简单而实际。

⑥你希望能学习所有使你感兴趣的科目。

⑦亲密的人际关系对你很重要。

⑧你常能借着资讯网络和别人取得联系。

⑨你喜欢美丽、不平凡的事物。

⑩你选车时，最先注意的是好的引擎。

⑪你希望粗重的肢体工作不会伤害任何人。

⑫你认为和他人的关系丰富了你的生命并使它有意义。

外向情感型性格分析：

性格属于这种类型的人也多为女性。由于她们的情绪随外界的变化而变化，所以往往显得反复无常。外界的任何一点刺激都可能导致她们情绪的变化。由于思维功能受到过分的压抑，因此，外向情感型性格的人的思维能力都是极低的。

8.外向感觉型性格测验

请回答下列问题，如果有12个或12个以上问题的答案为"是"，那么你的性格就属于外向感觉型。

①阅读新书是件令人兴奋的事。

②你喜欢把东西拆开并修理它们。

③你不喜欢穿比较庄重的服装，而喜欢尝试新颜色和新款式。

④你喜欢购买小零件做成成品。

⑤你经常对大自然的奥秘保持好奇心。

⑥你经常保持整洁，喜欢有条不紊。

⑦你喜欢重新布置你的环境，使它们与众不同。

⑧你做事时必须有清楚的指引。

⑨没有美丽事物的生活，对你而言是件很可怕的事。

⑩你不愿受传统思想的束缚，而喜欢用新奇的办法解决问题。

⑪你觉得大自然的美深深地触动你的灵魂。

⑫你需要确切地知道别人对你的要求是什么。

⑬你擅长于自己制作、修理东西。

⑭你重视美丽的环境，喜欢把自己弄得很整洁。

外向感觉型性格分析：

性格属于这种类型的人，多见于男性，他们热衷于积累与现实世界有关的经验。他们是现实主义者、实用主义者，头脑清醒，但并不对事物过分地追根究底。他们按生活的本来面貌生活，并不将生活强打上自己思想的烙印。但他们也可以是耽于享乐的、追求刺激的。他们的情感一般是浅薄的，全部生活仅仅是为了从生活中获得一切能够获得的感觉。他们是典型的极端者，或者成为纵欲主义者，或者成为浮夸的唯美主义者。

第二章

锻造良好性格，用性格的力量改变人生

∽第一节∽

别让不良性格毁了你

卡利斯丁说过一句名言："在诸多的成功因素中，性格是最重要的。"成功者必然有他成功的理由，而且成功者的成功必然是与他良好的性格分不开的。倘若一个人存在着这样或那样的不良性格，那么，他的人生也必将受到这些不良性格的影响，甚至在关键的时刻，这些不良性格会对人生起决定性的作用，成为阻碍我们发展和成功的绊脚石。正如良好的性格能成为人生走向成功的助推器一样，不良性格也能成为人生走向成功的拦路虎。

狭隘性格：中了恶魔的诅咒

狭隘的人，其心胸、气量、见识等都局限在一个狭小范围内，不宽广、不宏大。心胸狭隘的人，他们只听得好而听不得坏，只能接受成功而不能接受失败，稍遇挫折、坎坷和不如意，就出现过激行为，导致对自己、对他人造成伤害，给家庭、社会带来损失。

一个人如果在成长过程中受多方面因素影响而形成狭隘心理，就会严重影响他们的生活和交往，成为身心发展的障碍。心胸狭隘的人的眼中是容不下一粒沙子的，他们总是喜欢斤斤计较自己的得失，总是拿自己与他人比较，一旦发现别人比自己强，他们就受不了，他们就会想方设法让他人败下阵来，因此，一个心胸狭隘之人由于他气量狭小，往往在日常的人际交往中极易与人发生矛盾甚至冲突，具体表现为下列内容。

1.思想狭隘，认识偏激

有人把思想狭隘、认识偏激比作青蛙的坐井观天，这是十分贴切的。这种人是只把自己的见识局限在一个狭小的范围里，眼界不能放开，思路不能展开，只凭以往的（或传统的）心理暗示和经验来观察、分析问题。

具有这种性格的人，一般是思想守旧、性格固执、眼界狭窄，缺乏全面的文化修养，看问题片面，只能从主观角度偏激地认识和分析问题，而不能看到问题的另一面。

这种性格导致的后果，如果是普通的人，只是对某些现象品头论足，有点偏见倒也无妨，至多是他自身或家人因他思想狭隘而受到损失；如果是握有一定权力的人，那就将危及他所主管的部门，甚至更大范围，给事业造成难以弥补的损失。可见思想狭隘、认识偏激所造成的危害之严重了。

2.行为狭隘，交往面窄

狭隘和自私如同"孪生姐妹"。狭隘的人把目光投向自己，他们唯我独尊、固执己见，时时处处都从自己的利益出发，在交往中更是极力排斥异己，其结果落得个门庭冷落。心胸狭隘之人容不得别人比自己强，嫉妒超过自己的人，他们只愿和不如自己的人交往，其结果导致自负心理的增强和交际圈的大大缩小，随之而来的是孤独、寂寞和空虚的困扰。而孤僻、猜疑等不良心态是造成心胸狭隘的主要因素。

狭隘的性格一旦形成，将对一个人的一生产生非常不利的影响。一个再优秀的人，若他的心胸狭隘，容不下他人、接受不

了他人，那么，这个人一定难成大器，就算他已小有成就，而终有一天，这些小小的成就也会因为他的狭隘性格而毁于一旦。明朝宰相李善长就是因为性格狭隘而自酿人生悲剧的。

宰相肚里能撑船，确实是至理名言。明朝宰相李善长虽功劳赫赫，荣登宰相宝座，但因其狭隘性格，终落得个被逼自杀，家属70余人被赐死的结局。还是刘基对李善长掐算得好："志大量小，后事难料。"

李善长，字百室，1314年生，凤阳人。李善长出生于衣食无忧的小地主家庭，早年读过一些书，虽不能说精通文墨，但却懂得治乱之道。他为人很有心计，也很能干，在地方上颇有威望。据记载，他从小就有雄心大志，想干一番事业。

早年的他就跟从朱元璋，从朱元璋的幕府记室长开始便尽心尽力、忠谨之至，并最终得到了朱元璋无比的赏识和信任。当然，李善长也确实非常有才能，能文能武，并且屡屡为朱元璋立下汗马功劳。

1368年，朱元璋在南京正式宣布登基，国号大明，李善长主持了整个仪式。至此，李善长由刀笔小吏成为开国功臣，封为开国辅运韩国公，同时赐以铁券，可免死罪两次。在封赏的诰命上，朱元璋对李善长的功劳作了如下评价："东征西讨，目不暇接；尔犯守国，转运粮储，供给器杖，未尝缺乏；剔繁治剧，和辑军民，各靡怨谣。昔汉有萧何，比之于尔，未必过也。"

可见，当时朱元璋对李善长的评价是相当高的。然而，李善长随着职位的升高和权势的增强，其性格中的狭隘性也逐渐体现出来，并最终害人害己。

开国以后，李善长曾任丞相，势力很大，其亲信中书省都事李彬犯有贪污罪，当时由任御史丞的刘基调查这件事，李善长多次从中说情、阻挠，最后，刘基还是奏准了朱元璋，将李彬杀死。李善长怀恨在心，就暗设计谋，令人诬告刘基，自己还亲自弹劾刘基擅权，结果刘基只得回家避祸。参议李饮冰、杨希圣对他有冒犯之处，李善长就罗织罪名割了杨的鼻子和李的胸乳，导致二人一残一死。

这倒还罢了，他培植淮人集团的势力，将一个知县出身的胡惟庸一手提拔为丞相，后来胡惟庸擅权不法，贪污受贿，弄得朝野皆怨，引起了一些正直朝臣的反对。由于朱元璋用法残酷，胡惟庸恐怕被杀，就秘密组织了一场谋活动，企图把朱元璋骗出宫来杀掉。谋反败露后，胡惟庸一党被株连杀死的有

3万多人。李善长既是胡惟庸的故旧，又是他的推荐者，还与他有亲（李善长之弟跟胡惟庸是儿女亲家），本当连坐，朱元璋念他是开国勋臣，便免死贬谪，但后来还是以星相之变须杀大臣为借口赐死了李善长。李善长死时77岁，所有家属70余人，也尽行赐死。

李善长以功始而以罪终，这在中国历史上是极有代表性的，别说朱元璋对开国功臣大加杀戮，就是换一位仁慈的开国皇帝，像李善长那样性格狭隘、居功自傲、擅权自专，也必定是多行不义必自毙。

多疑性格：聪明反被聪明误

多疑的性格具体表现为过度的神经过敏，凡事总是疑神疑鬼。喜欢猜疑的人特别注意留心外界和别人对自己的态度，别人脱口而出的一句话很可能琢磨半天，努力挖掘其中的"潜台词"，这样便不能轻松自然地与人交往，久而久之不仅自己心情不好，也影响到人际关系。

多疑的人在生活中上演的就是一出悲剧，因为多疑，他会在生活中完全地丧失自我，总是以别人为生活的重心，总是会在一种不安宁的情绪状态中徘徊，总是将事实都建立在自己的假想之上。这种人一般很难有真正的朋友，因为他们的多疑会让和他们在一起的人感到巨大的压力，并且还会伴随着一种不安全感。当然，这从另一个方面来讲也严重地影响到了疑心重性格的人的人际关系交往。

有猜疑心的人，往往先在主观上假定某一看法，然后把许多毫无联系的现象都通过自己自认为合理的想象拉扯在一起，以此来证明自己看法的正确性。为了能达到这一目的，他们甚至能无中生有地制造出一些现象。最后是越猜越疑，越疑越猜。

正如英国思想家培根所说："猜疑之心有如蝙蝠，它总是在黄昏中起飞。这种心情是迷惑人的，又是乱人心智的。它将最终导致一个人做错事情。"回顾历史，一代英雄曹操的身上就有猜疑这一典型性格。

曹操刺杀董卓不成，独自一人骑马逃出洛阳，飞奔谯郡，路经中牟县时被擒。县令陈宫慕曹操忠义，于是弃官与之一起逃亡。两人行至成皋，投曹父故人吕伯奢家中求宿。

吕伯奢一见曹操，非常高兴，又听说其刺董卓未遂，正遭缉拿，毫不犹豫地将他们带回家中。之后，转身出门，命4个儿子杀猪宰羊，自己则去四里（相当于两千米）外的集上打酒。

由于刺董之事，曹操终日紧张，加上他生性多疑，所以就没有真正静下来过，即使在吕伯奢的客堂里，他依然两耳高竖、坐立不宁。他刚喝完一杯茶，就听到了嚯嚯的磨刀声，侧耳再听，竟听有人说："马上堵了门，别让他跑了！"

多疑的曹操哪知道是在杀猪宰羊，他认为吕家人要报官杀害他，他心一横，拔剑出门。"好一群不顾大义的小人！"吕伯奢的小孙子正在瞪目瞅他，曹操却忽地一剑刺去，一股红流喷在胸部。曹操没有任何反应，仍是一剑一人地杀向后院。

提剑的曹操见后院内吕伯奢的4个儿子正在捆猪，心中猛地一顿，知道自己杀错了人，但仍掷剑砍去。四剑之后，曹操觉得自己的身体突然软了下来，遂挂剑于地，闭目不语。良久，忽拔剑挺直，对天长笑："宁教我负天下人，休教天下人负我！"笑毕，一剑砍断马缰，手抓马鬃，跃身而上。

和"用人不疑，疑人不用"的领导法则相反，有些领导者对部属全然不信任，疑神疑鬼，总担心部属内神通外鬼，担心部属夺权、造反、贪钱，不敢授权。于是，就像"防弊重于兴利"的施政态度一样，人才再多，也是徒然。

刚愎性格：众叛亲离终败北

刚愎自用的人往往都把自己看得很重，进而忽略了他人的存在。他们认为：自我就是我得第一，一切以自己为中心。在他们的心目中，个人利益是至高无上的。这些人往往听不进别人的意见，喜欢一意孤行，做事情只顾自己、不顾别人。

刚愎自用型性格与刚毅型性格乍一看上去有着表面的相似性。其实不然，具有刚愎性格的人往往把自己看得很重，在他们的视野内，没有可以与自己相提并论的人，他们中的很多人确实有才华、有能力，但他们不求进步，最终导致失败的命运。恃才傲物是他们的显著特征，他们自视甚高，不愿与别人交流，故步自封，最后难免出现悲剧性的结局。许多刚愎自用型性格的人都是曾有过很大贡献的人，但他们往往认为自己功勋卓著，听不进别人的意见，最终也难逃悲惨的结局。

关羽正是这种性格的典型代表。他一生战功赫赫，对刘备忠心耿耿，始终不渝；智勇盖世，过五关斩六将，屡战屡胜，所向无敌。但这些优点也导致了他刚愎自用的性格特征。"大意失荆州"的故事大家都很熟悉，正是关羽傲慢自大的性格使他忘乎所以、目中无人，才不可避免地导致了他的悲剧命运。

而在历史长河中，由于性格上的刚愎自用而最终导致人生的失败，甚至命运的悲惨的人又何止关羽一个呢？提起楚汉相争中的西楚霸王项羽，相信没有人不为他的乌江自刎而深感可惜，而项羽这个人的死却死得那样的刚愎自用，一句"无颜见江东父老"，将他刚愎的性格在他生命的最后一刻展露无遗。

项羽是刚愎自用的，他的刚愎自用还带着一些优柔寡断。因此，虽然他英勇顽强、所向披靡，堪称英雄，但仍然是匹夫之勇、妇人之仁。他的性格注定了他失败的命运，所以，楚汉相争，在一定意义上是性格之争。

在楚汉相争的初期和中期，刘邦实际上处于十分不利的地位，然而，项羽最终却失败了。项羽的失败在很大程度上可以说是性格悲剧。

刘邦虽然是个"流氓"，但他的性格中有许多别人无法比拟的优点，这种性格使他善于听信忠言，能够使用人才，为了大事可以不惜一切代价。项羽虽然是个英雄，但是，他的性格中有着致命的弱点，那便是：刚愎自用。而刘邦正是利用了他的刚愎自用的性格弱点战胜了他，并最终夺得了天下。

秦末农民战争中，刘邦和项羽是两支反秦武装的领袖，他们是战友，也是同盟军。

公元前 206 年 10 月，刘邦进据咸阳（今陕西咸阳东北）后，接受张良等人的劝告，与当地的百姓"约法三章"，由此收买了当地百姓的民心。同年 12 月，项羽在经过巨鹿的浴血苦战消灭秦军主力后，率诸侯兵西抵函谷关。一看关门紧闭，又听说刘邦已定关中，当即大怒，命黥布等人攻破函谷关，大军蜂拥而上，进驻鸿门。

被项羽奉为亚父的范增此时已看出了刘邦的野心，于是劝项羽于次日清晨消灭刘邦的势力。项羽有兵 40 万，号称百万；刘邦仅有 10 万，自然无法与项羽抗衡。正在这一紧要关头，项羽的叔父项伯连夜将实情告诉张良。项伯和张良原是好朋友，所以劝张良赶紧脱离刘邦，不要一起送死。张良认为"亡去不义"，反而拉着项伯一起见沛公。刘邦立刻与项伯结成亲家，并听从项伯的建议，于次日清晨到鸿门向项羽请罪。

次日清晨，刘邦早早赶到鸿门，向项羽请罪，一番话语让项羽顿时犹豫不决，最后只得设宴接待刘邦。

在宴席上，范增好几次用眼睛示意项羽攻击刘邦，项羽却毫无反应，范增只好离席找到项庄，对他说："君主为人优柔不决，你进去以剑舞，寻找机会杀掉刘邦，不然，我们都会成为他的俘虏。"项庄于是入席敬酒，并借口："军中无以为乐，请以剑舞。"随即拔剑起舞。项伯心知项庄舞剑，其意在杀刘邦，遂起身对舞，以自己的身体翼蔽刘邦。在营外担任警卫的樊哙急闯进来，大声责备项羽说："沛公先入定咸阳，还师霸上，以待大王。大王今日至，听小人之言，与沛公有隙，臣恐天下皆心疑大王也。"一番话，说得项羽无言以对。过了一会儿，刘邦起身如厕，招樊哙出，将车骑随从留下，自己骑马，樊哙等人步行抄小道返回汉营，让张良对付项羽。项羽问刘邦哪里去了，张良回答说，怕将军有意责备，故不辞而别，让我代为献上玉璧，项羽接受了这一礼物。张良又将玉斗献给范增。范增愤然撑碎玉斗，起身说道："从今往后，我们都成了刘邦的俘虏。"

果然不出范增所料，不久，刘邦便利用项羽刚愎自用、优柔寡断、多疑的性格弱点，对他用反间计，用一系列的计谋让他身边的忠臣良将一个个弃他而去，并最终落得了四面楚歌、乌江自刎的下场。

与刘邦相比，项羽的确具有更多的英雄特征。他勇猛善战、不畏艰难、性格直爽、恩怨分明、爱惜属下、讲究道义，有"力拔山兮气盖世"的美誉，但他的这些性格特征皆被他的刚愎自用抹掉了。他没有刘邦的柔韧、冷静、果断和博大，更没有刘邦的雄才大略，所以他中了刘邦的反间计，失去了一个个得力的助手和忠臣。

孤僻性格：一把关闭心灵的锈锁

在现代社会，交通、通讯越来越发达，人们的生活也越来越丰富多彩。但与此同时，却有越来越多的人声称内心孤独。他们也经常参加各种社交活动，甚至不落下任何一场聚会，哪里人多，哪里热闹，他们就把孤独的自我淹没在城市的灯红酒绿之中，但是，他们的内心却依然感到孤独。

是的，孤独并不可怕，可怕的是内心的孤独有一天会让一个人渐渐变得孤僻。

性格孤僻者的主要表现是不愿与人接触，对周围的人常有厌烦、鄙视或戒备的心理。这种人还常常表现出神经质的特点，其特征是做作和神经过敏。他总认为别人瞧不起他，所以凡事故意漠不关心，做出一副瞧不起人的样子，使自己显得气势凌人一些。其实他们内心很脆弱，很怕被别人刺伤，于是就把自己禁锢起来不与人交往。一旦别人真的不理他时，他又认为自尊心受了伤害。由于这种人猜疑心极重，办事喜欢独往独来，因而越发与别人格格不入。人际关系不良的结果，使他陷入孤独、寂寞、抑郁之中。长此以往，还容易导致种种身心疾病。

人人都可能有孤独的时候，但并非人人都能够战胜自己的孤独感。

孤独，并不单纯是独自生活，也不意味着就是独来独往。一个人独处，可能并不感到孤独；而置身于大庭广众，未必就没有孤独感产生。

那么究竟什么才是真正的孤独呢？心理学家认为，真正的孤独往往产生

于没有情感和思想交流。事实上，不管你是已婚或是未婚，也不管你是置身于人群或者是独居一室，只要你对周围的一切缺乏了解，和你身外的世界无法沟通，你就会体会到孤独的滋味。

孤僻也属于自我封闭的一种，指将自己与外界隔绝开来，很少甚至没有社交活动，除了必要的工作、学习以外，大部分时间都活在自我的世界里，不与他人沟通。这样的人通常很孤独，害怕与人交往，朋友也相当少，甚至没有。他们总是活在自己的世界里，由于缺乏沟通和交流，他们总感觉没有人能理解他，并常常会闷闷不乐，甚至走向抑郁。

因此，可以说，孤独是一种思想上、情感上无法沟通、无倚无傍、无人理解与认同的感觉。一个人若常年被这样一种性格左右，便会产生一种无人理解与认同的孤独感，那么，就算他再有成就，他的一生都算不上是过得很幸福。

正如心理学家指出的：这种自闭而不合群的性格，不仅有碍于和谐人际关系的建立，而且还会使人产生对生存的畏缩感，非常不利于身心健康。

贪婪性格：
永远填不满的欲望之沟

一个贪婪的人是永远都不会满足的，他们的欲望就像是一个无底洞一样，是无法去填满的。这种无休止的索取，结局是不仅得不到期望的，而且连过去得到的都将失去。

贪婪往往要付出代价。有时候，有些人为了得到他喜欢的东西，殚精竭

虑，费尽心机，更有甚者可能会不择手段，以至走向极端。也许他得到了他喜欢的东西，但是在他追逐的过程中，失去的东西也无法计算，他付出的代价是其得到的东西所无法弥补的，也许那代价是沉重的，只是直到最后才会被他发现罢了。更可悲的是，当他发现的时候，一切都太晚了，抑或败局已定，抑或损失、伤害业已造成。

古时有一个国王非常富有，但他还是不满足，希望自己更富有。他甚至希望有一天，只要他摸过的东西都能变成金子。

结果，这个愿望终于实现了，天神给了国王这一份厚礼。国王非常高兴，因为只要他伸手摸任何物品，那个物品就会变成黄金。他开心地用手触摸家中的每样家具，顿时每样东西都变成黄澄澄的金子了。

此时，国王心爱的小女儿高兴地跑过来，国王一伸手拥抱着她，他活泼可爱的小公主立刻就变成一尊冰冷的金人了。他傻眼了。

贪婪的人，被欲望牵引，欲望无边，贪婪无边。

贪婪的人，是欲望的奴隶，他们在欲望的驱使下忙忙碌碌、不知所终。

贪婪的人，常怀有私心，一心算计，斤斤计较，却最终一无所获。

在很多事情上，做到什么程度由我们自己控制。成功的人往往适可而止，而失败的人不是做得太少就是做得太多。要记住：多并不一定带来快乐，太多就一定会招来麻烦。

人生之中，我们每一个人多少会遇到一些陷阱，而这些陷阱之中，最为可怕的一种是我们亲自挖掘的。因为贪心，我们忽略了自己的弱点，不顾一切去满足我们的欲望。这时，即使危险摆在我们面前，我们也无法去理会、去避让，贪婪遮住了我们的双眼，使我们无法看到危险所在。

贪婪的可怕之处不仅在于摧毁有形的东西，而且能搅乱我们的内心世界。我们的自尊，我们所恪守的原则，都可能在贪婪面前垮掉。

贪婪的人是如沙漠一样的不毛之地,吸收了全部雨水,却不滋生一草一木,不能孕育一个小小的生命。

贪婪者的心理,一心想着的是"拿来"。这个念头往往占据了他的整个内心,而把其他的善念都挤了出去。

对于一个不知足的人来说,天下没有一把椅子是舒服的。贪欲就如同一团熊熊烈火,柴放得越多就烧得越旺,而火烧得越旺,人就越有添柴的冲动。于是,人便奔来奔去、忙里忙外,难有停息的时候。

贪婪的人是无法知道贪婪的结果的,因为贪欲早已迷住了他的心、遮住了他的眼,他不知道自己该在什么时候停下来。他就像一头拉磨的驴,只顾一个劲地往前走。

贪得无厌常常使人失去清醒的头脑,为了一点小利而失去很多宝贵的东西,甚至生命。在历史上就有不少人,本来有很辉煌的前程,但他们却抑制不住内心的贪婪从而因此身败名裂。清初大将多尔衮就是因贪婪而身败名裂,终究未能登上帝位。

清朝开国初期的皇叔父摄政王多尔衮的性格极为贪婪。可以说,这个"贪"字驱使他一生争权夺势,追名逐利,陷于女色而不能自拔。

多尔衮对于皇权之争是煞费苦心、六亲不认的。他的哥哥皇太极去世后,虽然已拥立其子福临为帝,即顺治,并封皇太极的侧福晋博尔济吉氏为太后,但多尔衮欲篡夺皇位的野心丝毫没有消除。

后来,清兵入关进京,亡国的明朝众臣拜见多尔衮时呼"万岁",竟然只知新建的清国有个摄政王多尔衮,而不知还有个皇帝福临。当孝庄文太后与顺治帝到北京皇宫时,看到多尔衮无视皇上,独揽大权,结党营私,排除异己的种种迹象,便清醒地意识到朝廷这种险恶的形势时刻在威胁着幼子福临的皇位。孝庄文太后在不得已的情况下,便依照当时满族"父死则妻其后母,兄死则妻其嫂"的习俗,下嫁给多尔衮,以此来挟制多尔衮的野心。

而且,聪明的孝庄文太后为了稳住与抚慰多尔衮那颗贪婪的心,还让其儿子顺治帝封多尔衮为皇叔摄政王。可是,多尔衮对孝庄文太后母子这一恩赐并不买账。他联合了亲信加封自己为"皇父摄政王",以使自己的权力和地位提高到极点，与皇帝位于同一台阶，甚至有过之而无不及。

随着权力的剧增，多尔衮贪婪的胃口也日益增大，极尽追名逐利之能事，他把福临之所以能登上皇位的功劳据为己有，把各王公在入主中原前后的战功也尽归于己。进北京后，他所用的侍卫、仪仗等待遇均与皇帝一样；所建的王府完全是按照皇帝宫殿的规格，其华丽的程度竟有甚于皇宫。

不仅如此，多尔衮的贪欲成性还表现在疯狂地占有女色上。他的私生活放荡不羁，荒唐至极。他不仅霸占了佳丽无数，而且还打起了异国他乡美女的主意，弄得邻国也鸡犬不宁。

由于多尔衮利欲熏心、贪得无厌，依仗他的权势恣意横行，天人共怒。正所谓利深祸速，他去世不足半月，顺治帝就一反常态地向多尔衮大肆施以夺权之举，将多尔衮的罪状公之于世，并没收了多尔衮的所有财产。

可以说，多尔衮的贪欲之心是超人的，将一切功劳尽归己有，从而以功臣自居，谋篡夺位，争名夺利，贪占女色，无所不贪，而且贪得无厌。事物发展到极端，就会朝相反的方向转化，即所谓"物极必反"。多尔衮之贪婪引起神人共愤，即使他死了也没逃脱被后人刨坟掘墓、鞭尸示众的命运。

叛逆性格：引火焚身的悲剧

叛逆型性格与理想型性格正好相反，他们不是无性格，而是随时随地都有着很明显的性格。理想型性格是水的性格，而叛逆型性格则是火的性格，叛逆型性格是直接地与所处环境展开针锋相对的斗争。

性格决定命运在叛逆性上表现得尤其鲜明。叛逆是逆来顺受的反面，它富于思想而激进，它是性格向环境发出的挑战，叛逆性格越强，则挑战越激烈。

虽然每一个人都在改变着自己的生存环境，但不同性格的人采取的方式却不一样，有的人是先融入环境，循序渐进，逐步改变；有的人则采取终南捷径……有叛逆性格的人却与之不同，他向生存环境采取赤裸裸的反抗，他不迂回，不婉转，不是性格战胜环境，就是环境战胜性格。因此，对真正具有叛逆

性格的人来说，他们注定只有两种命运：一是战胜环境成为英雄；二是被环境所吞噬，成为悲剧的主角。古今中外，叛逆性格鲜明之人无一例外是这两种命运之一。

德国著名哲学家尼采便是叛逆型性格的代表人物。在西方基督教对人们的统治日益坚固之时，他提出上帝死了，要推翻一切旧有的道德，认为人性是恶的，恶才值得去赞扬，恶是推动人类历史前进的武器。尼采叛逆的性格使得他的哲学思想在现代西方哲学史上自立门派，但也导致了他悲剧性的一生。他没有美好的家庭，身患精神分裂症，而且最终陷入了彻底的精神崩溃之中。

当然，并不是说叛逆性格就一定不好，任何性格都有值得肯定的一面，但一旦过度，则不可取。叛逆性格关键在于叛逆的对象是什么，若叛逆的对象是真理，那么，叛逆肯定是导致悲剧；但若叛逆的对象是假、丑、恶，那么，叛逆的结局可能依然是一个悲剧，但它的正面意义却不可低估，甚至在关键时刻，它将推动社会的进步。而在现实中，叛逆性格的人往往是激进与悲剧共存。

著名的俄国诗人普希金就具有非常明显的反叛与诗化的性格。普希金的性格是反叛的，他生活在沙皇统治的沙俄帝国，但他从未想过取悦沙皇。他在一首诗中写道："我只愿歌颂自由，只希望向自由献出诗篇，我诞生在世界上，并不是为了用我羞怯的竖琴讨沙皇的喜欢。"在诗人的眼里，自由明显高于沙皇，字里行间透露出诗人的浪漫及其特有的反叛性格。

普希金的性格是诗化的。在他的诗篇中、小说里，不乏激情、浪漫、向往等情调，这些都是他诗化人格、性格的写照。假如没有诗化的性格，他自然不会因为自己的妻子去和一个法国军官决斗。而他之所以接受决斗的挑战，主要是想维护个人的尊严和名誉。反叛和诗化的性格，使普希金走上了决斗的道路，并结束了自己年仅38岁的生命。他的命运和他的性格如此紧密地结合在一起，并决定了他的命运走向。

普希金在幼年时代就表现出与众不同的反叛性格。13岁时，普希金进入以培养俄国皇室奴仆为主要目标的"皇村学校"。这所学校从课程设置到日常管理，都严格贯彻着沙俄统治者的各项旨意，充满了封建奴化色彩，采取高压和禁锢相结合的手段，控制学生们的思想和行动。而从小接受自由思想熏陶的普希金自然在这里多有不适。他和自己父亲的思想格格不入，他离开家庭的主要想法是渴望独立。可是这所学校恰恰不容许学生有自己的思想，也不准许学生有独立的人格和个性。这一切决定了普希金在这所学校不会是一名好学生，在父亲眼中是逆子。

他在学校期间就因叛逆而闻名，并不断地写下了反对当时沙皇统治的强而有力的诗篇。虽然校方对此十分恼怒，但最终因为他的名气和才华才不得不让他毕业。而走向社会后，诗人的正义感和天生的叛逆性格让他继续与当时沙俄统治的黑暗政治势力斗争。他再次拿起了笔，写下了一篇篇揭露社会的黑暗、颂扬真理和自由的不朽诗篇。

普希金藐视和蔑视沙皇政府，他那独立不羁、桀骜不驯的反叛性格必然为沙皇政府所不容。沙皇政府一直将普希金视为眼中钉，只是由于这位诗人在民众中的名望，才没有对他下毒手。尽管普希金不畏沙皇淫威，但他毕竟势单力孤，要真正摆脱沙皇的魔掌是不可能的。沙皇政府不敢公开算计普希金，却在暗地里酝酿着更大的阴谋。

1831年，普希金与比他年轻十几岁、美丽的姑娘冈察洛娃结婚。后来一名叫丹特士的法国军官受沙皇指使对冈察洛娃不怀好意，并由此制造流言蜚语来中伤普希金。有着诗化性格与叛逆性格的普希金自然不能接受妻子的名字和别人的名字联系在一起。他在忍无可忍的情况下，向丹特士提出了决斗的挑战。而这场"秀才遇到兵"的决斗的结果自然就不用说了，在1831年2月的一个冬日，普希金走完了自己38年的人生旅途。

普希金的性格和作品充满了反叛，令专制沙皇对他没有办法。作为诗人，他追求的诗化的境地也成为他的性格、人格的重要组成部分。这种性格决定了诗人的命运走向，决定了诗人以决斗结束自己短暂一生的、令人叹息的悲剧结局。

自私性格：一己之利终不成大事

"自私"指的是只顾自己的利益，不顾他人、集体、国家和社会的利益。常有自私、自利、损人利己、损公肥私等说法。自私有程度上的不同，轻微一点是计较个人得失、有私心杂念、不讲公德；严重的则表现为为达到个人目的侵吞公款、诬陷他人、杀人越货、铤而走险。

自私之心是万恶之源，贪婪、嫉妒、报复、吝啬、虚荣等病态社会心理，从根本上讲都是自私的表现。

自私是一种近似本能的欲望，处于一个人的心灵深处。人有许多需求，如生理的需求、物质的需求、精神的需求、社会的需求等。需求是人的行为的原始推动力，人的许多行为就是为了满足需求。

凡自私的人，他们都有这样的一种反社会心理，即"人不为己，天诛地灭"，"宁肯我负天下人，不愿天下人负我"，"公家的事小，自己的事大"，"有权不用，过期作废"，"利人者是傻子，利己者是聪明人"，"不吃白不吃，吃了也白吃，白吃谁不吃"。他们面对利益，首先想到的永远都是他们自己，甚至不惜利用一切的手段来夺取他人应得的利益，从而达到他们损人利己的目的。自私的人不懂得付出，他们永远都在算计自己的得失，因此，他们没有朋友，也得不到别人的真心。

一个自私的人，常常会给别人带来伤害，但他们不知道，他们在用自私伤害别人的同时，其实也是在伤害自己。

有这样一个真实的故事。

越南战争结束后，一个美国士兵打完仗后回到国内，在旧金山旅馆里他辗转反侧，夜不能寐。午夜，他给家中的父母打了一个电话。

"爸爸，妈妈，我要回家了。但是我要你们帮一个忙，我要带一个朋友一起回来。"

"当然可以。"父母亲回答说，"我们见到他会很高兴的。"

"但是，有件事一定要告诉你们，他在那可恶的战争中踩响了一个地雷，受了重伤，他成了残疾人，少了一条腿和一只手。他已无处可去，我希望他能和我们住在一起。"

"我们为他感到遗憾。孩子，我们帮他另找一个地方住下，好吗？"

"不，他只能和我们住在一起。"

"孩子，你不知道，这样他会给我们造成多大的拖累，我们有我们的生活。孩子，你自己一个人回家来吧。他会有活路的……"话没说完，儿子的电话就断了。

父母在家等了许多天，未见儿子回来。一个星期后，他们接到警察局来的电话，被告知他们的儿子跳楼自杀了。悲痛欲绝的父母飞到旧金山，在停尸房内，他们认出了他们的儿子。他们惊愕地发现：他们的儿子少了一条腿、一只手。

自私的性格能让一个人失去他人的信任，并且这种损失无法挽回。一个人不管有什么优秀的性格，若是自私，他终将因为自私而付出沉痛的代价。

李广是在汉朝封建统治阶级同匈奴贵族之间长期战争中涌现出来的著名将领，他历事文、景、武三代皇帝，一生身经百战，出生入死，饱经风霜，功绩卓著。在长期驻守汉朝边郡、维护地主阶级中央集权、保卫社会经济发展方面作出了很大贡献。但是他自私自利的性格使得他虽战绩显赫，却始终未能封侯。

公元前 166 年，匈奴大举进攻汉朝，曾攻至汉朝的回中宫（今陕西陇县）和甘泉宫（今陕西淳化）。在此之际，李广以"良家子"的身份，投身从戎。当匈奴进攻萧关时，他参加了同匈奴的战斗，并射杀了不少匈奴骑兵。为此，汉文帝封他为郎中，率骑士侍卫皇帝，这时李广大约 20 岁。

景帝时，7 个诸侯王打着"诛晁错、清君侧"的旗号，发动武装叛乱。景帝派太尉周亚夫率领大军前去讨伐，很快就平定了。此时，李广正在周亚夫手下做骁骑都尉。他英勇作战，并夺得了叛军的旗帜，再立战功。当时，景帝的弟弟梁孝王为了表彰李广的战功，特意授给他将军的勋衔和印信，李广接受了。但是，李广身为西汉朝廷的命官，私自接受诸侯王的封赏，这是汉朝法律所不允许的。所以，回到长安以后，李广没有得到汉朝的封赏。不久，他被调出长安，到上谷郡担任太守。

汉武帝即位时，李广已是不惑之年，汉武帝将他调回长安任职，而此时匈奴单于听说李广英勇善战，便集中优势兵力，要活捉李广。李广有一次出了雁门，遇到匈奴骑兵的主力，经过一番激战，李广几乎全军溃败，他自己受伤被俘。但后来趁匈奴不注意又逃了出来。

匈奴兵很快又继续发动攻势。汉军四面受敌，死伤过半，形势危急。李广命令军士拉弓上弦，瞄准目标，引而不发。他接连射杀几个冲在最前面的副将，匈奴的攻势缓和下来，战斗也暂停。第二天，张骞率领一万骑兵赶到，匈奴便自动撤退。

在这次战役中，李广陷入重围，损失过多，虽重创匈奴骑兵，但功过相抵，既没有封赏，也不受处罚，李广此时已年过花甲，须发斑白，他一生征战，却始终未封侯。唐代诗人陈子昂曾经写诗感慨此事："何知七十战，白首未封侯。"

公元前119年，汉武帝派卫青、霍去病征战匈奴。李广向汉武帝请战，几经周折，才任命他为前将军。汉武帝曾授意卫青，说李广运气不好，如果让他跟匈奴正面交锋，难免失败。作战中，卫青有意调开他。李广带兵东路行进，迷失了道路，耽误了与卫青会师的约期。当时根据汉朝的法律，军队耽误了会师的约期是死罪，并且还要受到刑审。李广接受不了自己戎马一生却还要被判刑，于是自刎而死。

有人说："卫青不败由天数，李广无功缘数奇。"运用运气的好坏、命数的奇偶来解释，是不恰当的。其实，这与他的个性也不无关系。

他私自接受梁孝王的勋衔和印信，以及为了封侯而争功斗气，都说明他性格中的自私，也正是他的这种自私的性格让他最终没有得到汉武帝的信任，也为他的戎马一生留下了一个抹不去的污点。

懦弱性格：畏缩在阴暗的角落

懦弱性格的人胆小怕事，遇事好退缩，容易屈从他人。懦弱甚至会发展成为逆来顺受，无反抗精神；进取心差，意志薄弱，害怕困难，在困难面前张皇失措；感情脆弱，经不起挫折和失败。一个人一旦形成懦弱性格后，往往从怀疑自己的能力到不能表现自己的能力，从怯于与人交往到孤僻地自我封闭，而由此形成的不良人际关系，反过来又会加深懦弱。

其实，我们每个人的性格中或多或少都有懦弱的成分存在。我们往往在困难和灾祸面前退缩，但能鼓起勇气坦然面对失败和挫折的就是勇敢与坚强的人，相反，被失败击倒的就是懦弱的人。

历史没有给南唐留下一个英明的帝王，却给世人留下了一个至情至性的悲情词人。公元961年，25岁的李煜在金陵即位，当时就有许多问题摆在他的面前，赵匡胤的大宋王朝在北方虎视眈眈，年轻的李煜以为：只要自己不对大宋有什么威胁，并且以臣子的地位年年向大宋进贡，也许赵匡胤就会大发慈悲，让自己偏安江南一隅，做个吟风弄月、自由自在的帝王。在多次的政治较量中，只会吟诗作赋的李煜哪是久经沙场的赵匡胤的对手，穷途末路之际就屡屡派人前去求和。李煜太天真了，他以为自己的懦弱能够打动宋太祖。赵匡胤说，天下一家，只能有一位天子，我的卧榻旁边，怎么能够容忍他人鼾睡？李煜懦弱的性格让他在政治上做了一个亡国之君，而与此同时，他做帝王及亡国的经历又成为他凄美诗词的素材来源，也是他一生悲情的写照。后来，李煜也认识到了自己的性格懦弱并写诗表示深刻追悔："四十年来家国，三千里地山河。凤阁龙楼连霄汉，玉树琼枝作烟萝，几曾识干戈？一旦归为臣虏，沈腰潘鬓消磨。最是仓皇辞庙日，教坊犹奏别离歌，垂泪对宫娥。"

几乎每一种性格都有自己的优点和缺点，至关重要的一点就在于对事业的选择。懦弱的性格选择政界和军界，无疑将一事无成，甚至还会铸就命运的悲剧。政界需要刚毅坚忍的性格，军界需要勇猛顽强的性格，这一切与懦弱的性格格格不入。这是性格的差异，不是智慧的高低，读书学习可以很快提高人的智慧，但要改变一种性格却需要漫长的过程。

那么，懦弱性格是否就注定一事无成呢？

事实证明并不是这样！

性格懦弱的人常常情感丰富、观察敏锐、感情细腻，他们是天生的文学艺术之才。在文学艺术的世界里，这一被人们唾弃的性格找到了理想的归宿，他们如鱼得水，任性畅游。像卡夫卡就找对了自己的职业。

这位伟大的作家生为男儿身，却没有任何男子汉的气概和气质。在他身上根本找不到那种知难而进、宁折不弯、风风火火、刚烈勇敢的男子汉追求独立的精神，更谈不上清风傲骨了。他短暂的一生没有独立性，只有依赖性，他一直对父母有比较强的依赖性。因此，卡夫卡身上最为突出的性格特征是懦弱，是一种男人身上少见的懦弱。

卡夫卡懦弱的性格是他的家庭造成的，或者说是他的父母塑造的。1883年，卡夫卡出生在奥匈帝国所辖布拉格的一个犹太商人家庭。父母给他起名"卡夫卡"。

在当时，犹太人的地位是十分低下的，而且这个姓氏是强加给犹太人的，并且带有骂人的贬义。卡夫卡就是出生在这样一个地位低下的犹太人家庭，而且他的名字本身就意味着一种被压迫的屈辱。

卡夫卡的父亲出身贫寒，仅靠一家小商店来维持生计，在那样一个动荡的年代里，一方面没有任何的社会地位，另一方面经济状况十分窘迫，过着捉襟见肘的日子。然而，对卡夫卡来说，生活上的艰辛与困苦似乎是可以忍受的，给他幼小心灵留下累累的、终生难以治愈创伤的是父亲对他无休止的粗暴。卡夫卡一生都无法理解父亲对他的粗暴与专横。

年幼的卡夫卡日复一日地这样生活着。生活上的每一个细节、每一件小事对他来说都可能是一个不大不小的灾难，都可能成为父亲发火乃至大发雷霆的借口。有些时候，父亲对他发的火让他不知所措，弄得他左右为难，对干什么事情都没有把握，从根本上丧失了自信心。他的父亲本来想利用他所设想的那种军队式的、高压的方式，达到他教育子女成才的目的，但他的叫骂、恐吓等，不但没有把卡夫卡造就成他热切盼望的男子汉，反而使他一步步逃离现实世界，性格变得格外懦弱。

紧张、压抑、犹豫环境中成长的卡夫卡完全失去了自信心，也逐步丧失了自我，什么事情都显得动摇不定、犹豫不决。这种环境使卡夫卡早早地产生了逃离现实生活的想法。现实生活对他实在太冷漠了，只有在他的非现实世界—内心世界里，他似乎才能摆脱现实世界的烦恼。犹太人的社会境地和备受排斥、压迫的现实，也在卡夫卡幼小的心灵上留下了创伤。随着年龄的增长，卡夫卡愈发感觉周围的一切是那么不可抗拒、不可改变，而只有在他的内心深处，在他自己用想象构造的世界里，他才能找到少许宁静和安慰。这种逃遁实际上是对现实生活的一种反抗，只是这种反抗和卡夫卡的性格一样，是非常软弱的。

卡夫卡直到进入学校依然保持着这种非常懦弱的性格，很少与人交往，也没有朋友，整天活在自己的世界里。可幸运的是，这时的他开始接触文学，并对此产生了浓厚的兴趣，阅读和写作就占据了他的大部分时间。

卡夫卡的懦弱让他选择了逃避，逃向他钟爱的文学。文学，不仅是卡夫卡心灵的家园，也是他生命中的唯一选择。文学是他的王国，在那里，人们处处可以看到卡夫卡的影子。只有文学，只有在文学的王国里，人们才能够看到卡夫卡有了勇气，摆脱了懦弱。是的，懦弱的卡夫卡选择了并不懦弱的事业，并且取得了并不懦弱的成就。因此，对一切懦弱者来说，没有必要去放弃。

§第二节§
成功必备的5种优良性格

如果我们每一个人都能像挖掘宝藏一样来挖掘上帝早已藏在我们内心的优良性格，那么我们也可以凭借我们的优良性格这样一个宝藏来改变我们的人生。在巴菲特等成功人士的身上，我们很容易感受到成功背后的性格力量。让我们一起来分享智者释迦牟尼的一句话："妥善调整过自己，比世上任何君王都更加尊贵。"这是因为良好的性格是人一生的一笔巨大财富。

自信是开启人生成功之门的金钥匙

既然别人无法完全模仿你，也不一定做得来你能做得了的事，试想，他们怎么可能给你更好的意见？他们又怎能取代你的位置，来替你做些什么呢？所以，这时你不相信自己，又有谁可以相信？

坚强的自信，常常使一些平常人也能够成就神奇的事业，成就那些天分高、能力强但多虑、胆小、没有自信心的人所不敢尝试的事业。

我们应该有"天生我材必有用"的自信，明白自己立于世，必定有不同于别人的个性和特色，如果我们不能充分发挥并表现自己的个性，这对于世界、对于自己都是一个损失。这种意识，一定可以使我们产生坚定的自信并助我们成功。

然而，没有人天生自信，自信心是志向，是经验，是由日积月累的成功哺育而成的。它来自经验和成功，又对成功起极大的推动作用。

也正因为自信并非天生，所以，自信可以从家庭中逐渐灌输或是自我培养。有些人认为成功者对自己

的信心比较强，其实不见得。没有一个成功者不曾感到过恐惧、忧虑，只是他们在恐惧时都有办法克服恐惧感。大多数成功者有办法提升自己的自信。成功的人知道如何克服恐惧、忧虑，第一个方法就是唤起内心的自信。

相信自己能够成功，成功的可能性就会大为增加。如果自己心里认定会失败，就很难获得成功。没有自信，没有目标，你就会俯仰由人，终将默默无闻。

由此可知，自信对于一个人来说是多么重要，而它对于我们人生的作用也是多元而重要的，这主要表现在：

（1）自信心可以排除干扰，使人在积极肯定的心态支配下产生力量，这种力量能推动我们去思考、去创造、去行动，从而完成我们的使命，促成我们的成功。

（2）面对物欲横流的世界，面对许多不确定的因素，有信心的人，能坚守自己的理想、信念而不动摇，从而按自己的心愿，找到通向成功和卓越的道路。

（3）信心赢得人缘。信心可以感染别人，一方面激发别人对你的认可，另一方面使更多的人获得信心。这样就容易赢得他人的好感，具有良好的人缘。而人缘好是人生的一大财富。

自信比金钱、势力、出身、亲友更有力量，是人们从事任何事业的最可靠的资本。自信能排除各种障碍、克服种种困难，能使事业获得完满的成功。有的人最初对自己有一个恰当的估计，自信能够处处胜利，但是一经挫折，他们却又半途而废，这是因为他们自信心不坚定的缘故。所以，树立了自信心，还要使自信心变得坚定，这样即使遇到挫折，也能不屈不挠、向前进取，绝不会因为一时的困难而放弃。

只有把自信深深扎根于我们心中，我们才能更好地利用自信，那么，我们应该如何来培养自己的自信呢？

（1）建立自信，首先要了解自己，认识自己，根据自身的条件和现实环境，使自己的长处得到发挥。

（2）不论什么集会，都要鼓足勇气，坐到最前排。

（3）当别人和自己说话时，要正视对方的眼睛，要让对方感觉到你们是平等的，你有信心赢得他的敬重。

（4）通过提高自己走路的速度来改变自己的心情。

（5）养成主动与别人说话的习惯来增强自己的自信心。

（6）经常默读"有志者事竟成""积少成多，聚沙成塔""黑暗中总有一线光明"等励志的谚语，增强自己的自信心。

（7）经常放声大笑。

乐观的性格让你笑对人生风云

人生如同一只在大海中航行的帆船，掌握帆船的航向与命运的舵手便是自己。有的帆船能够乘风破浪，逆水行舟，而有的却经不住风浪的考验，过早地离开大海，或是被大海无情地吞噬。之所以会有如此大的差别，不在别的，而是因为舵手对待生活的态度不同。前者被乐观主宰，即使在浪尖上也不忘微笑；后者是悲观的信徒，即使起一点风也会让他们胆战心惊，祈祷好几天。一个人或是面对生活闲庭信步，抑或是消极被动地忍受人生的凄风苦雨，都取决于对待生活的态度。

生活如同一面镜子，你对它笑，它就对你笑；你对它哭，它也以哭脸相示。

一个人如果心态积极，乐观地面对人生，乐观地接受挑战和应付麻烦事，那他就成功了一半。

在人生的旅途上，我们必须以乐观的态度来面对失败。因为在人生之路上，一帆风顺者少，曲折坎坷者多，成功是由无数次失败构成的，正如美国通用电气公司创始人沃特所说："通向成功的路就是：把你失败的次数增加一倍。"但失败对人毕竟是一种"负性刺激"，总会使人产生不愉快、沮丧、自卑。那么，如何面对、如何自我解脱，就成为能否战胜自卑、走向自信的关键。

面对挫折和失败，唯有乐观积极的心态才是正确的选择。其一，做到坚忍不拔，不因挫折而放弃追求；其二，注意调整、降低原先脱离实际的目标，及时改变策略；其

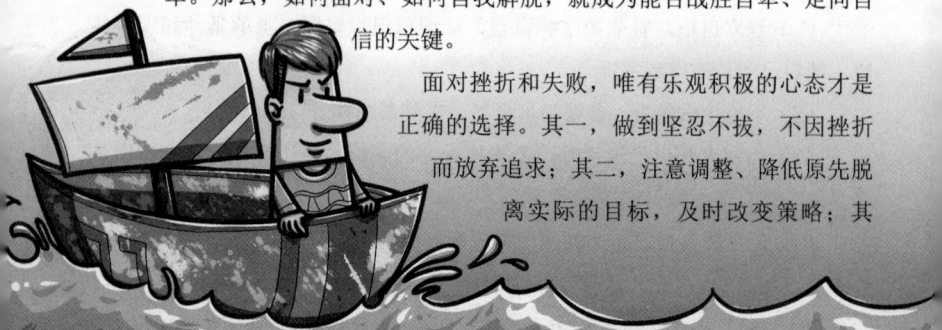

三，用"局部成功"来激励自己；其四，采用自我心理调适法，提高心理承受能力。

既然乐观的性格对于我们每一个人来说是如此之重要，那么，我们更应该注意加强对乐观心态的培养：

1.要心怀必胜、积极的想法

当我们开始运用积极的心态并把自己看成成功者时，我们就开始成功了。但我们绝不能仅仅因为播下了几粒积极乐观的种子，然后指望不劳而获，我们必须不断给这些种子浇水，给幼苗培土施肥，才会收获成功的人生。

2.用美好的感觉、信心与目标去影响别人

随着你的行动与心态日渐积极，你就会慢慢获得一种美满人生的感觉，信心日增，人生的目标也越来越清晰，而别人也会被你所吸引，进而被你所影响。

3.学会微笑

微笑是上帝赐给人类的专利，微笑是一种令人愉悦的表情。面对一个微笑着的人，你会油然感到他的自信、友好，同时这种自信和友好也会感染你，使你也油然而生出自信和友好来，使你和对方亲切起来。微笑可以鼓舞对方，可以融化人们之间的陌生和隔阂。

永远也不要消极地认为什么事都是不可能的。首先你要认为你能，然后去尝试、再尝试，最后你发现你确实能。所以，把"不可能"从你的字典里去掉，把你心中的这个观念铲除掉。谈话中不提它，想法中排除它，态度中去掉它、抛弃它，不再为它提供理由，不再为它寻找借口，用"可能"代替它。

4.经常使用自动提示语

积极心态的自动提示语不是固定的，只要是能激励我们积极思考、积极行动的词语，都可以成为自我提示语。经常使用这种自我激发行动的语句，并融入自己的身心，就可以保持积极心态，抑制消极心态，形成强大的动力，进而达到成功的目的。

宽容的性格是滋补心灵的鸡汤

古希腊神话中有一位大英雄叫海格里斯。一天他走在坎坷不平的山路上，发现脚边有个袋子似的东西很碍脚，海格里斯踩了那东西一脚，谁知那东西不但没有被踩破，反而膨胀起来，加倍地扩大着。海格里斯恼羞成怒，操起一条碗口粗的木棒砸它，那东西竟然长大到把路堵死了。

正在这时，山中走出一位圣人，对海格里斯说："朋友，快别动它，忘了它，离它远去吧！它叫仇恨袋，你不犯它，它便小如当初；你侵犯它，它就会膨胀起来，挡住你的路，与你敌对到底！"

我们在茫茫人世间，难免会与别人产生误会、摩擦。如果不注意，在我们轻动仇恨之时，仇恨袋便会悄悄成长，最终会导致堵塞了通往成功之路。所以我们一定要记着在自己的仇恨袋里装满宽容，那样我们就会少一分烦恼，多一分机遇。宽容别人也就是宽容自己。

学会宽容，对于化解矛盾、赢得友谊，保持家庭和睦、婚姻美满，乃至事业的成功都是必要的。因此，在日常生活中，无论对子女、对配偶、对同事、对顾客等都要有一颗宽容的爱心。

哲人说，宽容和忍让的痛苦能换来甜蜜的结果。这话千真万确。古时候有个叫陈嚣的人，与一个叫纪伯的人做邻居。有一天夜里，纪伯偷偷地把陈嚣家的篱笆拔起来，往后挪了挪。这事被陈嚣发现后，心想，你不就是想扩大点地盘吗，我满足你。他等纪伯走后，又把篱笆往后挪了一丈。天亮后，纪伯发现自家的地又宽出了许多，知道是陈嚣在让他，他心中很惭愧，主动找到陈家，把多侵占的地统统还给了陈家。

忍让和宽容说起来简单，可做起来并不容易。因为任何忍让和宽容都是要付出代价的，甚至是痛苦的代价。人的一生谁都会碰到个人的利益受到他人有意或无意的侵害的事情。为了培养和锻炼良好的素质，你要勇于接受忍让和宽容的考验，即使感情无法控制时，也要管住自己的大脑，忍一忍，就能抵御急躁和鲁莽，控制冲动的行为。如果能像陈嚣那样再寻找出一条平衡自己心理的理由，说服自己，那就能把忍让的痛苦化解，产生出宽容和大度来。

生活中有许多事当忍则忍，能让则让。忍让和宽容不是怯懦胆小，而是关怀体谅。忍让和宽容是给予，是奉献，是人生的一种智慧，是建立人与人之间良好关系的法宝。一个人经历一次忍让，会获得一次人生的靓丽；经历一次宽容，会打开一道爱的大门。

宽容是一种艺术，宽容别人不是懦弱，更不是无奈的举措。在短暂的生命中学会宽容别人，能使生活中平添许多快乐，使人生更有意义。当我们在憎恨别人时，心里总是愤愤不平，希望别人遭到不幸、惩罚，却又往往不能如愿，一种失望、莫名烦躁之后，使我们失去了往日那轻松的心境和欢快的情绪，从而心理失衡；另一方面，在憎恨别人时，由于疏远别人，只看到别人的短处，言语上贬低别人，行动上敌视别人，结果使人际关系越来越僵，以致树敌为仇。我们"恨死了别人"，这种嫉恨的心理对我们的不良情绪起了不可低估的作用。

而且，今天记恨这个，明天记恨那个，结果朋友越来越少，对立面越来越多，这会严重影响人际关系和社会交往，成为"孤家寡人"。这样一来，不仅负面生活事件越来越多，而且自身的承受能力也越来越差，社会支持则不断减少，以致情绪一落千丈，一蹶不振。可见，憎恨别人，就如同在自己的心灵深处种下了一粒苦种，不断伤害着自己的身心健康，而不是如己所愿地伤害被我们所憎恨的人。所以，在遭到别人伤害、心里憎恨别人时，不妨做一次换位思考，假如你自己处于这种情况，会如何应付？当你熟悉的人伤害了你时，想想他往日在学习或生活中对你的帮助和关怀，以及他对你的一切好处，这样，心中的火气、怨气就会大减，就能以包容的态度谅解别人的过错或消除相互之间的误会，化解矛盾，和好如初。这样，包容的是别人，受益的却是自己。自己就能始终在良好的人际关系中心情舒畅地学习与工作。

无论你一生中碰到如何不顺利的事情，遭遇到如何凄凉的境界，你仍然可以在你的举止之间显示出你的包容、仁爱，你的一生将受用无穷。

春秋时期，楚庄王是个既能用人之长又能容人之短的人。

在一次庆功会上，楚庄王的爱姬许姬为客人们倒酒。忽然一阵风吹来，把点燃的蜡烛刮灭了，大厅里一片漆黑。黑暗中有人拉了许姬飘舞起来的衣袖。聪明的许姬便趁势摘下了那个人的帽缨，接着便大声请求庄王掌灯追查。胸怀大度的庄王认为，这个臣子可能是酒后失态，不足为怪。庄王对许姬说："武将们是一群粗人，发了酒兴，又见了你这样的美人，谁能不动心？如果查出来治罪，那就没趣了。"他立即宣布，此事不必追查。还让在座的人都在黑暗中取下帽缨，并为这次宴会取名为"摘缨会"。

后来，吴国攻打楚国。有个叫唐狡的将军作战英勇，屡立战功。事后，他找到庄王，当面认罪说："臣乃先殿上绝缨者也！"

由于楚庄王胸襟开阔，宽厚容人，对下属不求全责备，于是才保住了人才，调动了他们最大的积极性。

其实，学着去宽容地对待别人和自己并没有我们想象中的那么难，在我们生活中的一些细节之处能做到以下几点就很不错了：

1.得理且饶人

不要抓住他人的错误或缺点不放，得饶人处且饶人，这样不仅会减少矛盾，也会提升自己的善良品质，进而会形成一种良好的社会风气。这种与人为善、悲悯众生的品德，正是人类生存所需要的美德。有缺陷，有急难，甚至有罪的芸芸众生，谁没有一两处需要别人帮助呢？从根本上说，谁又有资格装出老天的样子来审判和惩罚他人呢？谁没有偶尔疏忽或急中出错，需要别人宽恕的时候呢？如果我们拘泥于这种低层次的偏执，则不仅会使他人尴尬难堪，悲从中生，也会让自己无端生仇。而且在人的这种相互计较中，社会阴暗面上升了。从某种意义上来说，向善大于任何对错是非和人间法律。记住这些话，不为难人，得饶人处且饶人。不仅对一般人，也包括那些与我们结有仇怨，甚至是怀有深仇大恨的人。做人要给他人善缘，对他人宽容。

2.爱我们的敌人

"爱我们的敌人"是一个颠扑不破的真理。在这个世界上，充满包容的心灵里是不会有任何敌人的。爱我们的敌人，这一处世之道包含了真知灼见，因为如果憎恨我们的敌人，只会使正在燃烧的怒火火上浇油，而宽容则能熄灭我们的仇恨之火。

在我们身上有这样一种规则：用善意来回应善意，用凶残来回应凶残。即使是动物也会对我们的各种思想做出相应的反应。一个驯兽员通过亲切友好的善意，用王根细绳便能指挥一头野兽，但如果靠暴力，也许10个人都不能将头野兽动一下。一个佛教徒说："如果一个人对我不怀好意，我将慷慨地施予我的包容、仁爱之意。他的邪恶意图越强，我的善良之意也就越多。"

3.善于自制

我们要宽容一个侵犯我们尊严、利益的人，这宽容中本来就包含着自制的内容。一个不能控制自己的人，往往情绪激动，就会把本来可以办成的事办砸了。这是成大事者的大戒。

因此，为人处世要以身作则。只有自己做好了，才能让别人信服，同样，只有有自制力的人，才能很好地宽容他人。

4.求同存异

人与人之间的冲突，很多是因为个性上的差异。其实，只要我们用宽容的心态求同存异，人际关系肯定会有很大改观的。和人相处，如果总是强调差异，就不会相处融洽。强调差异会使人与人之间的距离越来越远，甚至最终走向冲突。

要减少差异，就要设身处地地为别人着想，以达成共识。为别人着想，就会产生同化，彼此间的关系就会更加融洽。如果把注意力放在别人和自己的共同点上，与人相处就会容易一些。同化就是找共同点。

用宽容之心把自己融进对方的世界，这个时候，无须恳求、命令，两人自然就会合作做某件事情。没有人愿意和那些跟自己作对的人合作。在人与人交往的过程中，每一个人都会有意无意地在想："这人是不是和我站在同一立场上？"人与人之间的关系，要么非常熟悉，要么非常冷漠，要么立场相同，要么南辕北辙。不管人和人有多么不同，在这一点上，你和你眼中的对手倒是一致的。唯有先站在同一立场上，两人才有合作的可能。就算是对手，只要你找出和他的共同利益关系，你们就可以走到一起来。

诚信为成功打造金字招牌

诚信是面镜子，能映照出你性格中的许多闪光点，这比获得财富更重要，比拥有美名更持久。

像乔治·皮博迪一样，在年轻的时候就开始坚持一诺千金、不说一句谎话，并把自己的声誉看作是无价之宝的人已不多见。因此，乔治·皮博迪受到全世界人的关注，获得无上的声誉，并赢得了人们的信任。

在19世纪中期有一个正义与诚实的代名词——"诚实的亚伯拉罕·林肯"。

在林肯还没有成为总统的时候，他从事过店员这个职业，一次他为了及时把零钱还给一位夫人，摸黑跑了约10千米的路，而没有"等到下次再找给那位夫人"，这件事体现了林肯诚实的品格，从而使其被称为"诚实的亚伯拉罕·林肯"。

在林肯从事另一个职业——律师的时候，有一次，他在处理一桩土地纠纷案时，法庭要当事人预交1万美元，但那个当事人一时还筹不到这么多钱，于是，林肯说："我来替你想想办法。"林肯去了一家银行，和经理说他要借1万美元，过两个小时就能归还。经理什么也没说，也没有要林肯填写借据，就把钱借给了他。正是因为林肯诚实的品德，经理才如此相信他。

一个人不仅要对他人讲诚信，对自己也要讲诚信，承诺别人的，要信守；承诺自己的，也要信守。真实地面对自己，真实地面对别人，真实地面对社会，不屈从于自己的内心欲望，不屈从于自己内心的恐惧，不掩饰自己的错误，这是不容易的。所谓人无信不立，企业无信不长，社会无信不稳。信用是经济发展的社会基础。唯有建立完善的社会信用体系，遵守市场经济秩序，才是致富的正道。

诚实、守信是无价的！没有了诚信，人们就再也不会相信你，没有了诚信，社会将抛弃你！诚信是走向成功的必备条件！

许多成大事者在创业过程中，都把诚实守信作为自己事业的生命来看待，他们相信诚实守信要永远胜过辞藻华丽的广告，把事业建立在诚实信用的基础上，就会取得成功。

罗赛尔·赛奇说："坚守诚信是成功的最大关键。"任何人都应该懂得：诚信具有无穷无尽的价值。一个人要想赢得他人的信任，就要立下极大的决心，花费大量的时间，不断努力。一般要做到以下几点：

1.勿以恶小而为之

许多人不注意在小事上守信用，比如，借东西不还，与人约会却迟到甚至失约，答应替人办某事却迟迟不见动静……这样的小事多了，别人怎么看你且不说，你自己就会养成不守信用的习惯，以后遇到大事也会失信于人，给自己事业的发展埋下隐患。

2.不要轻易许诺

真做不到，就真诚地说"不"，这才是诚信的态度。什么事都拍胸脯，或抹不过面子而答应别人，这样不但会给自己增加不必要的负担，而且办不到的结果还会使自己失信于人。当然，这不是说我们不要帮助别人，而是说在做出承诺之前要量力而行。

3.不能私欲当先

坚守信用就是对人诚实不欺，而要不欺，首先就要杜绝贪念。有的人借人钱物不还，不是因为经济困难或遗忘，而是存心占人便宜。某些商家做不到"买卖公平，童叟无欺"，是为了赚昧心钱。一个人如果一门心思钻进钱眼里，那信用就会成为他任意摆布的一块抹布。从答应替人买紧俏商品或办事，到拿人钱物不还，成为骗子，其间的距离并不很遥远。

4.注意自我修养

与人交易时必须诚实无欺—这是获得他人信任的最重要条件。要善于自我克制，做事必须诚恳认真，建立起良好的信誉；应该随时设法纠正自己的缺点；行动要踏实可靠，做到言出必行。

5.养成良好的习惯

还有一些人平日为人的确很诚实可靠，但他们有一个毛病，那就是对任何事情都太马虎，这样就容易在不知不觉中使自己的信用丧失。比如，他们明明在银行里的存款已经不多，却还是开出了一张超额的支票，结果害得收款人到银行碰壁。如果这样做生意，那么他的信用将会丧失殆尽。

一个"信"字，从人从言，表示人言可靠，是做人的立身之本。一个守信用的人，体现了一种道德力量和意志力量。在市场经济条件下，信用也是我们必须遵守的公共准则。当我们在合同上、借据上、发票上……签下我们的名字时，我们就是在以自己的人格做出保证。若非不可抗拒之因，我们一定要践约；若有违反，甘受法律制裁。当然，还有一种制裁，那就是有愧于良心。

勇敢为你的成功铺开康庄大道

一个人要想干成一番事业，不但会遭遇挫折，而且还会遭逢困难和艰辛。

困难只能吓住那些性格软弱的人。对于真正坚强的人来说，任何困难都难以迫使他就范。相反，困难越多，对手越强，他们就越感到拼搏有味道。黑格尔说："人格的伟大和刚强只有借矛盾对立的伟大和刚强才能衡量出来。"

真正坚强的人，不但在碰到困难时不害怕困难，而且在没有碰到困难时，还积极主动地寻找困难，他们是具有更强的成就欲的人，是希望冒险的开拓者，他们更有希望获得成功。阿拉伯民间故事集《一千零一夜》里，有一个勇敢的航海家辛伯达，他每次总是去寻求那种与大自然抗争、与海盗搏斗的惊险航行，而恰恰是这些经历使他应付危机的能力大大增强，使他一次次大难不死，安全抵达目的地。在生活和事业中，千千万万的强者，不正是从克服他们自己找来的困难中，取得了一个又一个引人注目的成就吗？

要克服说话胆怯的心理，可以从以下几个方面做起：

（1）树立信心。只要树立信

心，不怕别人议论，用自己的行动来鼓励自己，就肯定会获得成功。

（2）积极参加集体活动。参加集体活动是帮助克服恐惧感，减少退缩行为的好办法。

（3）客观评价自己。相信自己的才能，多肯定自己，并用积极进取的态度看待自己的不足，减少挑剔，摆脱自我束缚。

要克服与人交往、与人交谈的恐惧，以下几种方法是有效的训练手段：

（1）训练自己盯住对方的鼻梁，让人感到你在正视他的眼睛。

（2）径直迎着别人走上前去。

（3）开口时声音洪亮，结束时也会强有力；相反，开始时声音细弱，闭嘴时也就软弱。

（4）学会适时地保持沉默，以迫使对方讲话。

（5）会见一位陌生人之前，先列一个话题单子。

其实，勇气就是这么来的，越是困难的工作，越勇于承担，硬着头皮，咬紧牙关，强迫自己深入进去。随着时间的推移，会由开始的生疏到后来的熟练，由开始的紧张到后来的轻松，慢慢体会到自己的力量，增强自信心和勇气。

坚忍的人才能站得比别人更高

唯有坚忍不拔才能克服任何困难。一个人有了持久心，谁都会对他赋予完全的信任；有了持久心的人到处都会获得别人的帮助。对于那些做事三心二意、无精打采的人，谁都不愿信任或援助他，因为大家都知道他们做事靠不住。

探究一些人失败的原因，并不是他们没有能力、没有诚心、没有希望，而是因为他们没有坚忍不拔的持久心，这种人做起事来往往有头无尾、有始无终。他们怀疑自己是否能够成功，永远决定不了自己究竟要做哪一件事，有时他们看好了一种工作，以为绝对有成功的把握，但中途又觉得还是另一件事比较妥当顺利。这种人到头来总是以失败告终，对他们所做的事不仅别人不敢担保，而且连他们自己也毫无把握。他们有时对目前的地位心满意足，但不久又产生种种不满的情绪。

坚忍，是克服一切困难的保障，它可以帮助人们成就一切事情，达到理想。

有了坚忍，人们在遇到大灾祸、大困苦的时候，就不会无所适从；在各种困难和打击面前，仍能顽强地生活下去。世界上没有其他东西可以代替坚忍，它是唯一的，是不可缺少的。

坚忍，是所有成就大事业的人的共同特征。他们中有的人或许没有受过高等教育，或许有其他弱点和缺陷，但他们一定都是坚忍不拔的人。劳苦不足以让他们灰心，困难不能让他们丧志。不管遇到什么曲折，他们都会坚持、忍耐着。

以坚忍为资本去从事事业的人，他们所取得的成功，比以金钱为资本的人更大。许多人做事有始无终，就因为他们没有充分的坚忍力，使他们无法达到最终的目的。然而，一个伟大的人，一个有坚忍力的人却绝非这样。他不管任何情形，总是不肯放弃，不肯停止，而在再次失败之后，会含笑而起，以更大的决心和勇气继续前进。他不知失败为何物。

做任何事，是否不达目的不罢休，这是测验一个人品格的一种标准。坚忍是一种极为可贵的德行。许多人在情形顺利时肯随大众向前，也肯努力奋斗。但当大家都退出，都已后退时，还能够独自一人孤军奋战的人，才是难能可贵的。这需要很强的坚忍力。

对于一个希望获得成功的人，要始终不停地问自己："你有耐性、有坚忍力吗？你能在失败之后，仍然坚持吗？你能不管任何阻碍，一直前进吗？"

你只有充分发挥自己的天赋和本能，才能找到一条连接成功的通天大道。一个下定决心就不再动摇的人，无形之中给人一种最可靠的保证，他做起事来一定肯于负责，一定有成功的希望。因此，我们做任何事，事先应打定一个尽善的主意，一旦主意打定之后，就千万不能再犹豫了，应该遵照已经定好的计划，按部就班地去做，不达目的绝不罢休。举个例子来说：一位建筑师打好图样之后，若完全依照图样，按部就班地去动工，一所理想的大厦不久就会成为实物。倘若这位建筑师一面建造，一面又把那张图样东改一下，西改一下，试问这所大厦还有成功之日吗？成功者的特征是：绝不因受到任何阻挠而颓丧，只知道盯住目标，勇往直前。世上绝没有一个遇事迟疑不决、优柔寡断的人能够成功。

　　获得成功有两个重要的前提：一是坚决，二是忍耐。人们最相信的就是意志坚决的人，当然意志坚决的人有时也许会遇到艰难，碰到困苦、挫折，但他绝不会惨败得一蹶不振。我们常常听到别人问："他还在干吗？"这就是说：那个人对自己的前途还没有绝望。

　　如何培养坚忍的性格？很简单，只要你确定人生的目标，专注于你的目标，那么你所有的思想、行动及意念都会朝着那个方向前进。韧性是身体健康的一部分，不管发生了什么情况，你必须具有坚持工作到底的能力。韧性是身体健康和精神饱满的一种象征，这也是你成为领导者并赢得卓越的驾驭能力所必需的一种个人品质。韧性是与勇气紧密相关的，当真正遇到困难时你所必备的一种坚持到底的能力，是既要具有可以跑上几千米的能力，还要具有百米冲刺的能力。韧性是需要忍受疼痛、辛劳、艰苦，并体现在体力上和精神上的持久力。

　　韧性是你在极其艰苦的精神和肉体的压力下所具有的长期从事卓有成效的工作能力，忍耐力是需要你长时间付出额外的努力的。坚忍是一种你想具备卓越的驾驭人的能力所必须培养的重要的个人品质。

✤第三节✤
培养和锻造成功的好性格

　　人的性格会因为年龄的增长、环境的变化而发生改变，总体来说是趋向成熟的。一个人，当发现自己的性格特征是好的，对自身的发展有利，他便会通过自我意识来巩固、加强和完善这一性格特点；而当他发现自己的性格特点是不好的、有缺陷的，严重阻碍了他的发展时，他便会通过自我意识有目的地节制和消除。人便是通过这种方式来改变不好的性格和培养好的性格，不断完善自己，塑造优良而完美的性格。我们只有准确认识和把握自己的性格，同时进一步改造和完善自己的性格，才能在真正意义上把握和掌握好自己的命运，成就美好的人生。

自我充实，
　　不断进取——培养学习型性格

　　朱熹说："无一事而不学，无一时而不学，无一处而不学，成功之路也。"

　　世界级管理大师彼得·圣吉说："21世纪最具生命力的企业将是学习型的企业。"美国最具影响力的杂志《财富》也曾刊登过这样一句话："未来最成功的公司，将是那些基于学习型组织的公司。"

　　由此可见，无论是个人还是公司，学习都是如此的重要，而勤于学习也是成功人士的秘诀。所以，我们要想成功，只有通过学习，不断提高自己，不断完善自己，不断超越自己。这是走向成功的唯一选择。

　　当然，学习过程中要管理好自己的时间，也要讲求方法和效率。

　　学习时可以遵循以下方法来管理时间：

　　（1）学会给时间画图纸。

　　有效管理时间就要养成良好的利用时间的习惯，办事不拖延，不必事必躬亲，在记事本上记录重要的事情，尽量一次性完成一项工作，劳逸结合；分清轻重缓急，今天的事情今天办。

（2）学会占有时间。

时间是无私的，它给每个人的一天都是24个小时。只有学会占有时间，才不会让自己活在空虚无聊之中。

（3）向空间要时间。

比如在早上起床时，可以听听新闻或听听英语，让耳朵发挥作用，这样可以学到更多的东西；在卧室或洗手间的镜子上，贴上各种知识小卡片或者制作一些可以随身携带的知识卡片，以便随时都可以学习。如果充分利用生活中的更多空间，我们就会发现以前很多没有时间做的事情现在都可以做到。

（4）做时间的"小偷"。

爱因斯坦就是著名的"时间小偷"。他在研究相对论的时候，专利局规定上班时间不准做私事，所以爱因斯坦只好在工作间隙偷偷做，他把抽屉拉开一个缝隙，拿出一张纸，一边演算，一边听着门外，听到脚步声，他就马上把纸放进抽屉，躲过检查。

总之，一个会管理时间的人，永远也不会觉得时间不够用，因为他会从各个方面找到时间。他也懂得珍惜每一分钟，合理利用每一分钟。

下面我们来说一说学习的方法和效率。掌握了正确的学习方法，效率自然会有所提高。

让学习成为一种习惯。习惯一旦形成，便很难改变，所以，我们要让学习成为一种习惯，只有这样，我们才能让自己每时每刻都处于一种学习的状态。

要会学习。爱学习不等于会学习，有的人学习一天可能也没有别人学习一个小时的效率高，这是因为他不会学习。学习要使用科学的方法，如训练创造性思维，复杂问题简单化，自由想象；利用身边的一切资源丰富自己的知识，选择适合自己的学习方法等。只有根据自己的实际情况，才能找到适合自己的方法。

学习要有目标。目标能给人动力，目标能给人指明方向。不管做任何事都要有目标，学习也不例外。只有朝着既定的目标方向努力，才会有收获，才会成功。

总而言之，培养学习型性格是时代的需要，是发展的需要，是成功的需要，更是生存的需要。我们每个人都应该培养自己的学习型性格。

三思后行，
灵光乍现——培养善思型性格

思索，可以改变贫穷，创造财富；思索，可以改变命运，创造奇迹；思索，可以改变愚昧，创造智慧。成功的人生，离不开理智的思索。每天我们都要面对各种各样的困惑，只有通过思索，我们才能打开困惑之门；只有通过思索，我们才能找到希望；只有通过思索，我们才能充满智慧；只有通过思索，我们才能勇于创新，与时俱进。只有创新才能让我们的头脑永远保持清醒，让我们的心永远年轻。

世界上勤奋的人难以计数，但在事业上获得成功的人却不是很多，那是因为不是每个人都会正确地思考。如果善于用脑，拼命去做，你会发现，希望就在前面闪烁。都说足智多谋，所谓"谋"，即谋算、计谋，考虑计算得失利弊，谋划可能产生的结果。以最低的价格、最小的风险，谋取最高的利益；以最快、最好的策略方法去谋取目标的实现。这是"多谋"的理想与目的。多谋的关键是什么？是符合自己现实条件的合算。一件事究竟怎么做才合算，必须审时度势，做慎重的调查分析。某个方法看起来先进，但不一定符合你现有的条件和实际情况。

松下幸之助就是很好地运用了他的善思性格并最终取得成功的典型例子。

1917年，松下幸之助在确立自己事业方向上，靠的就是在自己智慧基础上形成强烈的超前意识。

严格地讲，松下幸之助能同电器结下不解之缘并没有内在的必然联系，他的祖上经营土地，父亲从事米行，而他进入社会首先是涉足商业，所有这些都与电器制造相去甚远，况且有关电的行业在当时更是凤毛麟角。然而，他深信电作为一种新式能源，在给人类带来方便的同时，也会带来更多的欲望。

20世纪50年代，松下幸之助第一次访问美国和西欧时发现：欧美强大的生产主要基于民主的体制和现代的科技，尽管日本在上述方面还相当落后，然而这一趋势将是历史的必然。松下幸之助正是把握住了这一超前趋势，在日本产业界率先进行了民主体制改革。政治上给予产业充分的自主权，建立了合理的劳资体制和劳资关系；经济上他改革了日本的低工资制，使职工工资超过欧洲，接近美国水平，并建立了必要的职工退休金，使员工的物质利益得到充分满足；劳动制度上实现每周5天工作制，这在当时的日本还是第一家。松下幸之助认为：这一改革并非单纯增加一天休息，而是为了进一步促进产品的质量，好的工作成就产生愉快的假日；愉快的假日情绪会导致更出色的工作效率。只有这样，生产才能突飞猛进，效益才能日新月异。

人的一生都需要思索。失败的时候，需要冷静的思索；成功以后，需要理性的思索；困惑面前，需要积极思索；人生转折的关键时刻，需要认真思索；遇到棘手的问题，需要果断思索；众议迭出、莫衷一是的时候，需要全面的思索。总之，思索将伴随人的一生。要学会思索，可以参考以下几条建议：

1.勤于思索

要养成思索的习惯，凡事都要进行思考，才能找出正确的解决办法。不经过思考的话和不经过思考的事都不要贸然去说、贸然去做。养成勤于思索的习惯，还可以使一个人善于动脑，形成缜密细致的性格。

2.不断思索

思索是一个连续的、不间断的思维过程，因此，在解决问题的过程中，要不断地思索，对各个环节、各个细节都要进行充分的考虑，这样才能避免出现差错和漏洞。

3.透过现象看本质

现象只是表面的东西，每一个现象的背后都有问题的本质，我们只有留心每一个现象，才可以发现问题的本质。只凭借现象做出的判断是不准确的，学会思索，看清现象后的实质，才能做出正确判断。

4.学会进行总结

思索是用大脑对信息筛选、过滤、综合的过程，思索的目的就是要得到结论。因此，我们在思索的过程中要进行总结，这样思索的过程才会是有意义的。

5.不断地反省自己

古语有云："吾日三省吾身。"我们只有不断地反躬自省，不断地检查自己的行为和思想，找到自己的缺陷和不足，才能提高思索的质量。

6.凡事多问为什么

一个问题的解决，往往隐藏着很深的答案；一个问题的原因，往往也有很多的方面。只满足于表面的答案，会限制思维的发展，不利于问题的解决。因此，对任何问题都要多问几个为什么，追根究底，挖掘思索的潜力，说不定答案与现象是不一致的。

改变命运，
不靠他人——培养独立型性格

美国成功学家、教育学家柯维把人生的成长分为3个层次：分别是依赖、独立、互赖。

依赖的着眼点在对方—对方照顾我，对方为我的成败得失负责任，事情若有差错，我便怪罪于对方。

独立着眼于自己—我可以自立，我为自己负责，我可以自由选择。

互赖是从大家的观念出发—我们可以自主、合作、集思广益，共同开创美好的人生。

第一个层次的人依赖心重，靠别人来完成愿望；第二层次的人独立自主，自己打天下；第三层次的人，他们群策群力达到成功。

在依赖阶段，如果生理上无法自立，比如身体残疾，便需要别人的帮助；情感上不能独立，他的价值观和安全感就要建立在别人的评价上，一旦无法取悦别人，个人便失去价值；知识上无法独立，就要依赖别人代为思考，解决生活中的大小问题。

在独立阶段，生理上独立的可以行动自主；心智独立的人可以有自己的思想，具备抽象思考、创造分析、组织与表达能力；情感上独立的人能够肯定自我，不在乎外界的毁誉。

由此可见，独立比依赖成熟得多，拥有真正独立的人格，能够事事操之在我，不受制于人。

一个人的奋斗过程也就是追求独立的过程，包括生存独立、经济独立、思想独立、感情独立、人格独立、意志独立等。独立可以成就一个人的一生。养成了独立的性格，我们就可以主宰命运，就可以做命运的主人。

著名作家刘墉为了培养儿子独立的性格，锻炼儿子的独立生存能力，在儿子上高中时，他把儿子送到一所离家很远的学校。

母豹在小豹长大以后，要将小豹领到悬崖上，狠心地将其往悬崖下推，迫使它不得不用爪子牢牢地抓住崖下的石头往上爬，其实这也是为了锻炼小豹独立的生存能力。

有位哲人说过："一个没有经历过磨难的生命，会存在许多的遗憾。"一个人一生中不可能一帆风顺，总有面对挫折、困难的时候。我们是否是一个性格独立的人，才是能否成功的关键。

独立，就意味着离开家的庇护，离开对朋友的依赖，自己独立去走自己的路。我们应该清楚自己才是自己的主人，只有自己才能帮助自己到达成功的顶峰。郑板桥说过："流自己的汗，吃自己的饭。"这是对独立的最好解释。如果不靠自己的努力，那谁也保证不了你的成功。

一个人只有彻底摒弃依附别人的个性，养成独立的性格，才不会把自己的命运寄托在所依附的人身上，也只有这样，才会拥有成功的人生。香港著名财经小说作家梁凤仪即是一例。

梁凤仪的小说，主角多是以女性为主。她们活跃于社会各阶层，在事业上敢于同男性正面竞争，但同时，却不失传统女性的温柔、贤淑、细腻和体贴。在故事中，这些近乎完美的女性能够热切地追求美好的爱情，渴望建立一个幸福的家庭，她们可以执着地爱一个男人，但绝不会依赖男人的力量来建立事业。

梁凤仪与她的大学同学何文汇于1972年结婚后前往英国陪读。到伦敦后，梁凤仪成为一个纯粹的家庭主妇，她每日在家打扫房间、买菜、做饭，着实过了一段恬静安适、波澜不惊的生活。

但是聪明的梁凤仪发现这种平静的家庭生活并不是她所想要的，只有自己独立，有自己的事业，事业和家庭并重，一个女人的人生才算完整。

1974年，她又随丈夫到美国陪读，后因到美国后生活窘迫而于1975年回到香港，受聘于香港综艺电视台，任编剧及戏剧创作人。

随后，梁凤仪成立了香港第一家"菲佣介绍公司"。该公司没赚多少钱，但在香港却造成很大影响，引起了新鸿基证券集团董事局的注意。新鸿基的老板冯景禧是香港华资金融王国的当家人，他亲自向梁凤仪发出邀请，聘请梁凤仪到新鸿基集团任高级职员，主管公关部门及广告部门。从此，梁凤仪正式踏入了香港财经界。她从零开始，勤奋学习，很快便成为冯景禧手下最受重用的几员干将之一。这段生活也是她日后财经小说中的重要素材。

然而就在梁凤仪在财经界大展宏图之际，她的婚姻生活却亮起了红灯。因为何文汇远在美国任教，对为了事业冷落家庭的梁凤仪表示出不满。梁凤仪在伤心和困惑之后，作出了痛苦的抉择。

梁凤仪和何文汇的离婚是君子式的，理智而坦然。梁凤仪和何文汇君子式地分手后，至今还保持着君子式的交往。

梁凤仪能够这样平心静气地对待婚姻的破裂，是因为她有自己丰富完整的人格，她不需要依附于任何男人。她曾感慨过这个男女不平等的社会对于职业女性的不公和压力："当一个女人要把自己连名带姓地依附在一个男人名下时，原来会有很多掣肘。"

与此同时，梁凤仪对写作的热情也得到升华。她拿起了笔，不断地写出了很多脍炙人口的好作品，这与她丰富的人生经历也是分不开的。

由于才华出众、经验独特，她的小说多以香港风云变幻的商界为背景、以自立奋斗的女强人为主人公、以缠绵悱恻的爱情故事为中心情节，并将财经知识和经营管理知识融于悲欢离合之中，创造出与以往言情小说风格迥异的"财经小说"系列，为当今香港小说增添了新品种。

勇往直前，
敢于冒险——培养冒险型性格

很多人都向往稳定的生活，总是认为冒险的风险太大，而不愿意去尝试，但却不知道机遇和成功往往隐藏在冒险的背后。试想，如果人类没有了冒险，世界将会是什么样子？如果没有哥伦布的冒险，美洲可能到今天也无人知晓；如果没有比尔·盖茨的冒险，人类怎么可能走入多元的e时代？如果没有科学家的一次次冒险，人类的科技怎么可能如此发达？

当然，也没有人生下来就敢于去冒险，无所畏惧，但我们可以以生活中的一些小事来一点一滴地培养自己的冒险性格。

首先，让自己有去开拓一次冒险的勇气。

无论做任何事情，如果一个人连开拓的勇气都没有，那么，他还没有开拓便失败了。因此，勇气是培养冒险性格的第一步。

美国玫琳凯化妆品公司的创始人玫琳凯说："我认为，放手让人们去冒险，允许他们在冒险时犯错误，这是非常重要的。这是一条刺激人们进步并富有创新精神的最好途径。"

玫琳凯首次举办化妆品展销就砸了锅，她当时急于想证明可以在三五成群的女子中销售自己的产品，也希望自己的展销会大获成功，但那天她一共只卖出了五毛钱。离开展销地点后，她在一个角落里大哭起来。

这时她开始怀疑自己当初的冒险是否正确，因为她把毕生的积蓄都投入了公司，一旦失败将一无所有。她问自己："你究竟错在哪里？"这一问使她恍然大悟——她竟从来没有请人订货！忘了往外发订单，而只是指望顾客自己上门买东西。

这一次的冒险使她明白了自己的错误关键所在，第二次的展销会上她没有再重蹈覆辙，获得了巨大的成功。

当然，没有人愿意失败，尤其是在冒险的前提下，你必须知道哪些风险该冒，哪些风险不值得，然后你还必须对自己有足够的了解和评估，这样你才会有足够的勇气来开拓你的冒险。

其次，要敢于去冲破禁区。

生活中往往会有很多禁区或障碍无时无刻不在阻止我们冒险、进取的步伐，因此，敢于去冲破禁区也是冒险中很重要的一步，只有冲破了固有的，才能发现新的。

在一家发展不错的公司里，有一次，总经理叮嘱全体员工："谁也不要走进7楼那个没挂门牌的房间。"员工们都牢牢地记住了。

不久后，公司新招聘了一批员工，总经理也向他们作了同样的交代。

"为什么？"这时有个年轻人嘀咕了一句。

"不为什么。"总经理满脸严肃地答道。

回到岗位上，年轻人还在不解地思考着总经理的叮嘱，其他人便劝他干好自己的工作，别瞎操心，但年轻人执意要走进那个房间去看看。

他轻轻地叩门，没有反应，再轻轻一推，虚掩的门开了，只见里面放着一个纸牌，上面用红笔写着——把纸牌送给总经理。

这时，得知年轻人闯入那个房间的同事开始为他担忧，于是，都劝他赶紧把纸牌放回去，大家替他保密，但年轻人却直奔15楼的总经理室。

当他将纸牌交到总经理手中时，总经理宣布了一项惊人的决定——即刻任命他为销售部经理。

"就因为我把这纸牌拿来了？""没错，我已经等了快半年了。相信你能胜任这份工作。"总经理充满信心地说。

果然，年轻人升为销售经理后把销售部的工作搞得红红火火。

这位年轻人的成功告诉我们，只有思想上的绝对禁区，没有行动上的绝对禁区。总经理办公室不让进，但并不是进不去。虽然每个人都想知道为什么不让进，但如果不进去是永远不可能知道的，关键是想不想进，敢不敢冲破它。

冲破禁区，你会看到成功在向你招手。

最后，一定要坚信没有做不到的。

其实，"能"还是"不能"完全取决于你的信念，你认为能，你就能。

当别人告诉我们要"实际一点"的时候，他们也许是没有恶意，有的甚至有可能是发自内心的善意，但是他们的话常常会引发我们内心的恐惧与不安，使我们害怕尝试冒险，自我设限，生活也变得千篇一律、原地踏步。

事实上，"你做不到"并不是真理。除非你确实试过，否则没有人能肯定地说"不可能"——因为没有任何人知道。

几乎每一个伟大的构想在开始的时候，没有几个人能想到它真的可行。在飞机发明之前，科学家认为飞行是不可能的；在麻醉药发明之前，医生坚信无痛手术是不可能的；在原子弹发明之前，科学家也都相信原子是不可能分裂的，原子弹的构想根本是无稽之谈；蒸汽机发明之前，就有人数落富尔顿："你有没有搞错，先生！你要在甲板下生起一团火，让船能够乘风破浪地航行？"但结果呢？富尔顿不但实现了目标，还因此发明了蒸汽机船。

生命中，没有什么比完成别人口中"办不到"的事情更过瘾的了。人生的一大乐事就是敢作敢为，去完成别人认为你做不到的事。

心胸坦荡，
豪爽率真——培养豪爽型性格

豪爽的人给人一种亲和力，豪爽的人活得坦坦荡荡，豪爽的人能以乐观的态度面对生活中的挫折、压力和困境。

豪爽型性格的人直来直去，无所顾忌，他们经常为自己的朋友两肋插刀。这种性格的人做事干脆利落，绝不拖泥带水，也不讲求个人私利。

古话说："豪爽者皆成大事之英雄。"豪爽的确是一种令自己、令他人都如沐春风的性格。把自己培养成一个具有爽快性格的人，会让你整个人都具备一种穿透力，具备令人信服的气质，在与人交往中也会如鱼得水。

人人都要置身于现实生活的大千世界，随时随地都要经受着个人利益与他人利益、个人利益与集体利益等相互碰撞的考验，如何诠释？如何排遣和化解诸如此类的矛盾？特别是在社会竞争压力与日俱增的情况下，生存空间和生存环境越来越复杂多变，人们对物质生活水平的要求也越来越高，如果你不能

以一种豁达乐观的心态来面对无处不在的激烈竞争以及生活中各个方面的压力和挑战，那么随时都有可能被乌云密布的氛围所笼罩。

然而豪爽之人则不会，豪爽者会大事化小，小事化了，取而代之的则是嫣然一笑。豁达豪爽能使人拥有一颗知足常乐的心态；豁达豪爽能使人变得更加从容；豁达豪爽能使人坚强乐观起来；豁达豪爽能使人笑看成败，笑看人生，坦然面对生活；豁达豪爽的性格是幸福快乐的源泉。

但豪爽也必须有度。要做到豪爽有度，必须遵循以下几点：

（1）清楚豪爽性格的优势和劣势。没有哪一种性格是十全十美的，豪爽性格也一样。它的优势是，豪放开朗，直来直去，一切率性而来，坚持到底；它的劣势是，独断专行，说话无所顾忌、霸气。

（2）向善于控制自己情绪的自制型性格的人学习。

（3）给自己的豪爽系根"绳子"，不要让它滑向狂妄的边缘。

（4）不要一味地脱离现实而追求超凡脱俗。

风摧不垮，
雨打不折——培养坚忍型性格

坚忍是一种刚强，坚忍是一种体现生命弹性的品格，坚忍是一种性格魅力，坚忍是在坚持中体现出的一种韧性，是一种更理性、更富有强度的力量。

具有坚忍性格的人是明知不可为而为之、是夹缝里求生存、是明知山有虎偏向虎山行的人。坚是一种特性，坚不可摧就是此意。老子说："兵强则灭，木强则折。"但只有坚是不行的，还得有韧，韧是顽强的意志力和超强的忍耐力。具有坚忍性格的人是无敌的，这种人做事专一，永不会放弃，不屈不挠，不达目的誓不罢休。这种性格的人无论从事什么职业都会成功，因为他们绝不轻言放弃。

在日本曾经有一位父亲很为他的孩子而苦恼。因为他的儿子虽然已经长到十五六岁了，可是却一点也没有男子汉的气概。于是，这位父亲只好去拜访一位在寺院修行的禅师，请他帮助训练自己的孩子。禅师对他说："你把孩子留在我的寺院里吧。3个月以后，我一定可以把他训练成真正的男人。不过，这3个月之内你不可以来看他。"父亲考虑了一下之后同意了禅师的要求。

3个月之后，那位父亲如约来接他的孩子。禅师安排孩子和一个空手道教练进行一场比赛，以此展示这3个月的训练成果。教练一出手，孩子便应声倒地。那孩子站起来继续迎接挑战，但马上又被打倒，他就又站起来……就这样来来回回一共16次。禅师问父亲："你觉得孩子的表现够不够男子汉气概？"父亲回答说："我简直羞愧死了！心痛死了！想不到我送他来这里受训3个月，看到的结果竟然是他这么不经打，被人一打就倒。"禅师说："我很遗憾你只看重表面的胜负。你有没有看到你儿子那种倒下去之后立刻又站起来的勇气和毅力呢？那才是真正的男子汉气概啊！"

坚忍需要磨砺，急火难做美食。只要站起来比倒下去多一次就是走向成功。那些渴望成功的人，都懂得不能因为暂时的失败和挫折而自暴自弃，反而应该更加努力上进。

很早以前，在荷兰的一个小镇，来了一个只有初中文化程度、名叫列文虎克的年轻农民。他的工作是为镇政府守大门，一干就是60多年。他在工作之余，不下棋不打牌，只爱磨镜片。为了钻研磨镜技术，他到处求师访友，向眼镜匠学习，向炼金家请教，常在寂寞的深夜磨个不停。由于忙，减少了与亲友的往来，有人骂他是"不近人情的家伙"。对此，列文虎克无动于衷，锲而不舍地勤奋工作，磨出的复合镜片的放大倍数超过了专业技师，最终制成了当时无与伦比的精细显微镜，揭开了当时科技尚未知晓的微生物世界的面纱。为此他被授予巴黎科学院院士的头衔，英国女王访问荷兰时，还专程到这个小镇拜会他，英国皇家学会也选他为会员。

其实，要想取得成功，没有什么捷径可走，也没有什么锦囊妙计，最需

要的就是坚忍不拔的品格。正如法国微生物学家巴斯德所说："告诉你使我达到目标的奥秘吧，我唯一的力量就是我的坚忍精神。"

因此，培养坚忍的性格对于一个人来说尤为重要，那么，如何来培养坚忍的性格呢？

（1）确切地知道自己最想要的是什么，给自己树立一个目标。

（2）让自己拥有强烈的想得到坚忍性格的欲望。

（3）相信自己的能力，给自己足够的自信。

（4）不管是生活中还是工作中，都要学会与人合作，了解和适应别人的方式，与周围的人建立融洽的关系。

（5）张扬自己的意志力，这样才能为了既定的目标而自觉去努力。

（6）经常进行体育锻炼，培养在困境中的坚忍和弹性，强化驾驭生活的能力。

刚强气质，
强者风范——培养刚毅型性格

刚毅的性格可以说是成功者必备的一种性格，刚毅型性格的人可能给人一种强者的感觉，而且在为人处世的过程中给人一种强者风范、果敢坚定的印象，刚毅的性格能让人面对困难而不退缩，面对成功而保持冷静。因此，培养刚毅的性格是尤为重要的。

刚毅是一种力量美和沧桑美，刚毅是不屈不挠的精神和自信性格的完美结合的体现。刚毅的性格也往往是造就强者的性格。

刚毅性格是刚与毅的结合，它具有钢铁般的坚硬，又具有坚强持久的意志力。这类性格的内涵是勇猛而顽强，果断而自信，直而不肆，光而不耀，而且不屈不挠，执着而坚定，有种不达目的不罢休的霸气。

刚毅性格与坚忍性格一样都具备了阴与阳两大元素，坚忍性格偏重于韧而柔，因而阴的成分较重；而刚毅性格偏重于刚而硬，因而阳的成分较重。尽管它们有重阴重阳之分，但在本质上却是相同的，就像是水，坚忍性格是滴水穿石，它的特点在于锲而不舍，千年如一日；刚毅性格则是滚滚长江，无坚不摧，势不可挡。

鲁迅说过："伟大的胸怀，应该表现出这样的气概—用笑脸来迎接悲惨的命运，用百倍的勇气来应对自己的不幸。"只有这样，才能铸就刚性人生，练就强者风范。

左宗棠是清末著名的大臣，他曾主持洋务运动，出兵新疆，收复伊犁。他为人处世秉性刚毅。左宗棠曾在曾国藩手下做幕僚，但常常与曾国藩意见不合。曾国藩曾出一上联讽喻左宗棠说："季子何言高，与我意见大相左。"因左宗棠字季高，故联语中嵌其字以示嘲笑。左宗棠也毫不示弱，立即回敬一联："藩臣堪误国，问他经济又何曾？"联中也嵌入了曾国藩的名字，并贬低了曾国藩的才能。当时，左宗棠官小位卑，敢如此言语，可见其性格刚毅不屈。

左宗棠这种刚毅不屈的天性，即使在面对洋人时也表现得淋漓尽致。一次朝会，美国公使威妥玛高居上座，左宗棠一见便怒火中烧，毫不留情地指责道："这是王爷的座位，我都得坐在下面，你凭什么坐在那里？"这使得傲气凌人的威妥玛羞怒交加，但面对一身刚毅的左宗棠也只能作罢。

一个内心刚毅的人是不会轻言放弃的，而且他们面临困难和挑战时也永远只有勇往直前，他们天不怕地不怕的架势也正是他们刚毅性格的最佳写照。一般而言，刚毅的性格多见于男性，它能体现出男性阳刚的一面，将男儿之气展现得淋漓尽致。

然而，刚毅型性格也可以体现在女性身

上，这便让女性除了阴柔外还透出刚强的另一面。英国的前首相撒切尔夫人就是一个例子。这位"铁娘子"是英国历史上唯一一位女性首相，她性格果断刚毅、毫不妥协，工作起来不知疲倦。她的坚强、刚毅和超强的自制力在她政坛的最后一刻得到了很好的体现。在竞选失利的情况下，她仍然不失"铁娘子"的风范，尽力维护自己的尊严，不让自己在众人面前流泪，用超强的自我控制力完成了最后的演讲。面对失败的局面，她和其他人一样觉得沮丧、痛苦，但是她在得失面前仍然能够保持自己政治家的形象，不能不说是她刚毅的性格在起着关键的作用。

那么普通人如何让自己成为一个具有刚毅性格的人呢？任何性格都是可以塑造和改变的，只要坚持不懈地对某种性格进行培养，就一定能造就这种成功的性格。

（1）磨砺自己的意志。没有坚强的意志，就不可能持之以恒。

（2）让自己远离柔弱。柔弱就会使我们被困境困扰，柔弱也是坚忍最大的敌人。

（3）困难来临时不要怕，一定要挺得住。要相信所有的困难都是纸老虎，并且勇敢地站出来战胜困难，一旦把困难克服，将更加刚毅。

（4）生活要有规律，不因为环境而轻易改变。

（5）总是给自己的下一站订立好目标，并做出一些详尽的计划，每天严格执行。

（6）在困难面前保持冷静，理性地分析问题并给出好的解决方案。

（7）遇事不要虚张声势，要学会隐忍。

（8）学会沉默，在沉默的同时要进行理性的思考，不要轻易流泪，再大的痛苦也要埋在心底。

（9）多参加一些如长跑等锻炼耐力与恒心的体育活动。

（10）多激励自己不断地进行自我超越，每天都进步一点点。

把握时机，
雷厉风行——培养行动型性格

杰克·韦尔奇给年轻人的忠告是："如果你有一个梦想，或者决定做一件事，那么，就立刻行动起来。如果你只想不做，是不会有所收获的。要知道，100次心动不如1次行动。"

在生活中至少存在两种类型的人：一是天天沉浸于幻想中，看不到一点行动的痕迹；二是善于把想法落实到计划中，成为一个敢于行动的人。你是哪一类人？凭你自己的经历，你已经找到了答案。

但是，这个看似人人皆知的问题，在许多人身上并没有引起足够的重视，因为他们常常把失败的原因归罪于外部因素，而不是从自身找到失败的病根。其中很重要的一条是：这些人常常是一名幻想大师，面对那些看不见、摸不着的东西时心动不已，总以为光凭自己的意愿就能实现人生理想，就能过自己想过的日子，就能成为一个被人羡慕的人。抛开这些特定的人不讲，实际上在我们身边，那些天天抱头空想自己未来的人，之所以没有人生的进展，就在于他们都是"心动专家"，而不是"行动大师"。

有人说，心想事成。这句话本身没有错，但是很多人只把想法停留在空想的世界中，而不落实到具体的行动中，因此常常是竹篮打水一场空。当然，也有一些人是想得多干得少，这种人只比那些纯粹的"心动专家"要强一些，要好一些。因为行动是一个敢于改变自我、拯救自我的标志，是一个人能力的证明。光心想、光会说，都是虚的，不能看到一点实际的东西。美国著名成功学大师马克·杰弗逊说："一次行动足以显示一个人的弱点和优点是什么，能够及时提醒此人找到人生的突破口。"毫无疑问，那些成大事者都是勤于行动和巧妙行动的大师。在人生的道路上，我们需要的是：用行动来证明和兑现曾经心动过的金点子。

立刻行动起来，不要有任何的耽搁。要知道世界上所有的计划都不能帮助你成功，要想实现理想，就得赶快行动起来。成功者的路有千条万条，但是行动却是每一个成功者的必经之路，也是一条捷径。因为幸运永远也不会降临到心动而不行动的人身上。只有行动，才能成功。

有两个人找到上帝，请教怎样才能成为天使，上帝派他们到一座大山上去考察，约定10年后再相见。

他们一起攀上了山顶，发现整座山竟没有一棵树、一株草，他们内心十分不满意。一个人发了牢骚后就愤然离去；另一个人则是去别的山上采摘了各种各样的种子，把它们播到了荒山上。

10年后，上帝接见了这两个人，询问他们有关那座荒山的情况。"真想不到，世界上还有如此荒凉的大山，一棵树、一株草也没有。"第一个人抱怨说。

"10年前，那里的确是一座荒山。不过，今天，它已是一座青山。"另一个人说。

"怎么会呢？荒山只能永远是荒山啊！"

"那只是暂时的荒山，只要我们用行动改造它，播上树种，它就会长满树；播上草种，它就会长满草。"

上帝欣慰地点点头，对第二个人说："你已经成为天使了。"

行动要以目标为指针，踏踏实实，一步一个脚印地创造价值。行动是一个坚实的奋斗过程，需要我们扎扎实实地履行生命过程中的责任。成功始于行动，世界是行动的唯一果实。

当一个青年问被誉为"推销之神"的日本人原一平如何做好推销时，他神秘地说："答案就在这里。"言毕，他脱下袜子，"你来摸一摸就知道了。"青年果然去摸了摸，惊讶地说："这么厚的老茧啊！"

原一平严肃地说："没有什么秘密，只有坚持不懈的行动。"

当我们羡慕别人的成功时，我们有没有问过自己是否已经开始行动？如果没有，那就马上开始吧！

1.行动从落实任务开始

给自己落实任务是学会行动的最深学问。一个人既要学会给别人落实任务，也要学会给自己落实任务。有了任务，行动才会有方向。

2.逐步实现目标

为行动编制提纲，一步一步地去实现目标，各个击破。杂乱无章，往往令人无从下手，久而久之，既降低工作的效率，又失去了信心和意志，这时，编制提纲就显得尤为重要。

3.看事物要深入到本质中去

看事物不要只看表面现象，那样得出的结论是片面的、不准确的，要深入到其本质中去看待事物。

4.贵在执行，勇于执行

执行，是实现目标的过程；执行，才可以体验到成功的喜悦。

5.用乐观的态度善待麻烦

生活中麻烦的事情很多，愁眉苦脸也解决不了，那为何不让自己乐观地去面对呢？

6.选择通往成功的最佳道路

通往成功的路有无数条，最重要的是选择适合自己的最佳道路。

7.善于处理小事和大事

对待重大问题要有举重若轻的态度，对待日常小事要有举轻若重的态度。

8.细节可以影响全局，所以千万不要忽视细节

只有雕琢细节，才能使璞玉圆润光洁。行动也是一样，细小的差错也会影响个人整体的良性发展。

9.今天的事不要拖延到明天

今日事，今日毕，绝不要抱有"明日复明日"的想法。

10.贵在坚持，有始有终

失败的原因很多，但成功的原因只有一个：贵在坚持，有始有终。所谓"破釜沉舟，百二秦关终属楚；卧薪尝胆，三千越甲可吞吴"。

左右逢源，
人脉畅通——培养社交型性格

　　波斯文学家萨迪曾说："蚊子一起冲锋，大象也会被征服。"卡耐基也曾指出："一个人事业的成功，只有15%是由于他的专业技术，另外的85%要靠人际关系和处世技巧。"他还指出："只有想办法去认识更多的人，并使这些人都成为自己的朋友，才是人生成功的关键。"所以，想要成功，就必须精心编织一张属于自己的人际关系网。

　　拓展人际关系，应从培养社交型性格着手。拓宽自己的社交圈子，不仅可以了解别人，认识社会，也可以捕捉到更多的信息，增强自己的竞争力；同时，也可以让别人了解自己，然后通过别人的反映来更好地认识自己。

　　社交是一种艺术，也是一门学问，社交是人生的需要，绝不能视为可有可无。一个不会社交的人，在这样一个年代必将寸步难行。因此，培养社交型性格对于我们而言是尤为重要的，而培养社交型性格的第一步便是乐于助人，累积人情，建立关系网。

　　钱钟书先生一生日子过得比较平和，但在困居上海孤岛写《围城》的时候，也窘迫过一阵。辞退保姆后，由夫人杨绛操持家务，所谓"卷袖围裙为口忙"。那时他的学术文稿没人买，于是他写小说的动机里就多少掺进了挣钱养家的成分。一天500字的精工细作，绝对不是商业性的写作速度。恰巧这时黄佐临导演上演了杨绛的4幕喜剧《称心如意》和5幕喜剧《弄假成真》，并及时支付了酬金，才使钱家渡过了难关。时隔多年，黄佐临导演之女黄蜀芹之所以独得钱钟书亲允，开拍电视连续剧《围城》，实因她怀揣老爸一封亲笔信的缘故。钱钟书是个别人为他做了事他一辈子都记着的人，黄佐临40多年前的义助，钱钟书多年后回报。

　　人际关系网一旦建立，就需要用耐心去对人际关系进行认真的经营。因为若只是建立了人际关系网而不进行经营，那么，人际关系网也迟早会出问题。

　　而建立和维护关系网都需要有耐心，如果用到人时终日笑脸相迎，用不到人时则相逢若不相识，这样的人太急功近利，一点生命的真爱都没有，他自

然也很难有什么人缘。人和人的交往更多的在于心的交流，这是一个长期的过程，所以建立和维护人际关系是极需耐心的。

某位企业董事长的交际手腕高人一筹。他长期承包那些大电器公司的工程，对这些公司的重要人物常施以恩惠，但这位董事长的交际方式与别人不同的是：不仅结交公司要人，对年轻职员也殷勤款待。

当自己结交上的某位年轻职员晋升为科长时，他会立即跑去庆祝，赠送礼物。年轻科长自然十分感动，无形中产生了感恩图报的意识。这样，当有朝一日这位职员晋升为处长、经理等要职时，仍记着这位董事长的恩惠。因此在生意竞争十分激烈的时期，许多承包商倒闭的倒闭、破产的破产，而这位董事长的公司却仍旧生意兴隆。其原因之一就是他平常人际关系中感情投资多。

当然，我们在人际交往中还有一点也是至关重要的，那便是交往互助、办事顺利。

交际中的互助原理是：你在关键时刻帮人一把，别人也会在重要时刻助你一臂。初看起来似乎是等价交换，其实，不管你是一个什么样的人，都不可能像鲁滨孙那样独自一人闯天下，尤其是要想打开自己的人生局面，更离不开与各种各样的人打交道。要想让别人将来帮助你，你就必须先付出精力去关心别人、感动别人，这样才能赢得别人回报的资本。因此，培养练达的性格，必须信守"相互帮衬"之道。

而在这样一个人际关系占据重要位置的时代，培养社交型性格的准则是什么呢？

（1）克服过分的自尊心理。过分自尊的人，其实是怕别人发现自己的缺点，在心理上形成了一种自我保护。当他一旦被别人发现缺点，就变得非常失望、自卑甚至自我封闭。因此，过分自尊是我们开展社交必须逾越的一堵墙。

（2）克服自卑的心理。培养社交型性格必须战胜自卑，因为自卑的人喜欢把自己保护起来，不愿意与人交往。

（3）克服腼腆胆怯的心理。培养社交型性格就意味着与各种各样的人打交道，所以腼腆胆怯的心理是不可取的。

（4）要有一颗宽容的心。人最高贵的品质是宽容。不要紧盯别人的缺点，斤斤计较，"人非圣贤，孰能无过"，宽容别人，也就是宽容自己。

（5）要有"三人行，必有我师"的意识。有了这种意识，才能发现别人的长处，才能让自己有一种虚怀若谷的心境。

（6）要真诚地赞美别人。赞美别人，才能得到别人的赞美，才能发现相互的优缺点。

（7）要有互惠双赢的理念。"欲得之，先予之。"付出才有收获。

心平气和，宠辱不惊——培养沉静型性格

沉静的性格总是给人一种心平气和、宁静安静的感觉，尤其是当困难或者灾难来临的时候，沉静性格的人则往往表现得理性而异常冷静，尤其能在繁华的背后进行理性而冷静的思索，在宠辱面前获得内心的安宁。

沉静是理性的沉淀，生活需要沉静。沉静能让我们远离厄运，远离诱惑；沉静能让我们拥有智慧。考场上，沉静是一把锁；赛场上，沉静是一面旗；碰到困难时，沉静是希望的曙光。可以说，沉静是人生的一种精髓，得到它，我们的人生就能少有挫折，多有收获。

　　沉静性格的人一般都具有遇事镇定、处事冷静、做事审慎、办事认真的特点，而且是最能给人以信任感和稳重感的性格，一般找他们办事会让你觉得靠得住，也放心。

　　历史上有不少的领导人就具有沉静的性格。毛泽东的性格中就具有沉静的一面，在红军长征的岁月里，红军遭遇到了前所未有的艰难局面，当时的毛泽东冷静而理性地对当时的环境进行了分析，提出了南下贵州再绕道上陕西的方案，长征的胜利证明了其决定的正确性。

　　但任何事物都得有个度，性格也不例外。一旦过了，就很有可能发展或转变成默默无闻，甚至会是死气沉沉，而这也正是我们要努力避免的。

　　因此，在培养沉静型性格的同时把握好这个度的问题将有利于我们更好地培养出沉静的性格。一颗沉静的心，一个沉静的性格不仅能让你在人际交往的关系网中游刃有余，更能让你在生活、事业的波涛中稳坐钓鱼台。而且，沉静更是一个人成熟的一种体现，岁月和经历卸去了外表的浮躁，在风风雨雨中，沉静让一个人以站立的姿态巍然屹立！

习惯的力量无比巨大，它经年累月影响人的生活态度、思维方法和行为模式，左右一生成败。一个人理解习惯对自己的重大意义并驾驭习惯，就能改变生活方式，主宰自己的命运。

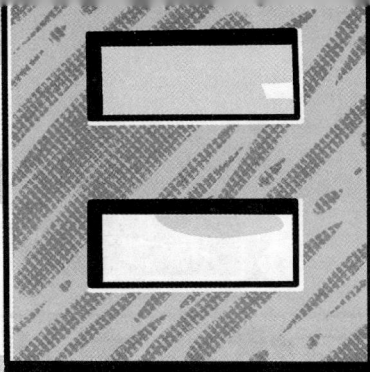

下篇

好习惯

第一章

习惯决定成败

∽ 第一节 ∽

习惯就在我们身边

世界上最可怕的力量是习惯，世界上最神奇的力量也是习惯，人的行为绝大部分都是习惯造成的。

习惯的力量无比巨大

习惯的力量是巨大的。1873年，美国发明家克利斯托弗发明了世界上第一台打字机，键盘完全是按照英文字母的顺序排列的。慢慢地，他发现打字的速度一旦加快，键槌就很容易被卡住。他的弟弟给他出了一个主意，建议他把常用字的键符分开布局，这样每次击键的时候，键槌就不会因为连续击打同一块区域而卡死。经过这样不规则的排列后，卡键的次数果然大大减少，但同时打字速度也减慢了。在推销打字机的时候，在利润的驱动下，克利斯托弗对客户说，这样的排列可以大大提高打字速度，结果所有人都相信了他的说法。现在，人们已经习惯了这样的键盘布局，并始终认为这的确能提高打字速度。

国外一些数学家经过研究得出结论，目前的排列是最笨拙的一种，凭借目前的技术已经解决了卡键问题，可现在出现第二种排列的键盘似乎不太可能，因为人们都习惯了。在强大的习惯面前，科学有时也会变得束手无策。

说起来你可能不信，一根矮矮的柱子，一条细细的链子，竟能拴住一头重达千斤的大象，可这令人难以置信的景象在印度和泰国随处可见。原来那些驯象人在大象还是小象的时候，就用一条铁链把它绑在柱子上。由于力量尚小，无论小象怎样挣扎都无法摆脱锁链的束缚，于是小象渐渐地习惯了而不再挣扎，直到长成了庞然大物，虽然它此时可以轻而易举地挣脱链子，但是大象依然选择了放弃挣扎，因为在它的惯性思维里，它仍然认为摆脱链子是永远不可能的。

小象是被实实在在的链子绑住的，而大象则是被看不见的习惯绑住的。

可见，习惯虽小，却影响深远。习惯对我们的生活有绝对的影响，因为它是一贯的。在不知不觉中，习惯经年累月地影响着我们的品德，决定我们思维和行为的方式，左右着我们的成败。看看我们自己，看看我们周围，好习惯造就了多少辉煌成果，而坏习惯又毁掉了多少美好的人生！习惯一旦形成，就极具稳定性。生理上的习惯左右着我们的行为方式，决定我们的生活起居；心理上的习惯左右着我们的思维方式，决定我们的接人待物。当我们的命运面临抉择时，是习惯帮我们作的决定。

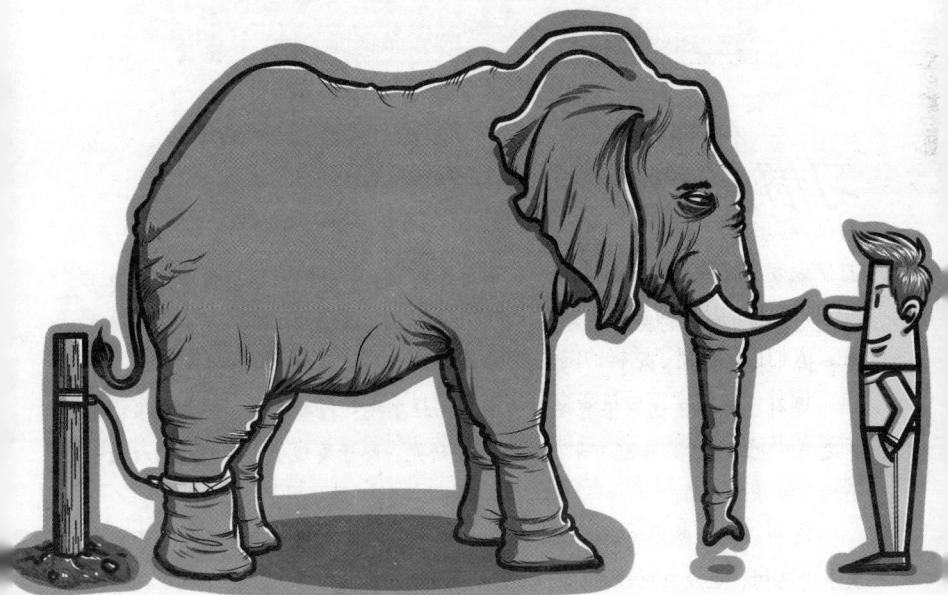

习惯是个什么东西

　　狗家族出了一条很有志气、很有抱负的小狗，它向整个家族宣布：要去横穿大沙漠，所有的狗都跑来向它表示祝贺。在一片欢呼声中，这只小狗带足了食物、水，然后上路了。3天后，突然传来了小狗不幸牺牲的消息。

　　是什么原因使这只很有理想的小狗牺牲了呢？检查食物，还有很多；水不足吗？也不是，水壶还有水。后来经过研究，终于发现了小狗牺牲的秘密——小狗是被尿憋死的。

　　之所以被尿憋死是因为狗有一个习惯——一定要在树干旁撒尿。由于大沙漠中没有树，也没有电线杆，所以可怜的小狗一直憋了3天，终于被憋死了。

　　狗是如此，人呢？

狗是习惯的动物，同样人也是习惯的产物，习惯中的高级动物。

一个人的行为方式、生活习惯是多年养成的。比如，与人交往的形式、与人沟通的方式、与人相处的模式……都是多年习惯累积慢慢成形的。孔子在《论语》中提到："性相近，习相远也。""少小若无性，习惯成自然。"意思是说，人的本性是很接近的，但由于习惯不同便相去甚远；小时候培养的品格就好像是天生就有的，长期养成的习惯就好像完全出于自然。

一句俗话说："贫穷是一种习惯，富有也是一种习惯；失败是一种习惯，成功也是一种习惯。"如果你重视观念和思考，那么，你对此可能会有一些同感。

习惯也称为惯性，是宇宙共同法则，具有无法阻挡的一股力量。"冬天来了，春天还会远吗？"这就是无法阻挡的一股力量；苹果离开树枝必然往下掉，同样是具有无法阻挡的一股力量。

没有惯性则没有力量，例如，静止的火车，要防止其滑行只需在每个驱动轮面前放一块1寸厚的木头就行了，但如果火车以每小时100公里的速度行驶的话，哪怕是一堵5尺厚的钢筋水泥墙也无法阻挡，可见惯性的力量多么巨大！

我们可以对习惯下一个定义：所谓的习惯，就是人和动物对于某种刺激的固定性反应，这是相同的场合和反应反复出现的结果。所以，如果一个人反复练习饭前洗手的话，那么这个行为就会融合到他更为广泛的行为中去，成为"爱清洁"的习惯。

习惯是某种刺激反复出现，个体对之做出固定性反应，久而久之形成的类似于条件反射的某种规律性活动。它包括生理和心理两方面，即能够直接观察及测量的外显活动和间接推知的内在心理历程—意识及潜意识历程。而且，心理上的习惯，即思维定式一旦形成，则更具持久性和稳定性，在更广泛的基础上，就成了性格特征。

೬第二节ೕ
成也习惯，败也习惯

习惯，是一个人思想与行为的真正领导者。习惯让我们减少思考的时间，简化行动的步骤，让我们更有效率；也让我们封闭保守、自以为是、墨守成规。在我们的身上，好习惯与坏习惯并存。获得成功的过程就取决于好习惯的多少，所以说，人生仿佛就是一场好习惯与坏习惯的拉锯战。把良好的习惯坚持下来就意味着踏上了成功的列车，把坏习惯坚持下来就意味着最终的结局是失败。

习惯能成就一个人，
也能够摧毁一个人

有一个猎人，他在一次打猎中捡回一只老鹰蛋，回到家里，他把老鹰蛋和母鸡正在孵的鸡蛋放在一起。

没过多久，小鹰和小鸡一起出世了。在母鸡的照顾下，小鹰很开心地和小鸡们生活在一起。

小鹰当然不知道自己是一只鹰，它和小鸡们一样学习鸡的各种生存本领。母鸡也不知道它是一只鹰，母鸡像教育其他小鸡那样教育小鹰。这只小鹰一直按照鸡的习惯生活。

在它们生活的地方，不时有老鹰从空中飞过。每当老鹰飞过时，小鹰就说："在天空飞翔多好啊，有一天我也要那样飞起来。"

听它这么说，母鸡每次都要提醒它："别做梦了，你只是一只小鸡！"

其他小鸡也一起附和："你只是一只鸡，你不可能飞那么高！"

被提醒的次数多了，小鹰终于相信它永远不可能飞那么高。小鹰再看到老鹰飞过时，它便主动提醒自己："我是一只小鸡，我不可能飞那么高。"

就这样，这只鹰到死那一天也没有飞翔过—虽然它拥有翱翔蓝天的翅膀和体格。

可见，习惯虽小，却影响深远。你可以遍数名载史册的成功人士，哪一个人没有几个可圈可点的习惯在影响着他们的人生轨迹呢？当然，习惯人人都有，我们的惰性和惯性会使我们不止一次地重复某些事情，而经常反复地做也就成了习惯，比如爱笑的习惯、吝啬的习惯，甚至于饭前洗手的习惯，等等。习惯有大有小，有好有坏，林林总总。

习惯决定命运。这里面隐藏着人类本能的秘诀。

看看我们自己，看看我们周围，看看芸芸众生，好习惯造就了多少辉煌成果，而坏习惯又毁掉了多少美好的人生！习惯一旦形成，它就极具稳定性，心理上的习惯左右着我们的思维方式，决定我们的待人接物；生理上的习惯左右着我们的行为方式，决定我们的生活起居。日常的生活本身就是习惯的反复应用，而一旦遇上突发事件，根深蒂固的习惯更是一马当先地冲到最前面，所以，当我们的命运面临抉择时，是习惯帮我们作的决定。

事物总是一分为二，凡事都有其两面性。习惯也是一样，有正面就有负面。正面的是好习惯，好习惯有助于我们的成功；而负面的是坏习惯，坏习惯则导致我们的失败。

　　例如，礼貌是一种好习惯，走到哪里都能够彬彬有礼、以礼相待的人一定会深受欢迎，拥有这种习惯的人则容易成功；相反，失礼就是一种坏习惯。

　　微笑是一种习惯，可以预先消除许多不必要的怨气，化解许多不必要的争执，而老是板着面孔的人走到哪里都会制造紧张气氛。

　　所以说，习惯决定命运。习惯是通往成功的最实际的保证，习惯也是通向失败的最直接的通道。

卓越是一种习惯，
平庸也是一种习惯

　　在我们的工作和生活中，有很多效率低下的例子。例如有些人只知道一味地例行公事，而不顾做事的实际效果；他们总是采取一种被动的、机械的工作方式。在这种状态下工作的人，往往缺乏主观能动性和创造性，在工作中不思进取、敷衍塞责，总是为自己找借口，无休止地拖延……

　　另一方面，我们也可以看到很多做事高效的例子。例如有些人做起事来注重目标，注重程序，他们在工作中往往采取一种主动而积极的方式。他们工作起来对目标和结果负责，做事有主见，善于创造性地开展工作；工作中出现困难的时候会积极地寻找办法，勇于承担责任，无论做什么总是会给自己的上司一个满意的答复。

　　举一个例子来说吧，某公司的一位服务秘书接到服务单，客户要装一台打印机，但服务单上

没有注明是否要配插线，这时，服务秘书有3种做法：

（1）开派工单。

（2）电话提醒一下商务秘书，看是否要配插线，然后等对方回话。

（3）直接打电话给客户，询问是否要配插线，若需要，就配齐给客户送过去。

第一种做法，可能导致客户的打印机无法使用，引起客户的不满；第二种做法，可能会延误工作速度，影响服务质量；第三种做法，既能避免工作失误，又不会影响工作效率。

显然，第三种做法就是一个高效做事的例子。

高效能人士与做事缺乏效率的人的一个重要区别在于：前者是主动工作、善于思考、主动找方法的人，他们既对过程负责，又对结果负责；而后者只是被动地等待工作，敷衍塞责，遇到困难只会抱怨，寻找借口。

另外，高效能人士不仅善于高效工作，同时也深谙平衡工作与生活的艺术。他们既不会为工作所苦，也不为生活所累。他们不是一个不重结果、被动做事的"问题员工"，也不是一个执着于工作，忽视了生活、整日为效率所苦的"工作狂"。

一个游刃于工作与生活之中的高效能人士应当具备很多素质，比如"做事有目标""能够正确地思考问题""是一个解决问题的高手""重视细节""高效利用时间""勇于承担责任，不找借口""正确应对工作压力""善于把握工作与生活的平衡""善于沟通交际""拥有双赢思维"等。

一位哲人说过："播下一种思想，收获一种行为；播下一种行为，

收获一种习惯；播下一种习惯，收获一种性格；播下一种性格，收获一种命运。"要不断提升自己的素质，做一名合格的高效能人士，就要养成正确的工作和生活的习惯。

成功的习惯重在培养

美国学者特尔曼从1928年起对1 500名儿童进行了长期的追踪研究，发现这些"天才"儿童平均年龄为7岁，平均智商为130。成年之后，又对其中最有成就的20％和没有什么成就的20％进行分析比较，结果发现，他们成年后之所以产生明显差异，其主要原因就是前者有良好的学习习惯、强烈的进取精神和顽强的毅力，而后者则甚为缺乏。

习惯是经过重复或练习而巩固下来的思维模式和行为方式，例如，人们长期养成的学习习惯、生活习惯、工作习惯等。"习惯养得好，终身受其益"；"少小若无性，习惯成自然"。习惯是由重复制造出来，并根据自然法则养成的。

孩子从小养成良好的习惯，能促进他们的生长发育，更好地获取知识，发展智力。良好的学习习惯能提高孩子的活动效率，保证学习任务的顺利完成。从这个意义上说，它是孩子今后事业成功的首要条件。

但是习惯是从哪里来的呢？

习惯是自己培养起来的。当你不断地重复一件事情，最后就有了应该和不应该，开始形成了所谓的真理，但是你还有更多的事情没有接触到。

习惯应该是你帮助自己的工具，你需要利用自己的习惯来更好地生活，如果哪个习惯阻碍了你实现这样的目标，那么就该抛弃这样的坏习惯。

下面是培养良好习惯的过程与规则：

（1）在培养一个新习惯之初，把力量和热忱注入你的感情之中。对于你所想的，要有深刻的感受。记住：你正在采取建造新的心灵道路的最初几个步骤，万事开头难。一开始，你就要尽可能地使这条道路既干净又清楚，下一次你想要寻找及走上这条小径时，就可以很轻易地看出这条道路来。

（2）把你的注意力集中在新道路的修建工作上，使你的意识不再去注意旧的道路，以免使你又想走上旧的道路。不要再去想旧路上的事情，把它们全部忘掉，你只要考虑新建的道路就可以了。

（3）可能的话，要尽在你新建的道路上行走。你要自己制造机会来走上这条新路，不要等机会自动在你跟前出现。你在新路上行走的次数越多，它们就能越快被踏平，更有利于行走。一开始，你就要制订一些计划，准备走上新的习惯道路。

（4）过去已经走过的道路比较好走，因此，你一定要抗拒走上这些旧路的诱惑。你每抵抗一次这种诱惑，就会变得更为坚强，下次也就更容易抗拒这种诱惑。但是，你每向这种诱惑屈服一次，就会更容易在下一次屈服，以后将更难以抗拒诱惑。你将在一开始就面临一次战斗，这是重要时刻，你必须在一开始就证明你的决心、毅力与意志力。

（5）要确信你已找出正确的途径，把它当作是你的明确目标，然后毫无畏惧地前进，不要使自己产生怀疑。着手进行你的工作，不要往后看。选定你的目标，然后修建一条又好、又宽、又深的道路，直接通向这个目标。

你已经注意到了，习惯与自我暗示之间存在着很密切的关系。根据习惯而一再以相同的态度重复进行的一项行为，我们将会自动地或不知不觉地进行这项行为。例如，在弹奏钢琴时，钢琴家可以一面弹奏他所熟悉的一段曲子，一面在脑中想着其他的事情。

自我暗示是我们用来挖掘心理道路的工具，"专心"就是握住这个工具的手，而"习惯"则是这条心理道路的路线图或蓝图。要想把某种想法或欲望转变成行动或事实，之前必须忠实而固执地将它保存在意识之中，一直等到习惯将它变成永久性的形式为止。

第二章

注重培养好习惯，开拓成功人生

第一节

高效能人士的 5 个习惯

人生之路是漫长的，但最关键的只有几步。然而，正是这看起来似乎很容易的几步，却左右着每个人一生的成与败、荣与辱、福与祸、得与失，最终决定了每个人命运的幸与不幸。有的人之所以能成为幸运的宠儿，可以比别人更早地实现成功的目标，是因为他们具有很多良好的习惯，有效地把握了人生的紧要之处，更好地走过了人生中最为关键的几步路。

在行动前设定目标

IBM公司的创始人托马斯·约翰·沃森说过："有两种人永远无法超越别人：一种人是只做别人交代的工作，另一种人是做不好别人交代的工作。"哪一种情况更令人丧气，实在很难说。总之，他们会成为第一个被裁员的人，或是在同一个单调而卑微的工作岗位上耗费终生的精力。

沃森先生所指的两种人心中都没有十分明确的目标。等待他们的将是卑微的职位和庸碌的人生。阿尔伯特·哈伯德先生说过，如果你并不想从工作中获得什么，那么你只能在漫长的职业生涯中无目的地漂流。只有目标在前方召唤，才会有进取的动力。在《爱丽斯漫游奇境记》中，小爱丽斯问小猫咪：

"请你告诉我，我应该走哪条路呢？"

猫咪说："这在很大程度上看你要去什么地方。"

"去哪儿我都无所谓。"爱丽斯说。

"那么你走哪条路都可以。"猫咪回答道。

"这……那么，只要能到达某个地方就可以了。"爱丽斯补充道。

"亲爱的爱丽斯，只要你一直走下去，肯定会到达那里的。"

现实中，像爱丽斯那样去哪里都无所谓的员工大有人在。他们在工作中标榜努力工作，勤奋学习，但却从来没有一个工作目标，更谈不上职业规划。他们机械地工作，这种工作状态是永远无法达到最高效率的。可以毫不过分地说，他们个人的发展会因此走更多的弯路，因为一个人从平凡到卓越的前提是确定工作的目标。

世界一流效率提升大师博恩·崔西说："成功最重要的前提是知道自己究竟想要什么。成功的首要因素是制订一套明确、具体而且可以衡量的目标和计划。"

我们每个人都渴望成功，都渴望实现财务自由，都渴望干自己想干的事，去自己想去的地方。但是要成功就要达成自己设定的目标或是完成自己的愿望；否则，成功是不现实的。成功就是实现自己有意义的既定目标。

在这个世界上有这样一种现象，那就是：没有目标的人在为有目标的人达到目标。因为没有目标的人就好像没有罗盘的船只，不知道前进的方向；有明确、具体目标的人就好像有罗盘的船只一样，有明确的方向。在茫茫大海上，没有方向的船只只有跟随有方向的船只走。

有目标未必能够成功，但没有目标的人一定不能成功。博恩·崔西说："成功就是目标的达成，其他都是这句话的注解。"现实中那些顶尖的成功人士不是成功了才设定目标，而是设定了目标才成功。

美国哈佛大学对一批大学毕业生进行了一次关于人生目标的调查，结果如下：

27%的人没有目标，60%的人目标模糊，10%的人有清晰而短期的目标，3%的人有清晰而长远的目标。

25年后，哈佛大学再次对这批学生进行了跟踪调查，结果是：

那3%的人，25年间始终朝着一个目标不断努力，几乎都成为社会各界成功人士、行业领袖和社会精英；10％的人，他们的短期目标不断实现，成为各个领域中的专业人士，大都生活在社会中上层；60％的人，他们过着安稳的生活，也有着稳定的工作，却没有什么特别的成绩，几乎都生活在社会的中下层；剩下27％的人，生活没有目标，并且还在抱怨他人，抱怨社会不给他们机会。

生命是可贵的，但是只有在它还有一些价值的时候去做应该做的事，去实现自己的目标，人生才会有意义。

在生命中没有一个中心目标的人，很容易受到一些微不足道的诸如忧虑、恐惧、烦恼和自怜等情绪的困扰。所有这些情绪都是软弱的表现，都将导致无法回避的过错、失败、不幸和失落。在竞争日趋激烈的现代化社会，这只能导致一个人工作效能和生活质量的下降。甚至会影响到一个人的身体健康。一位美国的心理学家发现，在为老年人开办的疗养院里，有一种现象：每当节假日或一些特殊的日子，像结婚周年纪念日、生日等来临的时候，死亡率就会降低。他们中有许多人为自己立下一个目标：要再多过一个圣诞节、一个纪念日、一个国庆日，等等。等这些日子一过，心中的目标、愿望已经实现，继续活下去的意志就变得微弱了，死亡率便立刻升高。

那么，我们在为自己设定行动目标的时候要注意哪些问题呢？

1.制订中程目标

明确可行的目标可以引发一个人的活动，提高他的执行效能。订立中程目标往往是最能克服挑战的方法，因为中程目标是一种更能鼓舞人，也更激励人的过程，这也是一个人能否成功的一个关键。

目标必须实在，而且不要太遥不可及，应该是在达得到的范围内。千万不要以为自己可以在一天内完成所有的事。

因此，如果你想成为一个高效能的
职场人士，无论做什么事，首先要立足现
实，为自己制订一个可行的中程目标。

已故网球名将亚瑟·艾伦早年也有类似的经验。艾
伦是打破网球界人种限制的唯一特例，在他之前，网球界一
直是白人的天下。艾伦在他的生命后期，全力与艾滋病对抗，以唤
起人们对这个世纪病毒更大的重视与关切。

他的一生可说是一连串设定并达到目标的过程。

艾伦一生都坚持这样一个理念："每次你订立一个目标，然后完成那个
目标，就是一种不断增强自信的过程。"他经常为自己制订中程目标，一旦达
成那个目标，他就再订一个新的目标。

艾伦就是运用这种订立目标的方法，登上了网球王座。他说："我早年
的几位教练常订下清楚明确的目标，这正是我愿意遵循的。这些目标不见得
一定要像赢得巡回赛这么重大。而是将一些有待克服的困难、近期内需要努
力的方面订为目标，如果这些目标一个个地实现了，我们距离自己的最终目
标就会越来越近。并不是只有赢得巡回赛才可以作为目标。往往一些小目标
渐渐一个个地达成后，我自己都会意外地发现：'嘿！我距离得大奖已经越
来越接近了。'"

艾伦一直以这种方式参加高难度的比赛。他说："参加巡回赛，你总想
能进入复赛。比赛时，你总希望漏接的反手球不超过某个数字。或者是你必须
锻炼体力到一定的程度，天气太热时，你才不至于很快就感到疲倦。这样做，
可以帮助你将争取成为世界第一或赢得巡回赛这类的远大目标，分解为几个较
易达成的小目标。"

美国通用公司的董事长罗杰·史密斯在进入通用之初，只是一个名不见
经传的财务人员。

罗杰初次去通用公司应聘时，只有一个职位空缺，而招聘人员告诉他，
工作很艰苦，对一个新人会相当困难。他信心十足地对接见他的人说："工作
再棘手我也能胜任，不信我干给你们看……"

在进入通用工作的第一个月后，罗杰就告诉他的同事："我想我将成为

通用公司的董事长。"当时他的上司对这句话不以为然，甚至嘲笑他自不量力，逢人便说："我的一个下属对我说他将成为通用公司的董事长。"像上文的艾伦一样，罗杰将自己的目标逐步分解为一个个可以实现的中程目标，然后努力地逐一实现它。令他的上司没想到的是，若干年后，罗杰·史密斯真的成了世界上最大的商业帝国通用公司的董事长。

在我们为工作目标奋斗的过程中，不断地用中程目标激励自己是必不可少的一项内容。这时的激励，更多的是一种主观的行为，是一种内心的自我暗示。

不断地告诉自己，我的下一个目标是什么，不断为自己制订中程目标，可以让我们离自己心中的最高目标越来越近。

2.发现你内心真正的需要

你在生活中真正想要的是什么？这个问题看起来很简单，但是意义深刻，它对成功目标的制订至关重要。

要得到生活中想要的一切，当然要靠努力和行动。但是，在开始行动之前，一定要搞清楚，什么才是自己真正想的。要打发时间并不难，随便找点什么活动就可以应付，但是，如果这些活动的意义不是你设计的本意，那你的生活就失去了真正的意义。你能否提高自己的生活品质，并且使自己满足、有所成就，完全看你能否发现自己真正需要什么，然后能不能尽量满足这些需要。

生活中最困难的一个过程就是要搞清楚我们自己究竟想要什么。大多数人都不知道自己真正想要什么，因为我们不曾花时间来思考这个问题。面对五光十色的世界和各种各样的选择我们更不知所措，所以我们会不假思索地接受别人的期望来定义个人的需要和成功，社会标准变得比我们自己特有的需求还要重要。

我们总是太在意别人要我们这样或那样，以致我们下意识地接受了别人强加于我们的种种动机，结果，努力过后才发现自己的需求一样都没能满足。

更复杂的是，不仅别人的意见影响着我们的欲望，我们自己的欲望本身也是变幻莫测的。它们因为潜在的需要而形成，又因为不可知的力量千变万化。我们经常得到过去十分想要而现在却不再需要的东西。

如果有什么原因使我们总是得不到自己想要得到的东西的话，这个原因就是你并不清楚自己到底想要什么。就像在大海中航行，如果你不知道目的地是哪里，就只得遭受漂泊迷失之苦了。所以，在你决定自己想要什么、需要什么之前，不要轻易下结论，一定要先作一番心灵探索，真正地了解自己，把握自己的目标。只有这样，你才能在生活中满意地前进。

3.制定目标要尽可能地伸展自己

定位决定人生。从某种意义上来说，一个人对自己将来有什么样的预期，他就会有什么样的人生。

有限的目标造成有限的人生，每个人对自己的未来都有一个定位，这个定位的高度直接决定着我们人生的高度。因此，当我们在为自己设定目标的时候，要尽量地伸展自己。那么，我们要如何勾勒自己未来的蓝图呢？

首先，你可以像上文中的孙正义那样，先为自己设立一个美好的远大的梦想，然后全心全意地去做。当然，如果你只是随手翻翻，不会对你有什么帮助。因此，你应当坐下来，用笔写下自己的梦想以及对未来的规划，然后制订切实可行的目标。

例如，你可以找一个让你觉得最舒服的地方，不管是你喜爱的书桌，或是角落里照得到阳光的桌子，只要能让你心静的地方，花一个多钟头好好计划一下你未来的希望。做些什么？看些什么？说些什么？成为什么？相信这会是你一生中最宝贵的时间。你要去学习如何设定目标和预测结果，你要画出一张人生旅程的地图，你要勾勒出自己的去向和行动的路径。

在这里，我们要注意一点就是不要为自己的梦想设限，但这并不意味着你可以脱离现实。孙正义在规划自己梦想的时候也是建立在大量地阅读、不断地思考和学习的基础上的。

查斯特·菲尔德爵士指出：有限的目标会造成有限的人生，所以在设定目标时，要尽量伸展自己。只有在精彩目标的指引下，我们才能够充分激发出自身的潜能，拥有高效能的工作和生活。

培养重点思维

　　一个人只有养成了重点思维的习惯，才能在实际中避免眉毛胡子一把抓，从而赢得经营上的成功和丰厚的利润，也才会在日后的工作中取得良好的成绩。

　　从重点问题突破，是高效能人士思考的习惯之一，如果一个人没有重点地思考，就等于无主要目标，做事的效率必然会十分低下。相反，如果他抓住了主要矛盾，解决问题就变得容易多了。

　　查尔斯是一个具有重点思维习惯的人。他于 1970 年加入了凯蒙航空公司从事业务工作，3 年以后，美国西南航空公司出资买下了这家公司，查尔斯先后担任了市场调研部主管和公司经理。他由于熟悉了业务，并且善于解决经营中的主要问题，使得这家公司发展成北美第一流的旅游航空公司。

　　查尔斯的经营才能得到了公司高层领导的高度重视，他们决定对查尔斯进一步委以重任。

　　航联下属的一家国内民航公司购置了一批喷气式客机，由于经营不善，连年亏损，到最后就连购机款也偿还不起。1978 年，查尔斯调任该公司的总经理。担任新职的查尔斯充分发挥了擅长重点思维的才干，他上任不久，就抓住了公司经营中的问题症结：国内民航公司所订的收费标准不合理，早晚高峰时间的票价和中午空闲时间的票价一样。查尔斯将正午班机的票价削减一半以上，以吸引去瑞典湖区、山区的滑雪者和登山野营者。此举一出，很快就吸引了大批旅客，载客量猛增。查尔斯任主管后的第一年，国内民航公司即扭亏为盈，并获得了丰厚利润。

　　查尔斯认为，如果停止使用那些大而无用的飞机，公司的客运量还会有进一步的增长。一般旅客都希望乘坐直达班机，但庞大的"空中巴士"无法满足他们的这一愿望，尽管 DC-9 客机座位较少，但如果让它们从斯堪的纳维亚的城市直飞伦敦或巴黎，就能赚钱。但是原来的安排是 DC-9 客机一般到了哥本哈根客运中心就停飞，旅客只好去转乘巨型"空中客车"。查尔斯把这些"空中客车"撤出航线，仅供包租之用，辟设了奥斯陆—巴黎之类的直达航线。

与此同时，查尔斯的另一举措也充分显示了他的重点思维能力，这就是"翻新旧机"。

当时市场上的那些新型飞机引不起查尔斯的兴趣，他说，就乘客的舒适程度而言，从DC-3客机问世之日起，客机在这方面并无多大的改进，他敦促客机制造厂改革机舱的布局，腾出地盘来加宽过道，使旅客可以随身携带更多的小件行李。查尔斯不会想不到他手下的飞机已使用达14年之久，但是他声称，秘诀在于让旅客觉得客机是新的。西南航空公司联拿出1 500万美元来给客机整容，更换内部设施，让班机服务人员换上时尚新装。公司的DC-9客机一直使用到1990年。民航公司靠着那些焕然一新的DC-9客机，招徕了越来越多的旅客，当然，滚滚财源也随之而来。

1.集中精力在重要问题上

查尔斯是善于重点思维的典范。成功人士遇到重要的事情时，一定会仔细地考虑：应该把精力集中在哪一方面呢？怎么做才能使我们的人格、精力与体力不受到损害，又能获得最大的效益呢？

把精力集中在重要问题上，从重点问题上寻求突破，是高效能人士的一项重要习惯。拿破仑·希尔认为，正确的思维方法应遵循两个原则：第一，必须把事实和纯粹的资料分开；第二，事实必须分成两种，即重要的和不重要的，或是有关系和没有关系的。

在达到你的主要目标的过程中，你所能使用的所有事实都是重要而有密切关系的，而那些不重要的则往往对整件事情的发展影响不大。某些人忽视这种现象，那么机会与能力相差无几的人所做出的成就就会大不一样。

那些有成就的人都已经培养出

一种习惯，就是找出并设法控制那些最能影响他们工作的重要因素。这样一来，他们也许比起一般人来会工作得更为轻松愉快。他们已经懂得秘诀，知道如何从不重要的事实中抽出重要的事实，这样，他们等于已为自己的杠杆找到了一个恰当的支点，只要用小指头轻轻一拨，就能移动原先即使以浑身的力量也无法移动的沉重的工作分量。

一个人只有养成了重点思维的习惯，才能在实际中避免眉毛胡子一把抓，从而赢得经营上的成功和丰厚的利润，也才会在日后的工作中取得良好的成绩。

另外，具有重点思维习惯的人不会去回避问题。因为最大的问题可能恰恰是"没有问题"。正如一位知名企业家所言："最危险的瞬间往往发生在成功的瞬间。"对于每一个人来说，问什么样的问题，就意味着他可能得到什么样的结果。

2.多问几个"为什么"

人的一生会碰到各种各样的问题，这些问题有大有小。

世界上的问题有两种，一种叫作暂时性问题，另一种叫作永久性问题。比如说，你在饭店吃饭时，服务员不小心将油腻的汤全洒在你身上了，你的衣服弄脏了，而且还有轻微的烫伤。这个问题属于暂时性问题，你把衣服一洗，就没事了，问题就解决了，所以暂时性问题不是问题。但是万一洗不掉，怎么办？这就成了永久性问题了。既然是永久性问题，那就无法解决。既然是无法解决的问题，你耿耿于怀也无济于事。所以，永久性问题也不是问题。

在这个世界上，万事万物都是成对存在的，有上就有下，有白就有黑，有阳就有阴。任何事情都有两面性，有积极的，也有消极的。关键是你如何看待它。

面对任何事情的发生都要问这样的问题：

这件事情发生的目的是什么？

不问失去了什么，而要问：如何才能得到？

这件事的发生对我有什么好处？

我要如何才能做得更好？

对于这件事我学到了什么？

问什么样的问题，得到什么样的答案。问好的问题，得到好的结果；问不好的问题，得到不好的结果。那些具备重点思维的高效能人士之所以成功，就是因为他们懂得问比较好的问题。

丹尼斯是一个犹太人，他被法西斯纳粹分子关进死亡集中营。他亲眼目睹他的家人和朋友在这个集中营里一个个死去。他决定要逃离集中营。

于是他就问其他人："有什么方法可以让我们逃出这个可怕的地方？"

尽管别人的回答总是说："别傻了，不可能的。"

他却一直在思索这个问题。他自己问自己："今天，我得怎么做才能平平安安逃出这个鬼地方呢？"他每天围绕这个问题去找方法。

终于，他想到了办法，那就是借助死尸逃走。就在他做工的地方就有运尸车，里面有男人、女人的尸体，个个被剥光衣服。

这时他又问自己："我得如何利用这个机会脱逃呢？"

很快，他找到了答案。大家收工忙乱之际，他趁机躲在卡车之后，脱下衣服，以飞快的速度赤条条地趴在死尸堆里，他装得跟死人一样，一动也不动。最后，他躲在尸堆里逃出了集中营。

在集中营里丧命的人不计其数，可丹尼斯活下来了。原因有很多，但最重要的是他提出了一些好的问题。

经常问自己问题有下面几个好处：

（1）可立即转变你的注意力，因而转变你的心情。

（2）可以改变或转换你头脑中的经验。

（3）可以帮助你发掘内在的成功资源。

如果你是一名销售人员，你可以试着在工作中问自己下面5个问题，然后充分发挥自己的创造性解决它们，提升自己的业绩：

问题1：什么是我最值得重视的事情？

你做什么事情对公司、对事业和生活贡献最大？如果你想要有出色的表现，你就必须先弄清楚这个问题。如果你没有靶子，你就不可能命中靶心。如果你不知道怎样做才能获得高薪和提升的机会，你的事业就不可能更上一层楼。

问题2：我的主要职责是什么？

你的责任必须非常具体，有衡量标准，也有时间限制。

问题3：我在为什么而工作？

问题4：什么事情只能由我来做，没有我不行？

如果某件事情只能由你来做，或者是只有你才能做得最好，那你的价值就会体现出来。你有独一无二的价值，公司不得不重视你。

问题5：什么是我当前迫切需要做的？

如果你能自问自答这5个问题，并且全力以赴地去做好这些事情，你将取得显著的业绩。

英特尔公司的副总裁吉尔伯特先生建议我们从以下5个方面去找问题：

第一，向"关键点"要问题。关键点往往决定全局。因此，请重视：哪些点、哪些环节、哪些岗位、哪些人、哪些时间是关键的？"关键点"抓准了就会"纲举目张"。

第二，向"薄弱点"要问题。一个链条有10个链环，其中9个链环都能承受100公斤拉力，唯独有一个链环的承受拉力只有10公斤。那么这个链条总体能承受的拉力取决于最薄弱的那个环节，只能是10公斤。"木桶原理"也指出：木桶能盛多少水，不是取决于最长的那些板，而是取决于最短的那块板。

第三，向"盲点"要问题。盲点就是你疏忽而看不到的地方。向盲点要问题，就是要到我们容易忽视的点、岗位、部门、工序、人员、时间等上面去发现问题，或去防止问题的发生。

第四，向"奇异点"要问题。奇异点，是异乎寻常的点。异常现象可以提供新的机遇，或者引发创新，带来变革，也可以引发破坏，从而带来不可弥补的损失。

第五，向"结合点"要问题。上下级之间、家庭与工作单位之间、前后工序之间、甲乙方之间、单位与外部环境间、计划的两个环节之间等等，都属于两个事物的连接部位，即结合点。结合点是最容易出现问题的。为什么？因为结合点部位是信息的集散地，是矛盾的集中地，是人们注意力的关注点。

找准了这5点，不仅容易避免出现引发损失的问题，还能把损失减小到最低程度。而且由于善于探寻问题，很可能还有新的创造与发现。

运用20/80法则

1897年，意大利经济学家帕累托（1848—1923年）偶然注意到英国人的财富和收益模式，于是潜心研究这一模式，并于后来提出了著名的20/80法则，即二八法则。

帕累托研究发现，社会上的大部分财富被少数人占有了，而且这一部分人口占总人口的比例与这些人所拥有的财富数量具有极不平衡的关系。帕累托还发现，这种不平衡的模式会重复出现，而且也是可以提前预测的。于是，帕累托从大量具体的事实中归纳出一个简单而让人不可思议的结论：如果社会上20%的人占有社会80%的财富，那么可以推测，10%的人占有了65%的财富，而5%的人则占有了社会50%的财富。

这样，我们可以得到一个让很多人不愿意看到的结论：一般情况下，我们付出的80%的努力，也就是绝大部分的努力，都没有创造收益和效果，或者是没有直接创造收益和效果。而我们80%的收获却仅仅来源于20%的努力，其他80%的付出只带来20%的成果。

很明显，二八法则向人们揭示了这样一个真理，即投入与产出、努力与收获、原因和结果之间，普遍存在着不平衡关系。小部分的努力，可以获得大的收获；起关键作用的小部分，通常就能主宰整个组织的产出、盈亏和成败。

1.无所不在的二八法则

现实世界中，只要你用心去体会，你就会发现存在许多20/80定律的情况：

20%的罪犯所犯的案占所有犯罪案的80%；20%的粗心大意的司机，引起80%的交通事故；20%的产品或20%的客户，涵盖了公司约80%的营业额；20%的产品或20%的客户，通常占该公司的80%的赢利；占公司人数20%的业务员，其营业额占公司总营业额的80%；占出席会议人数20%的与会者，发言率占所有发言的80%；20%的地毯面积可能集中了整个地毯80%的磨损；80%的时间里，你只穿你衣服的20%。

也就是说，重要的东西只占了很小的部分，它的比例是20%，因此，你只要集中精力处理工作中比较重要的20%的那部分，就可以解决全部工作的80%。

研究二八法则的专家理查德·科克认为：凡是洞悉了二八法则的人，都会从中受益匪浅，有的甚至会因此改变命运。

理查德·科克在牛津大学读书时，学兄告诉他千万不要上课，"要尽可能做得快，没有必要把一本书从头到尾全部读完，除非你是为了享受读书本身的乐趣。在你读书时，应该领悟这本书的精髓，这比读完整本书有价值得多。"这位学兄想表达的意思实际上是：一本书80%的价值，已经在20%的页数中就已经阐明了，所以只要看完整部书的20%就可以了。

理查德·科克很喜欢这种学习方法，而且以后一直沿用它。牛津并没有一个连续的评分系统，课程结束时的期末考试就足以裁定一个学生在学校的成绩。他发现，如果分析了过去的考试试题，把所学到知识的20%，甚至更少的与课程有关的知识准备充分，就有把握回答好试卷中80%的题目。这就是为什么专精于一小部分内容的学生，可以给主考官留下深刻的印象，而那些什么都知道一点但没有一门精通的学生却不如考官之意。

这项心得让他并没有披星戴月终日辛苦地学习，但依然取得了很好的成绩。

理查德·科克到壳牌石油公司工作后，在可怕的炼油厂内服务。他很快就意识到，像他这种既年轻又没有什么经验的人，最好的工作也许是咨询业。所以，他去了费城，并且比较轻松地获取了Wharton工商管理的硕士学位，随后加盟一家顶尖的美国咨询公司。上班的第一天，他领到的薪水是在壳牌石油公司的4倍。

就在这里，理查德·科克发现了许多二八法则的实例。咨询行业几乎80%的成长，来自专业人员不到20%的公司。而80%的快速升职也只有在小公司里才有—有没有才能根本不是主要的问题。

当他离

开第一家咨询公司跳槽到第二家的时候，他惊奇地发现，新同事比以前公司的同事更有效率。

怎么会出现这样的现象呢？新同事并没有更卖力地工作，但他们在两个主要方面充分利用了二八法则。首先，他们明白，80％的利润是由20％的客户带来的，这条规律对大部分公司来说都行之有效。而这样一个规律意味着两个重大信息：关注大客户和长期客户。大客户所给的任务大，这表示你更有机会运用更年轻的咨询人员；长期客户的关系造就了依赖性，因为如果他们要换另外一家咨询公司，就会增加成本，而且长期客户通常不在意价钱问题。

对大部分的咨询公司而言，争取新客户是工作重点。但在他的新公司里，尽可能与现有的大客户维持长久关系才是明智之举。

不久，理查德·科克确信，对于咨询师和他们的客户来说，努力和报酬之间也没有什么关系，即使有也是微不足道的。聪明人应该看重结果，而不是一味地努力。依照一些解释真理的见解做事，而不是像头老黄牛单纯地低头向前。相反，仅仅凭着脑子聪明和做事努力，不见得就能取得顶尖的成就。

二八法则无论是对企业家、商人还是电脑爱好者、技术工程师和其他任何人，其意义都十分重大。这条法则能促进企业提高效率，增加收益；能帮助个人和企业以最短的时间获得更多的利润；能让每个人的生活更有效率、更快乐；它还是企业降低服务成本、提升服务质量的关键。

闻名全球的IBM公司，它的成功绝不是偶然的。早在20世纪60年代，IBM公司睿智的管理人员就通晓20/80法则，并将其运用于电脑开发创新之中。在1963年，IBM的电脑系统专家发现，一部电脑约80％的使用时间，是花在20％的执行指令上的。当时，基于这一重要的发现，公司立刻重写它的操作软件，

让大部分的人都能容易接近这20%。进而轻轻松松使用，因此，与其他竞争者的电脑相比，IBM制造的电脑更易操作，更有效率，速度更快。这令IBM电脑一时风靡全球，成了电脑行业中的佼佼者。

2.把握关键客户

一个高效能人士只要分析一下自己成功的因素就知道，二八法则在默默地协助自己走向成功。80%的成长、获利，来自20%的顾客。因此公司至少应知道这20%的客户，才可以清楚地看见公司未来成长的前景。即你必须先知道这20%的"关键人物"是谁，才谈得上以他们为目标，永远留住这些最重要的客人，给他们提供周到的服务。为此，你需要了解这些关键客户的基本资料。这些资料主要有以下几点：

客户的姓名、称谓；

教育背景；

生活水准；

购买能力；

有无决定权；

周围有哪些具有影响力的人；

兴趣、爱好；

社会群体。

如果你的营销对象是群体单位，比方说工厂、公司等，除了要搜集采购人员的个人资料外，还要特别注意搜集某些相关的重要资料：

最高决策人是谁？

最具影响力的人是谁？

哪一个单位要使用？

谁有最终决定权？

哪一个部门负责采购？

准确掌握了这些信息，你就能清楚地区分与判定顾客的价值，从而避免撒大鱼网，最后网到的都是没有什么重大价值的小鱼。

你可以根据客户对你营销业绩的重要性程度，将其分为：

最重要客户，即在过去特定期间内，购买金额占比重最大的前1%客户；

重要客户，即在特定期间内，消费金额占比重最大的5%的客户；

普通客户，除了重要客户与主要客户外，购买金额占比重最大的前20%的客户；

小客户，除了上述3种客户外的其他客户。

3.寻找事业中"贵人"

职场中有一条不成文的守则就是："重要的不是你知道什么，而是你认识谁。"也就是说，要提高工作绩效、发展事业仅靠能力是远远不够的，而是要靠二八法则，找出事业中的贵人，借助他人的力量谋求事业上的发展。

人在一生中能够建立的人际关系数目是非常有限的，而且所有的人际关系都是一样的，虽然地理位置、文化和生活习惯有些不同。在我们的一生中，对我们影响最大的往往是一小部分人，他们的比例约占人际关系总数的20%。但是，恰恰是这20%的人际关系，构成了我们80%的情感价值。

人类学家的研究表明，一个人的交际能力和资源一样，也会出现流失或耗尽的情况。比如，每天和人打交道的业务员和频繁搬家的人，他们的交际虽然广泛，但大部分流于表面。

因此，那些通晓二八法则的人为了达成自己的目标，会小心选择朋友。

拿破仑·希尔认为，为了提高一个人的交际效率。应该对生活中的人进行"名片整理"。这并非是让我们将朋友划分等级，而是根据不同的工作需要和重度程度来决定，这样就可以保证我们把时间和精力投入到高质量的活动中。

一般情况下，我们每个月都会交换100余张名片，其中可以归为"A类"的约占20%，也就是说，在所有的人际关系中，20%的朋友给我们带来了80%的价值。

被称为"红顶商人"的清朝大商人胡雪岩就是一个在交际中很有目的的人。胡雪岩生前名满天下，广结人缘，但真正影响他的人物只有两个—杭州知府王有龄和湘军名将左宗棠。王有龄助他站稳脚跟，左宗棠助他飞黄腾达。

胡雪岩和王有龄认识时，王有龄正处于落魄之中。当时，胡雪岩还是钱庄的伙计，他冒着危险将钱庄的500两银子挪出来，慨然赠予王有龄，为他打通做官的环节出了一臂之力。王有龄得到胡雪岩相赠的500两银子后找到了昔日的同窗何桂清，在何桂清的帮助下，他顺利当上了浙江海运局坐办，专门主管海上运粮的船只，这个职位在清末算得上是肥差，从此王有龄红运大发，胡雪岩也有了东山再起的机会。

随后，靠着左宗棠的背后协助，胡雪岩的事业得以更上一层楼。他们相遇之时，左宗棠正忙于攻打杭州城，当时军队急需粮草和军饷，官兵吃不饱，没有力气作战，又没有钱发军饷，因此更没心思卖力打仗。胡雪岩没有提出任何条件，出钱出力解决了这两项难题，从此两人结为生死之交。

从这个例子可以看出，能够影响我们一生的贵人往往只有几个。当我们知道他的重要性以后，就应该在交往中更加注重这关键的20%的人物，这样才能把握自己的人生。

你可能会有这样的体会，如果让你说出朋友的名字，你可能会说出上百个，但是，如果我们进行一下评估，就会发现，每个朋友提供的价值有着天壤之别，通常五六个人比其他的重要得多。因此，朋友不在于数量的多少，而在于真正的价值。你和每个重要朋友之间的真正关系是，他们能及时给你提供帮助，共同谋求利益；你们之间必须相互信任。

现在，你拿出纸笔，按照生活和工作，分别写下对你来说最重要的朋友的情况，然后看看谁更重要。测验的结果也许会让你感到惊讶，但是，你从此就能够合理地调配人际交往，将自己的时间和精力花在最重要的人身上。

如果一个人想获得稳固而长期的成功，就必须掌握20%的关键的人际关系，这样，你也就掌握了80%的成功。

树立团队精神

团队合作是高效能人士的一项重要习惯。团队精神在一个公司、在一个人的事业发展中都是不容忽视的。

作为一项工作中的个体，只有把自己融入整个团队之中，凭借整体力量，才能把自己所不能完成的棘手的问题解决好。当你来到一个新公司时，你的上司很可能会分配给你一个你难以独立完成的工作。上司这样做的目的就是要考察你的合作精神，他要知道的仅仅是你是否善于合作，勤于沟通。如果你不言不语，一个人费劲地摸索，这对你个人事业的发展是非常不利的。明智且能获得成功的捷径就是充分利用团队的力量整体作战。

事实上，一个人的成功不是真正的成功，团队的成功才是最大的成功。对于一个高效能人士来说，谦虚、自信、诚信、善于沟通、团队精神等一些传统美德是非常重要的。

1.团队意识是企业长青的基石

A公司是一家国内知名的生物科技公司，在市场部的一次人力资源招聘中，有9名优秀的应聘者经过初试，从上百人中脱颖而出，闯入了由公司老板亲自把关的复试。

老板看过这9个人的详细资料和初试成绩后相当满意，但此次招聘只有3个工作岗位，所以老板给大家出了最后一道题。

老板把这9个人随机分成3个小组，指定甲组去调查婴儿用品市场，乙组调查妇女用品市场，丙组调查老年用品市场。为了避免他们盲目开展调查，老板还给每人准备了一份相关行业的资料。

两天后，9个人都把自己的市场分析报告送到了老板那里。老板看完后，走向丙组的3个人，向他们恭喜道："你们已经被本公司录用了。"

看着另外6个人大惑不解的表情，老板呵呵一笑说："我给各位的资料都不一样，甲组的3个人得到的分别是婴儿用品市场过去、现在和将来的分析资料，其他两组的也类似。但丙组的人最聪明，互相借用了对方的资料，补全了自己的分析报告。而甲、乙两组的人却分别行事，抛开队友，自己做自己的。"直到此时，被淘汰的6个人才明白，老板考核最后一道题的目的是，想看看大家有没有团队合作意识。甲、乙两组失败了，原因是他们没有合作，忽视队友的存在。要知道，团队合作精神才是现代企业成功的保障。

例如，微软公司在开发Windows2000系统时，动员了超过3 000名研发工程师和测试人员，写出了5 000多万行代码。如果没有高度统一的团队精神，没有全部参与者的默契与分工合作，这项工程是根本不可能完成的。

　　微软公司所营造的团队合作的企业文化使其数以百计的"富翁员工"在赚取百万身价以后，却仍继续留在微软卖命工作。在某些人看来，这也许有点不可思议。但微软公司的"富翁员工"们却并不这样认为。

　　微软公司的工作条件并不安逸，相反，工作强度常常比同行业的其他公司要大得多。在这里，一周工作60个小时是常事。在主要产品推出的前几周，每周的工作时数还会过百。微软公司的津贴并不比同行业的其他公司高很多，甚至显得有点吝啬。据该公司的一位前任副总裁透露，多年以来，董事长比尔•盖茨因公出差时，总是自己开车去机场，而且坐的是二等舱。

　　那么，是什么神奇的吸引力，竟使这帮百万富翁在取得经济独立后仍然如此卖命地工作呢？答案只有一个，那就是完全超越了自我的团体意识。这种团体意识已在微软公司落地生根。微软人认为，他们不属于自己，而是从属于某种特别的东西—"微软"这个团体。比尔•盖茨在谈到这种团队意识时说了一段耐人寻味的话："这种共创卓越的团队意识营造了一种刻苦向上的创造氛围，在这种氛围中，人们的开拓性思维不断涌现，员工的潜能得以充分发挥。"在微软，你不但享有公司的全部资源，同时还拥有一个能使自己大显身手、发挥重要作用的小而精的班级或部门。每一个人都有自己的主见，而能使这些主见变成现实的则是微软这个团队。

　　事实上，我们考察一些世界知名企业，从海尔到华为，从星巴克到微软，那些业绩长青的企业都具有共创卓越的团队意识，甚至可以说，是否拥有这种团队精神乃是企业能否永续光辉的根本；展望全球，世界500强公司都在着力追求和培养把个人的创造力融于集体协作中的团队精神。

　　近年来，有一种叫拓展训练的员工培训模式在我们国家十分风行。主要是通过体验式训练和模拟场景训练来提升团队合作精神，其中有一个叫"盲阵"的游戏十分常用。在一块空地上，将一队人蒙上眼睛，交给他们一根长绳子，要他们在规定时间内把绳子拉成一个正方形。起初大家往往会乱成一团糟，各有自己的主张，自由走动，你推我撞，你叫我喊，乱成一片。经过一段纷乱无谓的争吵，大家渐渐明白：必须确立一名优秀者为团队领袖，以智者为助手，统一意志、统一目标、统一行动，大家都能自觉地做到令行禁止，各负其责，才能完成这个简单的游戏。

2.只有团队成功，个人才能成功

团队协作不是一句空话，一个懂得协作、善于协作的人，才能称得上是一个对企业发展有利的高效能人士。从上文的例子中我们也可以看出，只有那些工作能力强，具有团队协作精神的员工才是公司高薪聘请的对象。而一个不肯合作的"刺头"，势必会被公司当作木桶最短的一块木板剔除掉。对许多公司的人员流动情况的研究表明，大多数人是因为不善与人相处而离开公司的，这一原因超过其他任何一种原因。

因此，一个真正的高效能人士，是不会倚仗自己业务能力比别人更优秀而傲慢地拒绝合作，或者合作时不积极，倾向于一个人孤军奋战。他明白，在一个企业中，只有团队成功，个人才能成功，他完全以借助别人的力量使自己更加优秀。

李明不仅拥有令人钦羡的学历，而且在工作上也做出了很多成绩。他是公司辛勤工作的典范，他总是恪尽职守、专注手头的工作，老板对他所做的工作评价也很高。按照他的才能，他早就应该晋升到更高职位了，可他现在依然在原地不动。

即使是最重要的主管职位似乎也不需要他那么多年的学习经历，不需要这10年来兢兢业业的工作。李明不明白，为什么那些能力比他差的人都得到了晋升，而他却一直得不到提升，连私人办公室都没有。

造成这种状况的一个很重要的原因是，李明不喜欢与人合作。他只是埋头于自己的工作，不喜欢和大家交流，如果团队其他成员需要他的协助，他不是拒绝就是很不情愿地参与。有时他宁可事事亲力亲为，也不向同事寻求帮助。这样的孤军奋战，怎能成就大事？

只有团队成功，个人才能成功，对于每一个人来说，保证自己事业有成的一个重要方法就是让周围与自己共事的人喜欢你、欣赏你。只有善于合作，你周围上上下下的人才会希望你成功，并尽他们最大的努力来帮助你实现你的目标，同时也实现他们的目标。在团队成员的帮助下，你就能最大限度地发挥自己的才能，并成为举足轻重的成员。

团队合作是高效能人士一项重要的习惯，那么作为团队中的一员，我们应该从哪几个方面来培养自己的团队合作能力呢？

（1）发现他人的优点。

在一个团队中，每个成员都有自身的优点。因此，你应该主动去寻找团队成员中积极的品质，学习它，并克服你自己的缺点和消极品质，让它在团队合作中被弱化甚至被消灭。团队强调的是协同工作，一般没有命令和指示，所以团队的工作气氛很重要，它直接影响团队的工作效率。如果团队的每位成员都主动去寻找其他成员的积极品质，那么团队的协作就会变得很顺畅，工作效率就会提高。

（2）让别人觉得自己重要。

著名的励志大师卡耐基先生认为，每个人都有被别人重视的需要，对于那些渴望在工作中体现个人价值的知识型员工更是如此。有时一句小小的鼓励和赞许，就可以使他释放出无限的工作热情。

（3）时刻反省自己。

中国有句古话叫"静坐常思己过，闲谈勿论人非"。在团队中，我们也应该时常检查一下自己的缺点，比如，是不是在沟通过程中言辞过于激烈，没有考虑好对方的感受，是不是因为个人情绪上的不适而为对方带来冷漠的感受等。在单兵作战时，这些缺点可能还能被忍受，但在团队合作中，它会成为你进一步成长的障碍。

团队工作需要成员在一起不断地讨论，如果你固执己见，不听取他人的意见，或无法和他人达成一致，团队的工作就无法进行下去。团队的效率在于配合的默契，如果达不成这种默契，团队合作就不可能成功。如果你意识到了自己的缺点，不妨就在某次讨论中将它坦诚地讲出来，承认自己的缺点，让大家共同帮助你改进，这是最有效的方法。当然，当众承认自己的缺点可能会让你感到比较尴尬，但你不必担心别人的嘲笑，因为一般人只会给你理解和帮助。

（4）让每个人喜欢你。

你的工作需要得到大家的支持和认可，而不是反对，所以你必须让大家喜欢你。但又如何让别人来喜欢你呢？除了和大家一起工作外，你还应该尽量和大家一起去参加各种活动，或者礼貌地关心一下大家的生活。总之，你要使大家觉得，你不仅是他们的好同事，还是他们的好朋友。

（5）谦虚是金。

如果你静下心想一想，就会发现这样一个现象：任何人都不希望和骄傲自大的人交往，这种人在团队中也很难被大家所认可。你可能会觉得自己在某个方面比其他人强，但你更应该将自己的注意力放在他人的强项上，只有这样，你才能看到自己的肤浅和无知。因为团队中的任何一位成员都可能是某个领域的专家，所以你必须保持足够的谦虚。谦虚会让你看到自己的短处，这种压力会促使你在团队中不断地进步。

重在执行

在一个企业中，老板、管理人员与员工必须共同面对的现实是：无论预想多么完美，结果往往与目标之间有很大的差距。"想法没有得到实施"，"方案没有得到执行"，常常是企业缺乏执行力的表现。

1.执行决定成败

喜欢足球的朋友都知道，德国国家足球队向来以作风顽强著称，因而在世界足球赛场上成绩斐然。德国足球成功的因素有很多，但有一点却是不容易忽视的，那就是德国队队员在贯彻教练的意图、完成自己位置所担负的任务方面执行得非常得力，即使在比分落后或全队困难时也一如既往，全力以赴。你可以说他们死板、机械，也可以说他们没有创造力，不懂足球艺术。但成绩说明一切，至少在这一点上，作为足球运动员，他们是优秀的，因为他们身上流淌着执行力文化的特质。无论是足球队还是企业、一个团队、一名队员或员工，如果没有完美的执行力，就算有再多的创造力也不可能取得好的成绩。

巴德森是美国橄榄球运动史上一位伟大的橄榄球队教练。在他的带领下，美国绿湾橄榄球队成了美国橄榄球史上最令人惊异的球队，创造出了令人难以置信的成绩。看看巴德森的言论，能从另一个方面让我们对执行力有更深刻的理解。

巴德森告诉他的队员："我只要求一件事，就是胜利。如果不把目标定在非胜不可，那比赛就没有意义了。不管是打球、工作、思想，一切的一切，都应该'非胜不可'。""你要跟我工作，"他坚定地说，"你只可以想三件事：你自己、你的家庭和球队，按照这个先后次序。""比赛就是不顾一切。你要不顾一切拼命地向前冲。你不必理会任何事、任何人，接近得分线的时候，你更要不顾一切。没有东西可以阻挡你，就是战车或一堵墙，无论对方有多少人，都不能阻挡你"正是有了这种坚强的意志和顽强的信心，绿湾橄榄球队的队员们拥有了完美的执行力。在比赛中，他们的脑海里除了胜利还是胜利。对他们而言，胜利就是目标，为了目标，他们奋勇向前、锲而不舍，没有抱怨，没有畏惧，没有退缩。正是这种近乎完美的执行精神，使他们成为所有渴望在工作有中有所成就的人的榜样。

2.创意贵在执行

凡事只有行动力才会有结果。在一次行动力研习会上，有一位主讲师做了一个活动。他说："现在我请各位一起来做一个游戏，大家必须用心投入，并且采取行动。"他从钱包里掏出一张面值100元的人民币，他说："现在有谁愿意拿50元来换这张100元人民币？"他说了几次，但很久没有人行动，最后终于有一个人跑向讲台，但仍然用一种怀疑的眼光看着老师和那一张人民币，不敢行动。那位主讲师提醒说："要配合，要参与，要行动。"他才采取行动，换回了那100元，顷刻赚了50元。

最后，主讲师说："凡事马上行动，立刻行动，你的人生才会不一样。"

一名高效能人士做起事来应当雷厉风行。立即执行的态度会消减准备工作中一些看似可怕的困难与阻碍，引领你更快地抵达成功的彼岸。

好的创意只有付诸执行才能产生好的结果。你知道著名品牌肯德基是怎样打入中国市场的吗？

刚开始公司派了一位代表来中国考察市场，他来到首都北京，看到街道上人头攒动的场面，内心激动不已，尽情地畅想着肯德基一旦在中国站稳脚跟后的美好未来。在我们看来那位代表的工作也算得上是尽职尽责了，但回到公司后总裁还没等听完他的"美好遐想"就停了他的工作，另派了一位代表来北京。

新代表与上一个人不同的是，他先是在北京几条街道测出人流量，进行了大量的实地走访，然后又对不同年龄、不同职业的人进行品尝调查，并详细询问了他们对炸鸡的味道、价格等方面的意见，另外还对北京油、面、菜甚至鸡饲料等行业进行广泛的摸底研究，并将样品数据带回总部。

不久，那位代表率领一帮人又回到北京，肯德基从此打入了北京市场。

第一位商业代表之所以被解雇，并不是因为他没有好的创意，而是他的创意还只是停留在空谈上。后来的这位代表是一位想到就做、马上行动的人，他不但胸中有让肯德基驻足中国市场的美好创意，还坚定地通过行动来立即着手实现这一创意。

3.不要等万事俱备再动手

一个高效的执行者不会等待万事俱备再动手。有一位心理学家多年来一直在探寻成功人士的精神世界，他发现了两种本质的力量：一种是在严格而缜密的逻辑思维引导下艰苦工作；另一种是在突发、热烈的灵感激励下立即行动。

当可能改变命运的灵感在世俗生活中喷发时，绝大多数人习惯于将它窒息，而后又回到原来的生活常轨：什么时候该做什么照常做什么。他们并没有意识到，内在的冲动是人类潜意识通向客观世界的直达快车。

威廉·詹姆斯说：灵感的每一次闪烁和启示，都让它像气体一样溜掉而毫无踪迹，这比丧失机遇还要糟糕，因为它在无形中阻断了激情喷发的正常渠道。如此一来，人类将无法聚起一股坚定而快速应变的力量以对付周围的突变。

美国钢铁大王卡内基以果断的执行力而闻名。有一次，一位年轻的支持者向他提出了一项大胆的建设性方案。在场的人全被吸引住了，它显然值得考虑，不过他们可以从容考虑，然后讨论，最后再决定如何去做。但是，当其他人正在琢磨这个方案时，卡内基突然把手伸向电话并立即开始向华尔街拍电报，电文热烈地陈述了这个方案。当然，拍这么长的电报花费不菲，但它传达了卡内基的信念。

出乎意料的是，1000万美元的投资立项就因为这个电文而拍板签约。假如他们

拖延行动，这项方案极可能就在他们小心翼翼地漫谈中自动流产—至少会失去它最初的光泽。然而卡内基立刻付诸行动了。

很多人佩服卡内基办事如此麻利，然而事实是，他之所以办事麻利，就是因为他在长期训练中养成了"立即执行"的习惯。

世间永远没有绝对完美的事，"万事俱备"只不过是"永远不可能做到"的代名词。一旦延迟，愚蠢地去满足"万事俱备"这一先行条件，不但辛苦加倍，还会使灵感失去应有的乐趣。以周密的思考来掩饰自己的不行动，甚至比一时冲动还要错误。

一个高效能人士是不会等待万事俱备的时候再动手的。很多时候，你若立即进入工作的主题，将会惊讶地发现，如果拿浪费在"万事俱备"上的时间和精力处理手中的工作，往往绰绰有余。而且，许多事情你若立即动手去做，就会感到快乐、有趣，因此加大成功概率。

马上去做和亲自去做是一名高效能人士应当秉持的做事理念，任何规划和蓝图都不能保证你成功。很多企业之所以能取得今天的成就，不是事先规划出来的，而是在行动中一步一步不断调整和实践出来的。因为任何规划都有缺陷，规划的东西是纸上的，与实际总是有距离的，规划可以在执行中修改，但关键还是要马上执行！根据你的目标马上行动，没有行动，再好的计划也是白日梦。

4.有效执行的3个习惯

（1）用心去做。

要取得好的执行效果，关键是要用心去做。以发生在商场的一个小场景为例：一位消费者，在大卖场的货架间徘徊，想找一瓶高蛋白含量的奶粉，看到一位服务人员在另一边整理货架，便走过去问道：

"我想找一罐高蛋白含量的奶粉，请问可以在哪里找到？"

服务人员的反应可能有下列几种：

第一种：理都不理消费者，继续整理眼前的货架。

第二种：瞄消费者一眼，冷冷丢出一句话："不知道。"

第三种：客气地回答消费者："请你走到第三个货架，左转到横排第五个矮柜，算过去第八个篮子，你就可以看到奶粉专柜。"

第四种：服务人员立即停下手下的工作，聆听他描述产品，随即带他到奶粉货架，拿下一种销量较好的高蛋白奶粉递给他，同时说："我想您挑选蛋白质含量高的奶粉，应该是想让您的宝宝长得更结实，我再推荐您另外一种高钙的产品试试，可以让您的宝宝更健康。"

对工作专注用心是做好任何事情的前提条件，我们在执行工作任务时，要先把心思集中到如何快速、高效完成任务的思考上来。

（2）提高速度。

执行力高低的一个衡量尺度是快速行动，因为速度现在已经成为决定成败的关键因素。当然快与慢是辨证的，因为快速执行并不是要求你为了完成目标而不计后果，并不是允许任何人为了抢速度而降低工作的质量标准。迅捷源自能力，简洁来自渊博。一个人要快速执行首先要建立在强大的思维能力基础之上。一名执行力强的人能够不断探寻业务模式和事物的因果关系，能够不断尝试从新的角度（同事角度、客户角度、竞争对手角度、公司角度、创造性角度）看问题。

（3）注重团队协作。

我们的工作是孤立的。要出色完成上司交代的工作，必然要依靠团队协作。一个高效的执行者是不会单枪匹马地闯荡的，他会协同团队共同完成任务。

在执行的过程中，团队精神主要包含4个方面：

（1）同心同德：组织中的员工相互欣赏，相互信任，而不是相互瞧不起，相互拆台。员工应该发现和认同别人的优点，而不是突显自己的重要性。

（2）互帮互助：不仅是在别人寻求帮助时提供力所能及的帮助，还要主动地帮助同事。反过来，我们也能够坦诚地乐于接受别人的帮助。

（3）奉献精神：组织成员愿为组织或同事付出额外努力。

（4）团队自豪感：团队自豪感是每位成员的一种成就感，这种感觉集合在一起，就凝聚成为战无不胜的战斗力。

ᏽ第二节ᏽ
赢得人脉的 5 个习惯

　　人脉在一个人的成功中扮演着重要的角色。成功学家拿破仑·希尔曾对一些成功人士做过专门的调查。结果发现，大家认同的杰出人物，其核心能力并不是他的专业优势，相反，出色的人际策略才是他们成功的关键。这些人会多花时间与那些在关键时刻可能有帮助的人培养良好的关系，在面临问题或危机时便容易化险为夷。

诚信待人

　　梅耶·安塞姆是赫赫有名的罗特希尔德家族财团的创始人，18世纪末他住在法兰克福著名的犹太人街道时，他的同胞们常常遭到残酷迫害。虽然关押他们房子的门已经被拿破仑推倒了，但此时他们仍然被要求在规定的时间回到家里，否则将被处以死刑。他们过着一种委琐和屈辱的生活，生命的尊严遭到践踏，所以，一般的犹太人在这种条件下很难过一种诚实的生活。但实践证明，安塞姆不是一个普通的犹太人，他开始在一个不起眼的角落里建立起了自己的事务所，并在上面悬挂了一个红盾。他将其称之为罗特希尔德，在德语中的意思就是"红盾"。他就在这里干起了借贷的生意，迈出了创办横跨欧陆的巨型银行集团的第一步。

　　当兰德格里夫·威廉被拿破仑从他在赫斯卡塞尔地区的地产上赶走的时候，他还拥有500万的银币。兰德格里夫把这些银币交给了安塞姆，并没有指望还能把它们要回来，因为他相信侵略者们肯定会把这些银币没收的。但是，安塞姆这位犹太人却非常聪明，他把钱埋在后花园里，等到敌人撤退以后，就以合适的利率把它们贷了出去。当威廉回来的时候，等待他的是令他喜出望外的好消息—安塞姆差遣他的大儿子把这笔钱连本带息送还了回来，并且还附了一张借贷的明细账目表。

在罗特希尔德这个家族的世世代代当中，没有一个家庭成员为家族诚实的名誉带来过一丝的污点，不管是生活上的还是事业上的。如今，据估算，仅"罗特希尔德"这个品牌的价值就高达 4 亿美元。

波士顿市长哈特先生说，他目睹了诚实和公平交易的深入人心，90%的成功生意人都是以正直诚实著称的，而那些不诚实的人的生意最终都走向破产。他说："诚实是一条自然法则，违背它的人会得到报应，受到应有的惩罚，就像万有引力定律不可违背一样，诚实的定律也是不可违背的。违背的结果就是受到惩罚，不可逃脱的惩罚。或许他们可以暂时地逃避，但最终却无法逃避公平。商人拥有顾客们所需要的东西，同时商人也需要顾客所拥有的东西。当交易发生的时候，如果双方都是诚实的，那么双方都会受益。对资本家和工人来说，诚实对双方都是有利的。如果资本家不能诚实地对待工人，那么资本家不会赢得利润；反之亦然。就像90%的成功人士的经验所证明的，这是一条在生活中的方方面面都行得通的法则。"

为什么要坚守诚实

"说老实话，做老实事，当老实人"，这是老一辈人的为人信条。但今天，这一信条却大不为一些人认同了。说假话，办假事，以致制假贩假，用假农药、假化肥坑害农民，用假酒、假烟牟取暴利，成了现今社会的一大痼疾。

清人王永彬的《围炉夜话》里说，"世风之狡诈多端，到底忠厚人颠扑不破。末俗以繁华相尚，终觉冷淡处趣味弥长"。意思是说尽管社会上盛行尔虞我诈的风气，但说到底还是忠厚老实人能永远立于不败之地。腐朽的社会习俗争相以奢靡浮华为时尚，但毕竟还是在清净平淡之中体会到的淡泊趣味更为持久耐长。

这一段古人的话，似乎是专为今日的我们而说的。是的，尽管社会上"假"字风行，但我们绝不能因此而丢弃诚实这一做人的美德。这不但于整个社会的良性发展有利，也对完善我们自己的品行，使我们能正确与人交往大有好处。

做人为什么要诚实？

首先，诚实才会取信于人。中国古代的思想家认为，诚实是信用的基础，信用出于诚，不诚则无信。这就是诚信。诚信不仅是社会中每个人所应遵从的最基本的道德规范，而且也是处理好人与人之间关系的准则。诚信待人才能感动他人，而说话不算数，处处欺骗别人，就算是在家门口也寸步难行。其次，诚实会使我们内心坦然，而说谎、虚假、欺瞒，则会使你的良心受折磨，让你的心境处在一种灰暗、忐忑不安、时刻紧张的状态中。这种自我折磨正是不诚实的必然结果。

许多人把说谎、欺骗视为一种手段，他们相信说谎、欺骗会给自己带来好处。好多信誉很好的商店，也往往掩饰自己货物的缺点，用动人的广告来欺骗消费者。有很多人认为，在商业上，欺骗如同资本一样，是十分必要的。他们认为，在商业上处处讲实话几乎是件不可能的事情。

现代新闻学上也有一个很不好的现象，就是新闻界常有偏离事实、渲染事实、牵强事实、颠倒事实的倾向。其实，一家报纸的声誉和一个人的声誉是一样的。如果一家报纸老是故意欺骗人，不久便会获得一个说谎者的名声。而只有那些立足于事实、诚实不欺的报纸，才是新闻界的中流砥柱，它们最终的销量要比那些经常欺骗读者的报纸的销量多出数百倍。

诚实的声誉与由欺骗暂时所获得的好处相较，其价值高千万倍！商业社会中，最大的危险就是不诚实与欺骗。往往在经济萧条时，人们更喜欢利用投机取巧的方法欺骗顾客，不讲真话或是把应当说的真话秘而不宣。他们没有想到，虽然这样的做法暂时在金钱上赚了一些，可是商人的人格和信用却因此损坏了。他们的钱袋里固然暂时增加了一些钱，但他们的人格和信用也丧失殆尽，这终将损害他们的长远利益。

真正的商人懂得，偷奸耍滑只能蒙混一时，却无法长久盈利。很多商店在开业时通过大肆欺骗的方式吸引了许多顾客的注意，固然繁荣一时，可是因为它们的繁荣是建立在不诚实和欺骗的基础上的，不久后这些商店便关门大吉了。他们只知道从欺骗顾客中获得了好处，却不知道到了后来，他们的欺骗手段终于为顾客所发觉，于是这些商店营业日趋冷清，业务逐渐萎缩，结果歇业破产。

诚实信用的名誉是世界上最好的广告，仅仅因为诚实信用的名誉，美国几家大商行、大公司的名字和品牌就价值数百万美元。为什么我们要坚守诚实的原则立场，还要解释吗？

诚实是人际交往的准则

在人际交往中，诚实是基本前提。诚实，才能使人放心，赢得信任，别人才有可能和你推心置腹。虚伪的人，靠欺骗过日子，虽然有时也能取得暂时的效果，一旦被揭穿就臭不可闻。《儒林外史》中的江湖骗子张铁臂，自称是恩仇必报的侠士，把一个猪头包起来当人头，骗了娄府两公子500两银子，最后却不揭自穿。欺骗是不能持久的，而诚实却永远会使人家信服。

汉朝的季布以诚著称，时人谚云："得黄金百斤，不如得季布一诺。"后来，他跟随项羽战败，被刘邦通缉，不少人掩护他，使他安全渡难，后来还是受到重用。宋朝名臣司马光，信笃忠信，史书说他"自少至老，语未尝妄"，他自己也说："吾无过人者，但平生所为，未尝有不可对人言者耳。"越是诚实的人，信誉越高，越能获得人们的真诚信任。有的人不学诚实，却喜欢耍滑头，卖弄小聪明，自以为得计。其实，不管你的滑头看起来多么精细，多么周到，都不可能永远不被人发觉。世界上没有一个狡猾的人，能够狡猾得使人家不知道他是狡猾的。他的狡猾一旦被人们发觉之后，人人都会提防以致厌弃他。"聪明反被聪明误"，生活中因耍小聪明而吃亏的人是不少的。所以，做人应当禁绝圆滑、浮夸、虚伪等卑劣性格，做到坦荡真诚、光明磊落，净如水，洁如冰，心口如一，言行一致。

生活中，有的人总把自己看作"智多星"，把别人看成"糊涂蛋"，动不动就对别人用心计、耍手腕，把自己所拥有的那点小聪明发挥到极致。他们或以谎言取巧，或以诈术牟利，结果成为别人厌恶的对象。

其实，欺诈处世者活得很累，每遇重大事项，靠说谎取巧者常担心谎言被人戳穿，靠行诈牟利者要提防诈术被人识破，心术不正的人往往因此而食不甘味、寝不安眠。综观世事可知，欺诈并非处世久计。美国前总统林肯说得好："你能在所有的时候欺骗某些人，也能在某些时候欺骗所有的人，但你不能在所有的时候欺骗所有的人。"欺诈之术迟早会被人识破，而一旦他的真实嘴脸暴露出来，则上下左右的人必将他低看一等。

鉴于上述情况，做人还是以诚待人为好。诚实的人没有大红大紫的荣耀，也没有叶萎花落的悲哀；他一时得不了大利，长远也吃不了大亏；他不是社交圈子的中心，也不会成为生活空间的弃汉；他没有结交三五天便亲密无间的哥们儿，却有相处数十年能心心相印的朋友。相比之下，做一个诚实的人要比狡诈之徒活得踏实、舒坦得多。

注重完善自己的人际关系网

成功在很大程度上取决于你有多大的影响力，与恰当的人建立稳固关系对此至为关键。这里恰当的人并不是那些神通广大、见解不凡的人，而是能够在工作中给你实际帮助的人。这是构建高效人际网络的关键。

1.人际关系决定你的竞争力

美伦矿业公司是一家美国公司和加拿大的一家采矿公司合资成立的跨国集团，当约翰·贝勒刚刚接管合资公司经理职位的时候，公司正处于非常困难的时刻。加拿大的采矿公司内部丑闻不断，并且正面临着一场严重的财务危机，以至于差点由银行出面接管。合作的另一方，则刚刚更换了最高主管。加拿大的采矿公司曾向欧洲的公司许诺，将在欧洲进行长期投资，但如今由于自己资金吃紧，竟然出尔反尔。合资公司于是陷入骑虎难下的困境：双方都不愿让步，合资项目停滞不前，合资双方的关系严重恶化。

现在对新上任的合资公司经理约翰来说真是一场空前的考验和挑战。而且约翰的前任莱恩，是一个营销专家，并在石油的零售方面有很强的专业技能，但由于缺乏对人际关系的理解和驾驭，只重生意，根本应付不了这些突然的变化。这对约翰是一个很好的教训。

约翰是个英国人，生于南非，长在印度，曾做过美洲某大型跨国公司的财务经理，拥有让人羡慕的资历。在上任之前，他是该跨国联盟公司在亚洲的负责人。他的背景和经历使得他在公司的财务方面站稳了脚跟。他曾在东亚某个政局不稳、市场多变的小国家从事市场营销工作，这不仅使他的能力得以充分的施展，而且为他提供了绝佳的锻炼才能和积累经验的机会。他对大量不同的文化和知识兼收并蓄，游历过很多地方，掌握多种语言。这些经历使得他在人际关系沟通方面具备了超群的技能。

正是由于他能够在非常广泛的层面上与对方的母公司、自己的母公司和合资公司沟通和交流，并获得对方的信任，从而可以参与更广的战略规划和具体执行。约翰能够主动接触别人，积极结识其他公司的职员，自己活跃在某个专业领域，并从中获益。在合资公司内，他与组织的上级、同级、下属都保持良好的人际关系。因此在公司内外建立起良好的人际关系网。凭借良好的人际关系网，即使新官上任，他也能很容易获取需要的信息和帮助。

在这个国际合资企业中，约翰具备最重要的素质之一就是国际应变能力，了解在不同的文化背景中的社交礼仪，能够对所接收到的信息作出正确反应，从而拉近彼此的文化差距。因此他具备了游刃有余的交流功夫。比如，他的谈话风格会随着谈话伙伴的背景而变化。说起西班牙或拉丁文化时，他会感情奔放并活灵活现，双眼闪闪发亮，面部表情非常丰富。而当他和日本同行交流时，很少直视对方，表现得相当沉默。正是由于超人的沟通力，约翰构建起自己的人际网，从而带领合资公司走出了困境，并日渐兴旺。

通过上面的例子我们可以看出，人际沟通对一个合资企业的经理来说，是一项很重要的品质。另外，人际关系常常也是合作者之间互相联结的一个重要纽带。

A公司和B公司也曾经共同组建了一个合资企业。丹尼来自A公司，科特来自B公司。两人认识的时间超过了30年，彼此是生意场上的朋友。他们共同经历了生意场上的起起落落。在丹尼去世后，科特第一次到美国时，在机场的第一个要求就是去看丹尼。他在墓边停留了20分钟，用日语对科特说话，A公司的经理们很快就意识到，他不仅仅是致悼词，而是在和丹尼亲切交谈，告知丹尼在他去世后发生的事情。尽管丹尼已成故人，但两

家公司间的联盟依然稳固如初。

2.主动交际

广泛而主动的交往是完善自己人际关系网络的关键。朋友的一句话、一个提醒、一个信息、一个关心或一个小小的帮助，也许是在不经意中，都可以为我们提供难得的机遇或灵感。

每一个伟大的成功者背后都有另外的成功者，每一个成功者都会精心编织一个成功的人际网。对于一名高效能人士而言，主动交际是打造良好人际关系网的关键。

许多人对主动交往有误解。比如，有的人会认为"先同人招呼，显得自己低贱""我这样麻烦别人，人家肯定会烦的""他又不认识我，怎么会帮我忙呢"等。其实这些都是误解，正是由于这些错误的观念影响和阻碍了人们在交往中采取主动的方式，从而失去了很多结识别人、发展友谊的机会。高效能人士大多从主动交往开始，也大多拥有一个良好的社会关系网。这个网络由各种不同的朋友组成。有过去的知己，有近期的新交；有男的，有女的；有前辈，也有同辈或晚辈；有地位高的，也有地位低的；有不同行业的，有不同特长、不同地方的……这是一个全面的关系网。当然，你要根据他们不同的需要为他们提供不同的帮助。这才是关系网应当具有的特征。积极主动是建立这张关系网的第一步。要做到主动与人交往，我们可以从以下几点做起：

一有机会就主动把自己介绍给别人，任何地方都可以这样做，例如，在晚会上、飞机上。

（1）主动交换名片，让对方知道自己的名字。

（2）主动询问对方的姓名、职位、生活以及工作单位。

（3）准确记住对方姓名及职位，在谈话中，别忘记称呼对方职位。

（4）如果想进一步与新朋友加深交往，你可以给他们发邮件、打个电话或登门拜访。

主动交往能建立关系网，但主动维护这张关系网也更为重要，做好关系网的维护我们要做到以下几点：

（1）主动联络。

建立"关系"最基本的原则就是：不要与别人失去联络，不要等到有麻烦时才想到别人。"关系"就像一把刀，常常磨才不会生锈。若半年以上不联系，就很容易生疏。所以主动联系显得十分重要。试着经常打电话，有空的时候发一个E-mail，休闲的时候发一则问候的短信，或者联上QQ聊上几句都是简单有效的方法。

（2）感情贵在交流。

我们很多人可能有这样的经验：有一天突然发生一点点小困难，想请某人帮忙解决，可一想，过去许多时候，本来应该去看他的，结果都没有去，现在有求于人去找他，会显得唐突，最终你也就很难向别人启齿了。法国有一本《小政治家必备》的书，书中教导那些有心在仕途上有所作为的人，必须起码搜集20个将来最有可能做总统的人的资料，并把它背熟，然后有规律地按时去拜访这些人，和他们保持良好的联系。这样，当这些人之中的任何一个当了总统后，自然就容易记起你来，大有可能请你担任某个职位。

这种手法看起来有点势利却非常合乎现实。一位政治家在回忆录中提到：一位被委任组阁的人，除了考虑被选人的才能和经验外，最要紧的一点，就是"能否和自己默契配合工作"。其实在我们日常生活中也是如此，如果有什么所谓的好处，首先想到的一般都是比较熟的人、比较了解的人。现代生活节奏快，但千万别忘了情感的沟通和感情的投资。感情投资应是经常性的，应处处留心，善待每一个关系伙伴，从高处、细处着手，千万别忽视感情投资，即使是一些关系已经非常好的，仍需不断地呵护。

（3）互利互重。

现代交际学者们认为，"互利互重"是创造优质人际关系的不二法门。如果你的人际关系运作顺畅，许多问题便迎刃而解，不论什么领域，人脉的广度是必要条件，而深度则视情况而定。

工作中的人际拓展与维持，简单地说就是4个字："攀亲带故"，尽可能地运用倍增法则，从既有的人际网络中创造新的人际面，举个最简单的例子：您认识A客户，找个机会做东，请A客户约几个朋友出来聚聚，您就有机会自A的人脉中发展出B，C，D，E……生活中的人际各有不同，必须做好不同朋友的分类，做好协调。

在人际关系的维系与持续上，最重要的观念应该是"互利互重"。所谓互利是谁也不要存有占人便宜的心态，适度地花点钱送份小礼或聚餐，要抱

着互利互惠的原则。而互重则是尊重身边每一个不起眼的小角色，抱着长远的眼光看问题，今天结下的小善缘，很可能为以后的发展提供关键的帮助。

3.重视人际接触点

要建立属于自己的人际网络，我们必须要注意找出人际网的结点，即我们生活工作上的人际接触点。每一种职业都有它重要的人际接触点。

例如，你的上级、你的值得信赖的顾问、你的重要客户、你的出色的下级、你的信息的来源，他们都是你的重要接触点。我们一般都能认清谁是我们明显的接触点，但有时我们也不免会忽略一些不明显的接触点。如果真的忽略了，那将是一个极大的错误。同样重要的是，自己虽然已经建立了重要的接触点，却忽视了彼此的关系，或者说忽视了与他们保持不断的、直接的和亲自的联系。因为有时我们已将注意力转移到更加重要的事情上了。这就是说，你误认为你一旦点燃了火种，便可以不必再添柴而能使它永不熄灭了。

工作中的人际接触点主要分为两类：一种是保持现状的接触点—是指可以帮助你保持你现在的良好状况，而不失去力量或优势的那些人们；另一种是改进情势的接触点—是指那些能帮助你进一步发展的接触点。例如：对一位厂长或经理而言，保持现状的接触点是他的上级组织或领导；改进情势的接触点是指有横向联系的其他单位的领导。

对业务员而言，保持现状的接触点是指忠实的客户；改进情势的接触点是指已经努力争取了很长时间的新客户。对中层管理者而言，保持现状的接触点是指他的直接领导；改进情势的接触点是指虽在偶然间相识，但能提供他一个进一步发挥才干和担任较重要工作的人。你的重要接触点，不管看起来如何牢固，却不必期望长久保持，只有极少数的重要接触点可以长久保持。

你今天依赖的人也许明天就不存在了，也许是他们的情况变化了，也许是你的情况变化了，也许是你们彼此间的关系改变了。衡量一种关系的好坏，其方法之一，就是看维持这种关系需要多少妥协。凡属人际关系的维持，都不免需要几分妥协。其中需要最少妥协的关系就是最好的关系。你得盘算一下，为了保持某一重要接触点，你愿付出多大的代价。如果需要太多的妥协或太大的代价，那还不如另觅他途。

在建立人际网络的时候，我们需要一套直接的、亲自的和持续的接触准则。

（1）直接接触。

就是指不用任何中间人的接触。在事业上，有些事情你可以授权他人，但有些事你就不能授权。与你的重要接触点保持联系，正是你不能授权他人的一项。亲自去接触吧！

（2）亲自接触。

就是指手握手的接触，面对面的接触。只要是适当，即使亲密无间亦无不可。打电话也未尝不可，但面对面则更佳。

（3）持续接触。

眼对眼的接触就是指稳定的、持久的、不终止的接触。与持续的接触相对的，是一曝十寒或偶尔为之的接触。请你记住：忽略了你的重要接触点，实际上就等于浪费你的金钱，也等于浪费你的时间。

4.合适的才是最好的

成功在很大程度上取决于你有多大的影响力，与恰当的人建立稳固关系对此至为关键。这里恰当的人并不是那些神通广大、见解不凡的人，而是能够在工作中给你实际帮助的人。这是构建高效人际网络的关键。

人的精力是有限的，我们不求关系网怎么大，但求要好、要精。织就一张好的关系网，大可采用下列步骤：

（1）筛选：就像打扑克的"埋底牌"，把有用的留在手上，无用的埋掉。我们可以采用把有直接关系、间接关系或没有关系的分别记录。

（2）排队：就像打扑克的"理牌"，对认识的人进行分析，分清哪些是重要的，哪些是比较重要的，哪些是次要的，根据自己的需要排队。由此可以根据不同的级别进行有重点的维系和呵护。

（3）对关系进行分类：生活中涉及的关系可能是方方面面的。有的关系可以帮你办理相关手续，有的能帮你出谋划策，而有的则能提供信息。虽然作用不同，但都有作用。

（4）随时调整：世界上的一切事物，都处于不断地运动、变化和发展之中，人际关系也是如此。需要不断检查、修补和调整，尤其是针对个人的发展、环境的变化或关系网人员的情况进行及时的调整，构筑最新、最有效的关系网。

在任何时候都留有余地

一位顾客，到一家百货公司要求退回一件外衣。她已经把衣服带回家并且穿过了，只是她丈夫不喜欢。她解释说"绝没穿过"，并要求退换。

售货员检查了外衣，发现有明显干洗过的痕迹。但是，直截了当地向顾客说明这一点，顾客是绝不会轻易承认的，因为她已经说过"绝没穿过"，而且精心地伪装过。这样，双方可能会发生争执。于是，机敏的售货员说："我很想知道是否你们家的某位成员把这件衣服错送到干洗店去。我记得不久前我家也发生过一件同样的事情，我把一件刚买的衣服和其他衣服堆在一起，结果我丈夫没注意，把那件新衣服和一大堆脏衣服一股脑儿塞进了洗衣机。我怀疑你是否也遇到这种事情——因为这件衣服的确能看出被洗过的痕迹。不信的话，你可以跟其他衣服比一比。"

顾客看了看证据——知道无可辩驳，而售货员又已经为她的错误准备好了借口，给了她一个台阶下。于是她顺水推舟，乖乖地收起衣服走了。

故事中的售货员之所以能顺利解决这起小事件，避免纷争，关键之处就在于她事先替那名顾客找好了借口，留足了余地。我们要时刻注意留有余地。给他人留有余地，给缺憾留有余地，实际上都是给自己留有余地。

给他人留点余地

俗话说："人活脸，树活皮。"此话道出了人性的一大特点：爱面子。可是我们不能只爱自己的面子，而不给他人面子。每个人都有一道最后的心理防线，一旦我们不给他人退路，不让他人下台阶，他只好使出最后的一招—自卫。因此，当我们处世待人时，应谨记一条原则：给别人留点余地。

一句或两句体谅的话，对他人宽容一点，这些都可以减少对别人的伤害，保全他的面子，给他留余地。

宾州的佛雷德·克拉克谈到了发生在他们公司的一段插曲：

"有一次开生产会议的时候，副总裁提出了一个尖锐的问题，是有关生产过程的管理问题。由于他气势汹汹，矛头指向生产部总督，一副准备挑错的样子。为了不在同事中出丑，生产部总督对问题避而不答。这使副总裁更为恼火，直骂生产总督是个骗子。

"再好的工作关系，都会因这样的火爆场面而毁坏。凭良心说，那位总督是个很好的雇员。但他再也不能留在公司里了。几个月后，他转到了另一家公司，据说表现很不错。"

假如我们是对的，别人绝对是错的，我们也会因为让别人丢脸而毁了他的自尊。传奇性的法国飞行先锋和作家安托安娜·德·圣苏荷依写过："我没有权利去做或说任何事以贬抑一个人的自尊。重要的并不是我觉得他怎么样，而是他觉得他自己如何，伤害他人的自尊是一种罪行。"

即使对方犯错，而我们是对的，如果不给他留有余地，也会毁了一个人。因此，你要帮助别人认识并改正错误，保全他们的面子，给别人留点余地。

给缺憾留点余地

给缺憾留点余地，就会发现世界的美丽。

著名的音乐家托马斯·杰斐逊其貌不扬，他在向他的妻子玛莎求婚时，还有两位情敌也在追求玛莎。一个星期天，杰斐逊的两个情敌在玛莎的家门口碰上了，于是，他们准备联合起来羞辱杰斐逊。可是，这时门里传来优美的小提琴声，还有一个甜美的声音在伴唱。如水的乐曲在房屋周围流淌着，两个情敌此时竟然没有勇气去推开玛莎家的门。他们心照不宣地走了，再也没有回来过。

杰斐逊并不完美，也不出众，但是他有了小提琴和音乐才华，他就不可战胜了。生活中，对自己的缺陷和弱点，不同的人会采取不同的办法，杰斐逊有小提琴，我们呢？其实我们都有发现自己优点的武器。

对于每个人来讲，不完美是客观存在的，但无须怨天尤人，在羡慕别人的同时，不妨想想，怎样才能走出误区。或用善良美化，或用知识充实，或用一技之长发展自己……生命的可贵之处，在于看到自己的不足之后，能坦然面对并加以弥补。

世界并不完美，人生当有不足。留些遗憾，倒可以使人清醒，催人奋进，反而是好事。有句话叫作"没有皱纹的祖母最可怕"，没有遗憾的过去无法链接人生。

谢尔·西尔弗斯坦在《丢失的那块儿》里讲过这样一个故事：一个圆环被切掉了一块，圆环想使自己重新完整起来，于是就到处去寻找丢失的那块儿。可是由于它不完整，因此滚得很慢，它欣赏路边的花儿，它与虫儿聊天，它享受阳光。它发现了许多不同的小块儿，可没有一块适合它。于是它继续寻找着。

终于有一天，圆环找到了非常适合的小块，它高兴极了，将那小块装上，然后又滚了起来，它终于成为完美的圆环了。它滚得很快，以致无暇注意花儿或和虫儿聊天。当它发现飞快地滚动使得它的世界再也不像以前那样时，它停住了，把那一小块又放回到路边，缓慢地向前滚去。

人生确有许多不完美之处，每个人都会有这样或那样的缺陷。其实，没有缺憾我们便无法去衡量完美。仔细想想，缺憾其实不也是一种完美吗？

人生就是充满缺陷的旅程，要给缺憾留点余地。从哲学的意义上讲，人类永远不满足自己的思维、自己的生存环境、自己的生活水准。这就决定了人类要不断创造、追求。从简单的发明到航天飞机，从简单的词汇到庞大的思想体系。没有缺陷，产品便不

会一代代更新。没有缺陷就意味着圆满，绝对的圆满便意味着没有希望，便意味着停滞。人生圆满，人生便停止了追求的脚步。

如果我们用一种完美的尺度来衡量这个世界，就会有下面这些想法："我这样做对吗""这样行不行""最好不要冒险"或是"他们有什么了不起"等。

如果你一直让这种过于追求完美的情绪左右自己的思想言行，就会不断地产生挫折感。事实上，你应该调整基准线，认清事情的本质以及将来可能的进展，才会有所启发。

如果你能改变对某些事情的想法，人生就会变得丰富多彩。例如，"他们的行为值得警惕""我可以尝试这种方式""下次该怎么做才会更好""要怎么做他才不会一直抱怨""有什么办法能让孩子们帮忙洗碗"等。

只有给缺憾留点余地，允许出错，我们才有进步的余地。

多用"我们"这个词

用"我们"代替"我"，可以缩短你和大家的心理距离，促进彼此之间的感情交流。

新婚宴尔，新娘对新郎说："从此以后，就不能说'你的''我的'，要说'我们的'。"新郎点头称是。一会儿，新娘问新郎："亲爱的，我们今天去哪儿啊？"新郎说："去我表姐家。"新娘就不乐意了，纠正说："是去我们表姐家。"新郎去洗手间，很久了还不出来。新娘问："亲爱的，你在里面干吗啊？"新郎答道："我在刮我们的胡子。"

这虽然只是一则笑话，可是它体现了一个问题，即"我们"这个词可以制造彼此间的共同意识，拉近双方的距离，对促进人际关系将会有很大的帮助。

曾经有过一位心理学家，做了一项有名的实验，就是选编了3个小团体，并且分派3人饰演专制型、放任型、民主型的3位领导人，然后对这3个团体进行意识调查。

结果，民主型领导人所带领的这个团体，表现了最强烈的同伴意识。而其中最有趣的就是这个团体中的成员大都使用"我们"一词来说话。

经常听演讲的人，大概都有过这样的经验，就是演讲者说"我们是否应该这样"比"我这么想"更能使你觉得和对方的距离接近。因为"我们"这个字眼，也就是要表现"你也参与其中"的意思，所以会令对方心中产生一种参与意识，按照心理学的说法，这种情形是"卷入效果"。

小孩子在玩耍时，经常会说"这是我的东西"或"我要这样做"，这种说法是因为小孩子的自我显示欲直接表现所造成的。但有时在成人世界中，也会出现如此说法，而这种人不仅无法令对方有好印象，可能在人际关系方面也会受阻，甚至在自己所属的团体中形成被孤立的局面。

人心是很微妙的，同样是与人交谈，但有的说话方式令对方反感，而有的说话方式却会令对方不由自主地产生妥协之心。

事实上，我们在听别人说话时，对方说"我""我认为……"带给我们的感受，将远不如他采用"我们……"的说法，因为这种说法可以让人产生团结意识。

在开口说话时，我们要注意这样的细节，多说"我们"。用"我们"来做主语，以此来制造彼此间的共同意识，这对促进我们的人际关系将会有很大的帮助。

"我"在英文里是最小的字母，千万别把它变成你语汇中最大的字。

一次聚会，有位先生在讲话的前3分钟内，一共用了36个"我"。他不是说"我"，就是说"我的"，如"我的公司""我的花园"，等等。随后一位熟人走上前去对他说："真遗憾，你失去了你的所有员工。"

那个人怔了怔说："我失去了所有员工？没有呀，他们都好好地在公司上班呢！"

"哦，难道你的这些员工与公司没有任何关系吗？"

亨利·福特二世描述令人厌烦的行为时说："一个满嘴'我'的人，一个独占'我'字、随时随地说'我'的人，是一个不受欢迎的人。"

在人际交往中，"我"字讲得太多并过分强调，会给人突出自我、标榜自我的印象，这会在对方与你之间筑起一道防线，形成障碍，影响别人对你的认同。

因此，会说话的人，在语言传播中，总会避开"我"字，而用"我们"开头。下面的几点建议可供借鉴：

（1）尽量用"我们"代替"我"。

很多情况下，你可以用"我们"一词代替"我"，这可以缩短你与大家的心理距离，促进彼此之间的感情交流。

例如："我建议，今天下午……"可以改成："今天下午，我们……好吗？"

（2）这样说话时应用"我们"开头的。

在员工大会上，你想说："我最近做过一项调查，我发现40％的员工对公司有不满的情绪，我认为这些不满情绪……"

如果你将上面这段话的3个"我"字转化成"我们"，效果就会大不一样。说"我"有时只能代表你一个人，而说"我们"代表的是公司，代表的是大家，员工们自然容易接受。

（3）非得用"我"字时，以平缓的语调淡化。

不可避免地要讲到"我"时，你要做到语气平淡，既不把"我"读成重音，也不把语音拖长。同时，目光不要逼人，表情不要眉飞色舞，神态不要得意扬扬，你要把表述的重点放在事件的客观叙述上，不要突出做事的"我"，以免使听的人觉得你自认为高人一等，觉得你在吹嘘自己。

对别人的意见要尊重

当你的意见与他人产生分歧时，你是经常自以为是，还是考虑一下他人的想法？在日常生活与工作中，我们有些人往往是选择前者，尤其是那些身居高位者，因为他们更加碍于面子。不尊重他人的意见，一则于己不利，因为如果他人的意见对了，可是你没听取，那你就得不到正确的信息，也无法获得正确的结果。二则伤害他人，因为你不尊重他人的意见，也就伤害了他人的自尊心，造成人际关系上的负面影响。何况我们每个人不可能时时正确，事事通晓，何不虚心听人之言呢？

人们可以接受外貌、身高、地位、收入上的差距，却很少能接受智力上的差距。当西奥多·罗斯福入主白宫的时候，他承认：如果他的决策能有75%的正确率，那么就达到他预期的最高标准了。像罗斯福这样的杰出人物，最高的希望也只是如此，那么，我们呢？

如果你有60%得胜的把握，那你可以到华尔街证券市场一天赚个100万，买下一艘游艇，尽情地游乐一番。如果没有这个把握，你又凭什么说别人错了？

不论你用什么方法指责别人——你可以用一个眼神、一种说话的声调、一个手势，就像话语那样明显地告诉别人——他错了，你以为他会同意你吗？绝对不会！因为这样直接打击了他的智慧、判断力和自尊心。这只会激起他的反击，绝不会使他改变主意。即使你搬出所有柏拉图或康德式的逻辑，也改变不了他的意见，因为你伤害了他的感情。

在与别人交流的时候，你永远不要这样开场："好！我要如此证明给你看，你这话大错特错！"这无异于向他人表明："我比你聪明，我要让你改变想法。"这种做法实在是场恶战，无疑会引起反感并爆发一场冲突。

你承认自己也许会弄错，就绝不会惹上烦恼。那样的话，不但会避免所有争执，而且还可以使对方跟你一样宽容大度。

我们多数人都有武断、偏见、嫉妒、固执、恐惧、猜忌和傲慢的缺点。因此，如果你很想指出别人犯的错误时，请读一读詹姆士·哈维·罗宾森教授的《下决心的过程》一书中的一段话：

我们有时会在毫无理由的情形下突然改变自己的想法，但是如果有人说我们错了，反而会使我们迁怒对方，更固执己见。如果有人不同意我们，我们反而会全心全意维护自己的想法。显然不是那些想法对我们珍贵，而是我们的自尊心受到了威胁……"我的"这个简单的词，是做人处世的关系中最重要的。妥善运用这两个字才是智慧之源。我们不但不喜欢说我的表不准，或我的车太破旧，也讨厌别人纠正我们的错误……我们愿意继续相信以往惯于相信的事，而如果我们所相信的事遭到了怀疑，我们就会找尽借口为自己的信念辩护。结果如何呢？多数我们所谓的推理，变成找借口来继续相信我们早已相信的事物。

杰出的心理学家卡尔·罗杰斯在他的《如何做人》一书中写道："当我尝试去了解别人的时候，我发现这真是太有价值了。我这样说，你或许会觉得很奇怪。真的有必要这样做吗？我认为是必要的。在我们听别人说话的时候，大部分的反应是评估或判断，而不是试着了解这些话。在别人述说某种感觉、态度或信念的时候，我们几乎立刻倾向于判定'说得不错''真是好笑''这不正常''这不合道理''这不正确''这不太好'。我们很少让自己确实地去了解这些话对其他人具有什么样的意义。"

⁓第三节⁓
成就一生的 10 个习惯

习惯的力量大到可以影响一个人一生的事业、家庭、发展，所以，我们要注意培养好的、有益的习惯。像相信自己、节俭、笑对失败、不要太自负等好习惯，它们可以影响我们一生的命运，坚持这些好习惯，可以成就我们的一生。

相信你自己

不是因为有些事情难以做到，我们才失去自信；而是因为我们失去了自信，有些事情才显得难以做到。

自信是成功的第一秘诀

真正的自信不是孤芳自赏，也不是夜郎自大，更不是得意忘形、自以为是和盲目乐观；真正的自信就是看到自己的强项或者好的一面来加以肯定、展示或表达。它是内在实力和实际能力的一种体现，能够清楚地预见并把握事情的正确性和发展趋势，引导自己做得最好或更好。

信心是我们获得财富、争取自由的出发点。有句谚语说得好："必须具有信心，才能真正拥有。"

世界酒店大王希尔顿，用200美元创业起家，有人问他成功的秘诀，他

说："信心。"

拿破仑·希尔说："有方向感的自信心，令我们每一个意念都充满力量。当你有强大的自信心去推动你的致富巨轮时，你就可以平步青云。"

美国前总统里根在接受《SUCCESS》杂志采访时说："创业者若抱有无比的信心，就可以缔造一个美好的未来。"

自信可以让我们成为所希望的那样，自信可以让我们心想事成。

"信者"为"储"，不信者即无储，不自信就自卑，自卑就会恐惧……所以缺乏自信带来的后果是非常可怕的。

如果没有坚定的自信去勇于面对责难和嘲讽，去不断地尝试着动摇传统和挑战权威，那么爱迪生不可能发明电灯，莫尔斯不可能发明电报，贝尔不可能发明电话……

居里夫人说："我们的生活都不容易，但是，那有什么关系？我们必须有恒心，尤其要有自信心，我们的天赋是用来做某件事情的，无论代价多么大，这件事情必须做到。"

缺乏自信的后果的确是非常可怕的

有人说，除了人格以外，人生最大的损失莫过于丧失自信心，失去自信，所有的事情都将不会再有成功的希望和可能，正如一个没有脊椎骨的人永远不可能挺起腰来一般。

所以，每个人都要树立自信心，要相信自己，信任自己，要确信自己是聪明的，是有能力的，相信自己能干好事情，对生活、学习中遇到的困难和挫折，要有坚定的信心，要相信自己能够战胜困难和挫折而获得成功。

与树立自信心相联系的一个问题就是要克服自卑心理。

心理学认为，每个人对自己都或多或少带有一些不恰当的认识，自卑就是一种因过多的自我否定而产生的自惭形秽的情绪体验，是一种认为自己在某些方面不如他人的自我意识和自己瞧不起自己的消极心理，是由主观和客观原因共同造成的。

人的自卑心理来源于心理上的一种消极的自我暗示，即"我不行""不可能"等，对自己的能力、学识、品质等自身因素自我评价过低，在日常生活中表现出行为畏缩、瞻前顾后、心理承受能力脆弱、经不起较强的刺激、谨小慎微、多愁善感等。

自卑心理有的时候可以转化为巨大的动力，有的时候可能转化为巨大的消极因素，关键看你如何对待它。这种转化就是把自卑转化为自信。自信是消除自卑、促进成功的最有效的方法，要养成自信的习惯，对任何事都要有一个必胜的信念。

下面介绍几种培养自信习惯的方法：

（1）默念"我行""我能行"。

默念时要果断，要反复念，特别是在遇到困难时更要默念。只要你坚持默念，特别是在早晨起床后反复默念9次，在晚上临睡前默念9次，就会通过自我的积极暗示心理，使你逐渐树立信心，逐渐有了心理力量。

（2）多想开心的事。

每个人都有自己开心的事，开心的事就是你做得成功的事，那是你信心的产物，力量的产物。每个人多回忆自己开心的事，将使你正确估价自己的力量。

（3）面带微笑。

笑是快乐的表现，笑能使人产生信心和力量；笑能使人心情舒畅，振奋精神；笑能使人忘记忧愁，摆脱烦恼。没有信心的人，则是经常愁眉苦脸，无精打采，眼神呆滞。雄心勃勃的人，则是眼睛闪闪发亮，满面春风。

（4）挺胸抬头。

人的姿势与人的内心体验是相适应的，姿势的表现可以与内心的体验相互促进。一个人越有信心、越有力量便越昂首挺胸。成功的人，得意的人，获得胜利的人则意气风发。一个人越没有力量，越自卑就越无精打采，垂头丧气。学会自然地昂首挺胸就会逐步树立信心，增强信心。

（5）主动与人交往。

在与人微笑的问候中，双方都会感到人间的温暖，人间的真情，这种温暖与真情就会使人充满力量，就会使人增添信心。

独立自主的习惯

淌自己的汗，

吃自己的饭，

自己的事自己干。

靠天靠人靠祖宗，

不算是好汉。

——陶行知

抛开拐杖走路

人，要靠自己活着，而且必须靠自己活着，在人生的不同阶段，尽力达到理应达到的自立水平，拥有与之相适应的自立精神。这是当代人立足社会的根本基础，也是形成自身生存支援系统的基石。即使你的家庭环境所提供的"先赋地位"是处于天堂之乡，你也必得先降到凡尘大地，从头爬起，以平生之力练就自立自行的能力。因为不管怎样，你终将独自步入社会，参与竞争，你会遭遇到比学习生活要复杂得多的生存环境，随时都可能出现或面对你无法预料的难题与处境。你不可能随时动用你的生存支援系统，而是必须得靠顽强的自立精神克服困难，坚持前进！

抛开拐杖，自立自强，这是所有成功者的做法。其实，当一个人感到所有外部的帮助都已被切断之后，他就会尽最大的努力，以最坚忍不拔的毅力去奋斗。而结果，他会发现：自己可以主宰自己命运的沉浮！

一旦人不再需要别人的援助，自强自立起来，他就踏上了成功之路。一旦人抛弃所有外来的帮助，他就会发挥出过去从未意识到的力量。如果我们决定依靠自己，独立自主，就会变得日益坚强，距离成功也就越来越近。

自立者，天助也

"自立者，天助也"，这是一条屡试不爽的格言，它早已被漫长的人类历史进程中无数人的经验所证实。自立的精神是个人真正发展与进步的动力和根源，它体现在众多领域，也成为国家兴旺强大的真正源泉。从效果上看，外在帮助只会使受助者走向衰弱，而自强自立则使自救者兴旺发达。

　　自力更生和自己战胜自己将教会一个人从自身力量的源泉中吸取动力，从自己的力量中品尝到甜蜜的味道，学会正确地劳动以供养自己。

　　从事物本身的性质来讲，人们自己应当是自己最好的救星。

如何摆脱依赖心理

　　其实，脱离对别人的依赖，独立地发展和锻炼自己，扔掉拐杖，走出成长的误区，并不是一件非常困难的事情。因为别人能够做成的事，自己也一定能够做成。

　　建立充分的自信心是克服这一弱点、走出人生困局的精神支柱。

　　困难面前，不要等待别人的援助，要自己想办法克服，挺过去。

　　有意把自己置于一个孤立无援的绝境，锻炼自己操纵命运的能力。

　　当你放弃依赖别人的念头，决心自强自立，从这时候开始，你就走上了成功之路。就这么顽强往前走，百折不挠，你将惊奇地发现原来你在许多方面都毫不逊色于你当初崇拜的偶像们。你将实现你梦想不到的奇迹。

　　摆脱一份依赖，你就多了一份自主，也就向自由的生活前进了一些，向成功的目标迈近了一步。

　　以下是关于如何摆脱依赖的建议。

　　（1）依赖自己，而不是依赖别人、依赖组织、依赖亲人。

一切都靠自己去奋斗，去争取。只有一切依靠自己，才能获得真正的成功。

（2）消除身上的惰性。

依赖心理产生的源泉在于人的惰性。要消除依赖心理，先要消除身上的惰性。要消除惰性，就得锻炼自己的意志。处理事情的时候，要果敢上前，说做就做，该出手时就出手；还得有灵活的头脑，要善于思考，勤于思考。

（3）要有独立意识，要自己替自己做主。

要自己替自己做主，就是要时时想到，只有自己的劳动所得的成果，才是真正属于自己的；只有享受自己的成果，才会有真正的快乐。

（4）要从小事做起。

每天认真反思自己的思想，一步一个脚印地去做。任何事情都是这样，不可能一下子就能做成，需要慢慢地起步，一步步地积累，最后才做成。这就像是跳高，总需要先慢慢跑几步，然后再快速跑，最后才起跳。

控制了依赖心理之后，一个人才会找到自己的生活目标，找到生活的方向，自己靠自己获得事业的成功。只有靠自己取得的成功，才是真正的成功。

正确对待压力

1993 年 3 月 9 日，桑塔纳总经理方宏跳楼自杀！

他走得很平静，他的家人及秘书没有发现一点异样，他们很难将他生前的行为与他的自杀联系起来。方宏洁身自好，没有政治问题，也没有经济问题，他的死让许多人百思不得其解。

方宏在事业上应当说是很成功的。在出任桑塔纳总经理之前，他曾任公司董事会秘书长兼大项目协调部经理。在企业的发展过程中，方宏付出了巨大的心血，人称"中国的艾柯卡"。方宏在产品制造方面达到了很高的造诣，被某著名大学聘为名誉教授。

随着事业的成功、地位的上升，方宏面临的压力也越来越大，心理负担也日益加重。他显得有些力不从心了，每晚都要靠安眠药帮助入睡。使他心力交瘁的是 1993 年公司的年产量要在 1992 年的基础上提高 35％，但资金方面存在较大的困难。此时与他感情笃深的夫人偏偏又患了癌症，动了大手术……终于有一天，他将文件交给秘书时说："我想安静一会儿，请你们别来打扰。"16 分钟之后，方宏从五楼总经理室的窗口跳下，轰然坠地。

现代社会是一个到处充满压力的社会，有求学的压力，有家庭的压力，有工作的压力。美国精神健康研究所的菲利浦·戈尔德说，世界上不存在任何没有压力的环境。要求生活中没有压力，就好比幻想在没有摩擦力的地面上行走一样是不可能的，关键在于怎样对待压力。从事压迫感研究30多年的塞利说："现代人要么学会控制压迫感，要么走向事业的失败、疾病和死亡。"方宏就是一个非常典型的反面案例。

学会与压力共处

其实，人们一直生活在两种压力中：一是作用于躯体的物理压力，如大气压、地心吸引力、心脏压力等，这些压力维持生命形式；二是内在的精神压力，如生存竞争的压力、对危险与死亡的恐惧、人际压力、情绪与情感的压力等，这些压力保持人的警觉（清醒状态）和合适的行为模式。

可见，压力并不都是无益的。研究压力与人类身心影响最有名的加拿大医学教授赛勒博士曾说："压力是人生的香料。"他提醒我们，不要认为压力只有不良影响，而应转换认知和情绪，多去开发压力的有利影响，本来人类在其一生中就是无法摆脱压力的。

既然无法逃避压力，就要学习与压力共处，若无法和平相存，甚至想克服压力来获得回馈，则可能导致各种身体与精神疾病。天天受到压力的折磨，不仅会对自己及家庭生活造成伤害，同时也会导致企业生产力和竞争力下降，甚至造成无可弥补的损失。

学习与压力共处，首先要对压力有所觉察。机体对压力往往有一种天生的吸收缓冲机制，一般的生活压力会被身体转化成活力与激情。如果一个人生活在流动的、不停变化的压力丛中，他的机体不仅可以是健康的，也是有饱满能量的。压力过小的生活让人消沉、昏昏欲睡、机体懈怠、思维变慢。但有两种压力可能使机体调节失常，一是突如其来的过大压力，二是持续不变低量的压力。觉察压力有3个层次：稍微过多的压力引发纷乱的情绪；较大的压力带来躯体各种不适反应；过大的压力出现意识缩窄，对环境反应迟钝，身心处在崩溃的边缘。

与压力共处的第二个原则是平衡。躯体与精神两种压力之间存在着某些联系，当躯体压力大时，精神压力也会慢慢增大，反之亦然。通过放松来释放躯体压力，精神的压力也在释放。当我们集中精力工作太久，或者长期处在竞争的状态里，可通过身体的放松来释放精神的压力。

与压力共处的第三个原则是舒解压力的技术。这一点我们将在后面的文字里具体讲述。

与压力共处的第四个原则是保持积极心态。良好的心态可增加人们应对压力的能力，不良的心态本身就像一团乱麻，干扰人的内心。当然，更主要的是要对压力有正确的观念。压力并不可怕，可怕的是我们对压力有不恰当的观念与反应。越怕压力就越会生活在压力的恐惧中，喜欢压力的人在任何压力面前都会游刃有余。

如果学会与压力共处，就可把压力变成实实在在的动力：行为有效，感情丰富，精力充沛……

舒解压力的技术

（1）学会说"不"。

当人们请求你帮他们做事情而给你造成压力时，考虑一下你是否能够做或者愿意做他们要求你做的事情。如果你不能够或不想做，就要学会有效地拒绝他人的请求。

（2）说出你的想法。

诚实地表达你的意见，这一点很重要，虽然这有可能会惹恼别人或引起争论。如果确信别人的某个请求是不合理的，你就得说出来。当愤怒和挫折无法宣泄时，人就会郁闷、沉默、唠叨、指责或背后诽谤，不能表达自己的意见会导致"消极—挑衅"的行为，这种行为对健康有害，因为被压抑的挫折或愤怒会对免疫系统造成伤害。

（3）学会放弃。

特别推荐汉语中一个非常好的词，这就是"舍得"。记住，是"舍"在先，"得"在后。世界上的事情总是有舍才有得，或者说是舍了一定会得，而一点儿都不肯舍或样样都想得到必将事与愿违或一事无成。

（4）学会说"算了"。

对于一个无法改变的事实，最好办法就是接受这个事实。

（5）学会说"不要紧"。

不管发生什么事情，哪怕是天大的事情，也要对自己说："不要紧！"记住，积极乐观的态度是解决任何问题和战胜任何困难的第一步。

（6）学会说"会过去的"。

不管雨下得多么大，连续下了多少天也不停，你都要对天会放晴充满信心，因为天不会总是阴的。自然界是这样，生活也是这样。

（7）不要拿别人的错误来惩罚自己。

现实生活中有许多人一不怕苦，二不怕死，再重的担子压不垮他，再大的困难也吓不倒他，但是他受不起委屈、冤枉。其实，委屈、冤枉，就是别人犯错误，你没犯错误；而受不起委屈和冤枉就是拿别人的错误来惩罚自己。懂了这个道理，再遇到这种情况，对付它的最好办法就是一笑了之，不把它当一回事。

（8）不要拿自己的错误来处罚别人。

这是指当自己受到冤枉或不公正待遇后，也冤枉别人或不公正地对待别人。事实上当你伤害别人时，自己会再次受到伤害。

（9）不要拿自己的错误来惩罚自己。

何谓好人？我们认为，如果交给他做10件事，他能做对7～8件，就是好人。显然，这句话潜藏着另外一层含意就是好人也会做错事，好人也会犯错误。所以，好人做错了事，一点都不要紧，犯了再大的错误也不要紧，只要认真地找出原因，认真地吸取教训，改了就好。

不满足于现状

严冬过后的第一个春暖之日，雄鹰便翱翔于天。经过一个山区时，他看见一只鸡妈妈正领着自己的孩子们悠闲地晒太阳，于是飞了过去，落在最近的一个枝头上，问道：

"鸡妈妈，你也有翅膀，为什么不能像你的祖先一样在天上飞呢？天上很快乐！"

"哦！谢谢你！"鸡妈妈转身看着自己的孩子们，对老鹰说，"你看，我有这么多的孩子需要看护，我没时间呀！等他们长大了让他们飞吧。唉！我这辈子是没指望了！"

老鹰只好飞走了。

第二年的春天，老鹰再次飞过山区时，又发现了一只大花鸡带领着她的孩子们在散步，那只大花鸡就是去年老鹰见到的鸡妈妈的一个女儿，现在她长大了，更健壮，更丰满！

老鹰飞到她身边问道：

"大花鸡，你也有翅膀，为什么不能像你的祖先一样在天上飞呢？天上很快乐！"

"谢谢你！"大花鸡答道，"你看，我已经老了，飞不动了，还是等我的孩子们长大以后让他们飞吧！唉！我这辈子是没指望了！"

老鹰只好飞走了。

第三年，老鹰经过山区时，依旧看见一只鸡妈妈带领自己的孩子在山坡上觅食，但他再也没有下去劝她了。

上帝给了鸡和雄鹰同样的翅膀，让它们享受天空，然而，鸡只知就近觅食，目光仅仅满足于眼前的地面，将搏击长空的美丽翅膀退化成了一种装饰物。

不满足是不断前进的车轮

世界上有很多人一辈子一事无成，原因就是因为他们太容易满足了！找到了一份稳定的工作，终其一生总是拿那么一点点薪水，每天总是做着同样的事情，一直到死。而他们竟以为人的一生所能获得的东西也就只能有这么多了。

而那些做出大事的人不喜欢听别人的奉承，他们只是以批判的态度来审视自己，把他们现在的地位和他所期待的状况来进行比较，并因此激励自己不断努力。

"现在的自己永远是有待完成的"，格斯特的这句话说的便是这个意思。格斯特经常在报纸上发表诗作，是深受读者喜爱的一个诗人。他之所以会成功，很大一部分原因就是他能常常向上望着他理想中的自我，而不满足于现实中的自我。

他还说："在去年暑假里，我便是如此，我发觉我所希望的那个自我比现在的自我要聪明一些。在我那个远离城市喧嚣的乡间茅舍里，我列出了一个表，一方面写出我所要的东西，一方面写出我所不要的东西……这个表使我的人生变得更丰富、更快乐。"

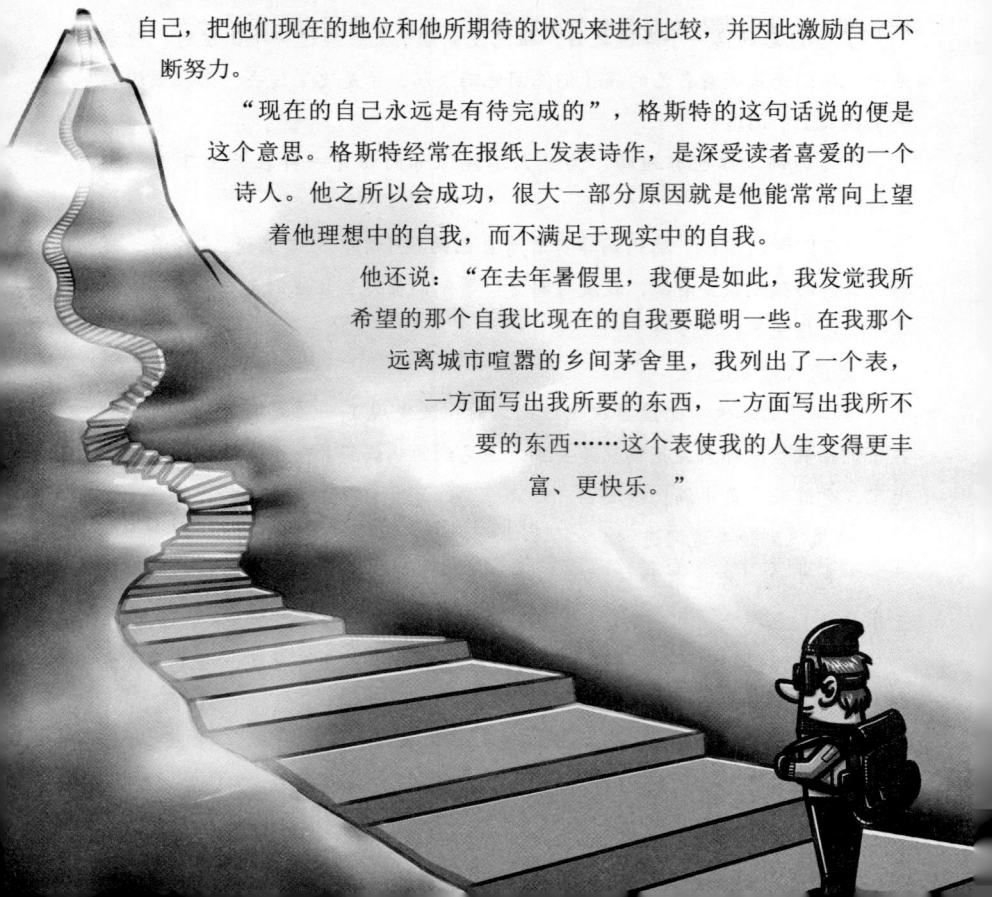

要求自己上进的第一步，是要让自己不满足于停留在现有的位置上。不满于现状的感觉可以帮助你迈出关键的第一步。

比尔·盖茨说："如果我们有了一点成功便觉得了不得，这是很不好的。但是假如在我们为自己的成功自鸣得意时，有一个人来教训我们一番，那我们就是很幸运了。"

不满足于现状，才会对生活有所追求，才能使我们热血沸腾、干劲冲天，才会使我们加倍努力。

不管你目前的职位有多高，都不要满足于现状，应该告诉自己："我的职位应在更高处。"

不进取，就会被淘汰

满足于已取得的成绩不仅会使人停滞不前，丧失进取心，而且还可能酿成悲剧。法捷耶夫29岁时就名震苏联文坛，并以《青年近卫军》一书，坐上了苏联作协主席的交椅。然而，在他后来的岁月里，他就忙着出访、开会、做报告去了，一生中再也没有写出一部作品。

杰克·伦敦也是一个典型，他写出了《马丁·伊登》后，声名鹊起，财源滚滚，不仅在美国加利福尼亚州建起了别墅，而且在大西洋海滨购置了豪华游艇。然而功成名就之后，他沉浸在享受之中，不思进取，长期脱离创作，厌倦、空虚、落寞和无聊也接踵而至。1916年，他在自己的大别墅里开枪自杀，结束了自己的生命。

生活中，一些极富潜力的人满怀希望地出发，却在半路上停了下来，满足于现有的温饱和生存状态，然后庸庸碌碌地度过余生。对于一个满足现状的人来说，他没有任何更好的想法、更美的愿望，他不知道是不满足造就了人类伟大的精英。

只有当我们不满足于现状时，我们才会分享到进取心带来的无穷力量。那么，我们为什么没有看到山顶上众多的到达者与山脚下的未参与者之间的不同呢？我们可以考察不同类型的登山人，他们的追求分别以不同的形式表现出来。在他们的生活中，他们具有不同层次的成大事观和快乐观，有的喜欢这样的成大事者，有的喜欢那样的成大事者，这如同他们对不同的欢乐的态度一样。我们在日常生活中已经遇到了这些人，他们是那样容易被发现，可以说，存在于我们整个人生的旅途中。他们就在我们的周围，在我们的人际关系里，在我们的组织机构里，甚至在新闻广播中。

有很多人选择放弃、逃避、退却，他们忽视、掩盖并且放弃前进，这样他们就失去了这一力量的引导，他们同时也失去了生命向他们提供的许多东西。他们都是易于满足的人。满足于现状者的典型特征就是放弃攀登，他们无视山峰为他们提供的机会。

不轻言放弃

希拉斯·菲尔德先生退休的时候已经积攒了一大笔钱，然而他忽发奇想，想在大西洋的海底铺设一条连接欧洲和美国的电缆。随后，他就开始全身心地推动这项事业。前期基础性的工作包括建造一条1000英里长、从纽约到纽芬兰圣约翰的电报线路。纽芬兰400英里长的电报线路要从人迹罕至的森林中穿过，所以，要完成这项工作不仅包括建一条电报线路，还包括建同样长的一条公路。此外，还包括穿越布雷顿角全岛共440英里长的线路，再加上铺设跨越圣劳伦斯海峡的电缆，整个工程十分浩大。

菲尔德使尽浑身解数，总算从英国政府那里得到了资助。然而，他的方案在议会上遭到了强烈的反对，在上院仅以一票的优势获得多数通过。随后，菲尔德的铺设工作就开始了。电缆一头搁在停泊于塞巴斯托波尔港的英国旗舰"阿伽门农"号上，另一头放在美国海军新造的豪华护卫舰"尼亚加拉"号上，不过，就在电缆铺设到5英里的时候，它突然被卷到了机器里面，被弄断了。

菲尔德不甘心，进行了第二次试验。在这次试验中，在铺到200英里长的时候，电流突然中断了，船上的人们在甲板上焦急地踱来踱去。就在菲尔德先生即将命令割断电缆、放弃这次试验时，电流突然又神奇地出现了，一如它神奇地消失一样。夜间，船以每小时4英里的速度缓缓航行，电缆的铺设也以每小时4英里的速度进行。这时，轮船突然发生了一次严重倾斜，制动器紧急制动，不巧又割断了电缆。

但菲尔德并不是一个容易放弃的人。他又订购了700英里的电缆，而且还聘请了一个专家，请他设计一台更好的机器，以完成这么长的铺设任务。后来，英美两国的科学家联手把机器赶制出来。最终，两艘军舰在大西洋上会合了，电缆也接上了头；随后，两艘船继续航行，一艘驶向爱尔兰，另一艘驶向纽芬兰，结果它们都把电线用完了。两船分开不到3英里，电缆又断开了；再次接上后，两船继续航行，到了相隔8英里的时候，电流又没有了。电缆第三次接上后，铺了200英里，在距离"阿伽门农"号20英尺处又断开了，两艘船最后不得不返回到爱尔兰海岸。

参与此事的很多人都泄了气，公众舆论也对此流露出怀疑的态度，投资者也对这一项目没有了信心，不愿再投资。这时候，如果不是菲尔德先生，如果不是他百折不挠的精神，不是他天才的说服力，这一项目很可能就此放弃了。菲尔德继续为此日夜操劳，甚至到了废寝忘食的地步，他绝不甘心失败。

于是，第三次尝试又开始了，这次总算一切顺利，全部电缆铺设完毕，而没有任何中断，几条消息也通过这条漫长的海底电缆发送了出去，一切似乎就要大功告成了，但突然电流又中断了。

这时候，除了菲尔德和他的一两个朋友外，几乎没有人不感到绝望。但菲尔德仍然坚持不懈地努力，他最终又找到了投资人，开始了新的尝试。他们买来了质量更好的电缆，这次执行铺设任务的是"大东方"号，它缓缓驶向大洋，一路把电缆铺设下去。一切都很顺利，但最后在铺设横跨纽芬兰600英里电缆线路时，电缆突然又折断了，掉入了海底。他们打捞了几次，但都没有成功。于是，这项工作就耽搁了下来，而且一搁就是一年。

所有这一切困难都没有吓倒菲尔德。他又组建了一个新的公司，继续从事这项工作，而且制造出了一种性能远优于普通电缆的新型电缆。1866年7月13日，新的试验又开始了，并顺利接通、发出了第一份横跨大西洋的电报！电报内容是："7月27日。我们晚上9点到达目的地，一切顺利。感谢上帝！电缆都铺好了，运行完全正常。希拉斯·菲尔德。"不久以后，原先那条落入海底的电缆被打捞上来了，重新接上，一直连到纽芬兰。现在，这两条电缆线路仍然在使用，而且再用几十年也不成问题。

菲尔德的成功证明了只要持之以恒，不轻言放弃，就会有意想不到的收获。

持之以恒才会成功

俗语说：世上无难事，只怕有心人。这个有心，就是有恒心，有了恒心，不轻言放弃，再难的事也能成功。没有恒心，遇到困难就中途放弃，则一事无成，再容易的事也会成为困难的事。

天下事最难的不过1/10，能做成的有9/10。要想成就大事大业的人，尤其要有恒心来成就它，要以坚忍不拔的毅力、百折不挠的精神、排除纷繁复杂的耐性、坚贞不屈的气质，作为涵养恒心的要素。

一个人之所以成功，不是上天赐给的，而是日积月累自我塑造的，千万不能存有侥幸的心理。幸运、成功永远只会属于辛劳的人、有恒心不轻言放弃的人、能坚持到底的人。事业如此，德业如此。

"冰冻三尺，非一日之寒。"从这个自然现象中就能体现出恒心来，一日曝之，十日寒之；一日而作，十日所辍，成功的概率，几乎等于零。

现在有一种流行病，就是浮躁。许多人总想一夜成名、一夜暴富。比如投资赚钱，不是先从小生意做起，慢慢积累资金和经验，再把生意做大，而是如赌徒一般，借钱做大投资、大生意，结果往往惨败。网络经济一度充满了泡沫。有人并没有认真研究市场，也没有认真考虑它的巨大风险性，只觉得这是一个发财成名的大馅饼，一口吞下去，最后没撑多久，草草倒闭，白白"烧"掉了许多钞票。

俗话说得好：滚石不生苔，坚持不懈的乌龟能快过灵巧敏捷的野兔。如果能每天学习1小时，并坚持12年，所学到的东西，一定远比坐在教室里接受4年高等教育所学到的多。正如布尔沃所说的，"恒心与忍耐力是征服者的灵魂，它是人类反抗命运、个人反抗世界、灵魂反抗物质的最有力支持，它也是福音书的精髓。从社会的角度看，考虑到它对种族问题和社会制度的影响，其重要性无论怎样强调也不为过。"

大发明家爱迪生也说："我从来不做投机取巧的事情。我的发明除了照相术，没有一项是由于幸运之神的光顾。一旦我下定决心，知道我应该往哪个方向努力，我就会勇往直前，一遍一遍地试验，直到产生最终的结果。"

凡事不能持之以恒，正是很多人失败的根源。英国诗人布朗宁写道：

实事求是的人要找一件小事做，

找到事情就去做。

空腹高心的人要找一件大事做，

没有找到则身已故。

实事求是的人做了一件又一件，

不久就做一百件。

空腹高心的人一下要做百万件，

结果一件也未实现。

培养不轻言放弃的习惯

（1）合理的计划表可以帮助你坚持下去。

如果没计划，东一榔头西一锤子，是做不好工作的。设计合理的计划表，不仅可以理顺工作的轻重缓急，提高工效，而且可以在无形之中督促自己努力工作，按时或超额完成计划。

制订可行的工作计划和执行计划时要注意，也许你愿意用硬性的东西约束自己，或希望有充分的灵活性，甚至等自己有了灵感的时候才动工。可是万一你正好没有灵感，整个礼拜都没兴致工作的话，怎么办呢？这样下去，你就可能失去坚持下去的耐心，对自己的创造能力产生怀疑。

至少开始的时候，你可以为自己安排一段单独的时间，试验自己的专长。按照进度将使你做更多的工作—如果你想出类拔萃的话；如果你给自己安排的进度并不过分，可是你还是抗拒它的话—譬如找借口拖延工作进度，那么就得研究一下自己的动机了。

计划的制订，将迫使你自问这个严酷的问题：我真的想做这件事吗？即使进行得不太顺利，我还是按部就班地做吗？如果答案是"是"，那么你是真的想得到成功，合理的计划表可以帮助你坚持下去。

（2）将挫折转化为前进的勇气。

有的失败会转眼被我们忘记，有些挫折却会给我们留下深深的伤痛。但是，无论如何，我们都不应该因为挫折而停止前进的步伐。每个人都必须为目标奋斗。如果你不继续为一个目标奋斗，你不仅会失去信心，还会逐渐忘记自己有个目标。如果你不再继续坚持的话，就会开始怀疑自己是否能成功地实现计划所定的目标。

有时你也许会因为目前完不成一个小的目标，而改做其他的尝试，这种随便的做法是一种变相的放弃。千万不要拿困难做借口，改作另一个计划。

（3）努力完成计划。

当你坚持完成计划的要求，实现成功的目标后，你会更加坚定地做完以后的工作，这对培养你的不轻言放弃的习惯会有很大的帮助。不把事情做完的话，你会觉得自己像个没有志气的懒虫。以后如果你不敢肯定是不是能把工作完成的话，就很难再开始做一件新的事情。这是非常重要的一点。因为从事的工作可以只花几个小时，也可能花许多年工夫。不管花多少时间，你都得面临这个问题：完成这件工作呢，还是放弃它？你最好从开始就搞清楚，自己是不是真的想完成它，要不然你何必花这些心力呢？

如果你是某一领域的专业人员，你的成功目标就是成为这一领域的翘楚，那么就不能单是把计划完成，你必须把作品展示出来，接受别人的批评。不要把你的小说只给一家出版社看，如果这一家不接受的话，就全盘放弃。你必须再接再厉，给很多家出版社看，一定要给自己的作品充分的机会。

如果你为了完成这个计划已经付出了很多，那就坚持下去，也许最艰难的时候，也是离成功最近的时候。

笑对失败

正确看待失败

错误和失败是迈向成功的阶梯。任何成功都包含着失败，每一次失败是通向成功不可跨越的台阶。钱学森指出："正确的结果，是从大量错误中得出来的，没有大量错误做台阶，也就登不上最后正确结果的高峰。"

有志气、有作为的人，并不是因他们掌握了什么走向成功的秘诀，而恰

恰在于他们在失败面前不唉声叹气、不悲观失望。成功与失败并没有绝对不可跨越的界限，成功是失败的尽头，失败是成功的黎明。失败的次数越多，成功的机会亦越近。成功往往是最后一分钟来访的客人。

你做一件事情失败了，这意味着什么呢？无非有3种可能：一是此路不通，你需要另外开辟一条路；二是某处故障作怪，应该想办法解决；三是还差一两步，需要你作更多的探索。这3种可能都会引导你走向成功。失败有什么可怕呢？成功与失败，相隔只有一步。即使你认为失败了，只要有"置之死地而后生"的心理态度、自信意识，还是可以反败为胜的。有人说，过分自信也会导致失败，但所否定的只是"过分"，而不是自信本身。如果你不是怕丢面子，怕别人说三道四，那么失败传递给你的信息只是需要再探索、再努力，而不是你不行。

失败也是对人的意志的严峻考验。不明智的人，在成功面前就会骄傲自满；清醒的人，在失败面前更能锻炼自己的意志。我们在逆境中的表现是我们成熟与否和气质优劣的最好检验。真理在燧石的敲打下闪闪发光，失败就是锤炼人意志的燧石。那些献身于人类伟大事业的创造者，在接连不断的挫伤和失败面前，不但没有被压倒，反而变得更加坚强，表现出了坚定不移、向着既定目标前进的英勇气概。

失败是生活中的一个组成部分，是有所进取、求变创新和参与竞争的过程中的一个正常的组成部分。只要你进取，就必然会有失误；只要你还活着，就绝不是彻底失败！失败有什么可怕呢？物竞天择，优胜劣汰，在这个天平上，失败总是倒向害怕失败的人。强者与弱者，如果是从实力上对照比较，那么弱者还有可能扬长避短、巧用心计战胜强者；如果是从心理态度上区别较量，就是缺乏自信、害怕失败的弱者必然失败，有时甚至会被某种假象和错觉所吓倒。

成功者不一定具有超常的智能，也大都没有特殊的机遇和优越的条件，更不是没有经历过挫折、艰难与失败的人。相反，成功者大都是历经坎坷、命运多磨，是能在不幸的境遇中奋起前行的人。而且也不可否认，对成功者来说，处境的艰险、失败的打击和对于新事物没有经验、把握的特点，也会相应地给他们带来困扰、忧虑、苦恼和烦躁不安的情绪。但成功者不怕这些艰难，不会被困苦的处境压垮。成功者最可贵的信念和本事是变压力为动力，从荆棘中开辟新的成功之路。

在精神上对失败做好准备

要学会正确对待失败，首先就要学会正确地对待失败所带来的痛苦。失败中最难对待的就是自己精神上的痛苦。

许多人在受到第一次打击时，就失去了防守和反攻的能力，放弃了眼前可以转败为胜的机会，坐等第二次打击的到来。所以我们说，失败中最可怕的、最误事的正是自己精神上的痛苦。在遇到失败的时候，必须立即有效地克制自己的痛苦，集中精力，准备斗争。

有的人把失败看作是完全消极的，一点好处也没有的事，这是不对的。

铁，要经过千锤百炼才能成钢；一个普通的人，要经过千锤百炼才能成为一个成功者、胜利者。在他奋斗进取的过程中，每一次失败就是一次锤炼。一个普通的人，身上有很多的缺陷、弱点和短处，带着这些毛病，他是不可能成为一个胜利者、成功者的。只有在失败的痛苦磨炼中，人们才肯丢掉这些毛病。只有在失败的铁锤的无情锤击下，人们才能变得更坚强，更有韧性，更懂得生活，更懂得人的价值。失败是痛苦的、无情的。失败带来了损失，甚至是灾难。在它发生之前，我们要尽力地避免它。但是在它既已发生之后，我们就不要把它完全看作是消极的东西，而要充分认识到它的积极作用，把它作为提高自己精神力量的好机会。

有信心、有勇气，正是在精神上对失败有所准备，在思想上对失败有正确认识的必然表现；破釜沉舟，背水一战，也正是在精神上对失败做了充分准备的一种特殊表现。

从失败走向成功

许多人要是没有遇到失败，就不会发现自己真正的才干。他们若不遇到极大的挫折，不遇到对他们生命本质的打击，就不知道怎样发掘自己内部贮藏的力量。

爱默生说："伟大人物最明显的标识，就是坚定的意志，不管环境变化到何种地步，他的初衷与希望，仍然不会有丝毫的改变，而终至克服障碍，以达到所企望的目的。"

卡耐基说："跌倒了再站起来，在失败中求胜利。"这也是历代伟人的成功秘诀。

失败是对一个人人格的考验。在一个人除了自己的生命以外，一切都已丧失的情况下，内在的力量到底还有多少？没有勇气继续奋斗的人，自认失败的人，那么他所有的能力便会全部消失。而只有毫无畏惧、勇往直前、永不放弃人生责任的人，才会在自己的生命里有伟大的进展。

有人或许要说，已经失败了多次，所以再试也是徒劳无益。这种想法真是太自暴自弃了！对意志永不屈服的人，就没有所谓失败。无论成功是多么遥远，失败的次数是多么多，最后的胜利仍然在他的期待之中。

狄更斯在他的小说里讲到一个守财奴斯克鲁奇，最初是个爱财如命、一毛不拔、残酷无情的家伙，他甚至把全部的精神都钻在钱眼里。可是到了晚年，他竟然变成一个慷慨的慈善家、一个宽宏大量的人、一个真诚爱人的人。狄更斯的这部小说并非完全虚构，世界上也真有这样的事情。人性都可以由恶劣变为善良，人的事业又何尝不能由失败变为成功呢？现实生活中这样的例子也不少，许多人失败了再爬起来，抱着不屈不挠的无畏精神，向前奋进，最终获得了成功。

世界上有无数人，已经丧失了他们所拥有的一切东西，然而还不能把他们叫作失败者，因为他们仍然有不可屈服的意志，有着一种坚忍不拔的精神。

温特·菲力说："失败，是走上更高地位的开始。"许多人之所以获得最后的胜利，只是受惠于他们的屡败屡战。对于没有遇见过大失败的人，他有时反而不知道什么是大胜利。通常来说，失败会给勇敢者以果断和决心。

失败和痛苦是上帝和每一种生物沟通并指出错误时所使用的语言。动物在听到上帝的"这些话"时，可能会变得胆怯，致使它们逃避所有可能的威胁。但你在听到上帝的"这些话"时，应该变得更为谦虚，以期学到智慧和体谅。你应该了解，你开始迈向成功的转折点，通常是由失败所标明的。

有了这种认知之后，你就不必再将挫折看成是失败，而应把它看成是一个暂时性的，而且可能会带给你好运的事件。

健身的人都知道，只是将哑铃举起来是没有用的。练习者必须在举起哑铃之后，以比举起时慢两倍的速度，将哑铃放回举起前的位置，这种训练称为"阻抗训练"，它所需要的力量和控制力比举起哑铃时还要大。

失败就是你的阻抗训练。当你再度回到起点时，谨慎为之，并将注意力集中在过程上。利用这一方法，可使自己得到训练，当你再次出发时，能有长足的进步。

每天学一点东西

许多人最大的弱点就是想在顷刻之间成就丰功伟绩，这显然是不可能的。任何事情都是渐变的，只有持之以恒，只有坚持每天学一点东西，才能有助于一个人最后达到成功。

利用每天的零碎时间学习

现实生活中有许多人，尽管他们的资质很好，却一生平庸，原因是他们不求进步，在工作中唯一能看到的就是薪水。因此，他们前途黯淡、毫无希望。

无论薪水多么微薄，你如果能时时注意去读一些书籍，去获取一些有价值的知识，这必将对你的事业有很大的助益。一些商店里的学徒和公司里的小职员，尽管薪水微薄，但他们工作很刻苦，尤其可贵的是，他们能趁着每天空闲的时候，如晚上和周末时间，到补习学校里去读书，或是自己买了书来自修，以增进他们的知识。

一个人的知识储备越多，才能越丰富，生活越充实。

善于从每天的日常生活中学习

读万卷书，行万里路，是说人要有较多的知识和丰富的阅历，也就是要人们能理论联系实际，善于利用知识处理各种事情。丰富的阅历是成大事者不可缺少的资本，所以，我们不但要注重书本知识，也要注重生活中的知识。

古人云："纸上得来终觉浅，绝知此事要躬行。"读书学习获取知识诚然重要，但实践获真知也是必不可少的。

培根在提出"知识就是力量"的口号以后，又明确地指出："各种学问并不把它们本身的用途教给我们，如何应用这些学问乃是学问以外的、学问以上的一种智慧。"

有了知识，并不等于有了与之相应的能力，运用与知识之间还有一个转化过程，即学以致用的过程。中国有句谚语："学了知识不运用，如同耕地不播种。"

你应结合所学的知识，参与学以致用的活动，提高自己运用知识和活化知识的能力，使你的学习过程转变为提高能力、增长见识、创造价值的过程。

你还应加强知识的学习和能力的培养，并把两者的关系调整到黄金位置，使知识与能力能够相得益彰、相互促进，发挥出巨大的潜力和作用。

掌握有效的学习方法

学习要讲究方法，不讲方法的死读书，就算读一辈子也没有任何价值，更不用谈成功了。

学习的方法有多种，我们可以归结为以下几种：

（1）兴趣法。

"好知之不如乐知之"，就是说我们越喜欢某一事物就越喜欢接近和接纳它。

兴趣是人们行动的一种动力。只要对某些知识产生了兴趣，就会主动去理解、记忆、消化这些知识，并会在这些知识的基础上总结、归纳、推广、运

用，从而做到精益求精、推陈出新，从而推动整个社会向前发展。因此，我们在学习某一知识之前，首先要建立对它的兴趣，以达到掌握的目的。

（2）理解法。

人都有对事物进行判断的能力，对某一事物或某一知识有认识，就会很容易地把它变成自己的知识，否则，就需要花很多的额外工夫。比如说"井底之蛙"这一成语，我们可以想象一只健康的青蛙坐在一口深井里，眼睛直瞪瞪地望着井口发呆，而井口外面，则是白云、蓝天，井底则有青草、水、昆虫。虽然这只青蛙本身健康，不愁吃喝，然而它却呆呆的，为自己见不到外面的大好风景而发愁。这样一理解，"井底之蛙"的含义就非常清晰了。

（3）联系法。

自然界中的一切事物都不是孤立的，而是普遍联系的，正如自然界的食物链：兔吃草，而兔又被鹰或狼吃，狼又被虎吃，而鹰和虎死后，其尸体又腐败变质，供草吸收其营养成分。在这几种动植物之间，就形成了一个食物链，它们就构成了互相联系的一个整体。如果草绝，则兔就会亡；反之，如果兔多，则草就会被大量食用，当草被食用过多时，兔就不免缺少食物而亡。这充分说明，自然界的万事万物，是一个普遍联系的整体。

知识，正是人类在长期改造自然的过程中发现的，因此，各种知识间也是相互联系的。当我们对某一事物缺乏了解和认识时，我们就可以从与其有联系的事物中来认识它。

（4）联想法。

人类区别于其他动物的根本，就在于人有思维，有了思维，人在客观的自然和社会面前就不是无动于衷、无可奈何了，而是能够积极地促成条件，来解决问题，而联想正是人类充分发展的一种象征。

在我们的学习中，联想能使我们更好地掌握知识。

历史课本中的数字枯燥无味，但是，有些事件是和这些数字紧密联系的。因此记数字就可以与这些历史事件联系起来记，这样就避免了数字之间的相互干扰，同时也增加了学习的趣味性，起到了双重效果。

（5）对比法。

在学习中，当两个概念或事物的含义相似的时候，我们往往容易搞混淆，而在这个时候，运用对比法就能够搞清楚二者之间的明显区别。也就是说，它们相同的地方我们暂时不讲，我们只比较它们之间不同的地方，这些不同的地方，就是某一事物的独特特征。理解了这些独特特征，也就抓住了这一事物的本质，从而也就能掌握这一事物的有关知识。

（6）复习法。

人的大脑对知识的识记是有一定规律的，教育学家们曾用遗忘曲线做了一个形象的说明，指出如果在你遗忘之前去复习、巩固它，那它就能迅速恢复并牢固记忆。孔子所说的"温故而知新"是非常有道理的。

不要忽视细节

日本东京贸易公司有一位专门负责为客商订票的小姐，她给德国一家公司的商务经理购买往来于东京、大阪之间的火车票。不久，这位经理发现了一件趣事：每次去大阪时，他的座位总是在列车右边的窗口；返回东京时又总是靠左边的窗口。经理问小姐其中缘故，小姐笑答："车去大阪时，富士山在你右边，返回东京时，山又出现在你的左边。我想，外国人都喜欢日本富士山的景色，所以我替你买了不同位置的车票。"就这么一桩不起眼的小事使这位德国经理深受感动，促使他把与这家公司的贸易额由 400 万马克提高到 1200 万马克。

在当今激烈竞争的商业社会中，公司规模日益扩大，员工更是成千上万，其分工也越来越细，其中能够从事大事决策的高层主管毕竟是少数，绝大多数员工从事的是简单烦琐的看似不起眼的小事，也正是这一份份平凡的工作和一件件不起眼的小事才构成了公司卓著的成绩。立大志，干大事，精神固然可嘉，但只有脚踏实地从小事做起，从点滴做起，心思细致，注意抓住细节，才能养成做大事所需要的那种严密周到的作风。

细节决定成败

老子曾说："天下难事，必做于易；天下大事，必做于细。"这句话精辟地指出了想成就一番事业，必须从简单的事情做起，从细微之处入手。相类似地，20世纪世界最伟大的建筑师之一的密斯·凡·德罗，在被要求用一句话来描述他成功的原因时，他也是只说了一句话："魔鬼在细节。"他反复强调，如果对细节的把握不到位，无论你的建筑设计方案如何恢宏大气，都不能称之为成功的作品。可见对细节的作用和重要性的认识，古已有之，中外共见。也就是所谓"一树一菩提，一沙一世界"，生活的一切原本都是由细节构成的。如果一切归于有序，决定成败的必将是微若沙砾的细节，细节的竞争才是最终和最高的竞争层面。在今天，随着现代社会分工越来越细和专业化程度越来越高，一个要求精细化的管理和生活时代已经到来。

当零售业巨子沃尔玛的年营业总额荣登2002年美国乃至世界企业的第一把交椅时，《财富》杂志记者不无惊叹地写道："一个卖廉价衬衫和鱼竿的摊贩怎么会成为美国最有实力的公司呢？"其实，沃尔玛成功没有秘密，仅仅是因为注重了细节。沃尔玛曾经以天天平价著称，但今天人们发现其实它的东西也并不便宜多少，但它的服务却是一流的。例如对于职员的微笑，沃尔玛规定，员工要对3米以内的顾客微笑，甚至还有个量化的标准："请对顾客露出你的8颗牙。"为提高服务，沃尔玛规定员工认真回答顾客的提问，永远不要说"不知道"。哪怕再忙，都要放下手中的工作，亲自带领顾客来到他们要找的商品前面，而不是指个大致方向就了事。正是注重了这些入微的小事、细节，才缔造了强大的沃尔玛帝国。

成大业若烹小鲜，做大事必重细节。想做大事的人很多，但愿意把小事做细的人很少。其实，我们不缺少雄韬伟略的战略家，而缺少的是精益求精的执行者；不缺少各类管理规章制度，缺少的是对规章条款不折不扣的执行。中国有句名言，"细微之处见精神"。细节，微小而细致，在市场竞争中它从来不会叱咤风云，也不像疯狂的促销策略，立竿见影地使销量飙升；但细节的竞争，却如春风化雨润物无声。今天，大刀阔斧的竞争往往并不能做大市场，而细节上的竞争却将永无止境。一点一滴的关爱、一丝一毫的服务，都将铸就用户对品牌的信念。这就是细节的美，细节的魅力。

细节改变命运

查尔斯·狄更斯在他的作品《一年到头》中写道："有人曾经被问到这样一个问题：'什么是天才？'他回答说：'天才就是注意细节的人。'"

多读一些名人传记，你就会惊奇地发现，名人之所以成为名人，其实没有什么特别的原因，竟然只是比普通人多注重一些细节问题而已。东汉的薛勤曾说："一屋不扫，何以扫天下？"令人深思。在许多平凡琐细的生活中，往往都含着一些酵质，假使酵质膨胀了，就会使生活起剧烈的变化，从而影响一个人一生的命运。

一个青年来到城市打工，不久因为工作勤奋，老板将一个小公司交给他打点。他将这个小公司管理得井井有条，业绩直线上升。有一个外商听说之后，想同他洽谈一个合作项目。当谈判结束后，他邀这位也是黑眼睛黄皮肤的外商共进晚餐。晚餐很简单，几个盘子都吃得干干净净，只剩下两个小笼包子。他对服务小姐说，请把这两个包子装进食品袋里，我带走。外商当即站起来表示第二天就同他签合同。

一个相貌平平的女孩，在一所极普通的中专学校读书，成绩也很一般。她得知妈妈患了不治之症后，想减轻一点家里的负担，希望利用暑假这两个月的时间挣一点钱。她到一家公司去应聘，韩国经理看了她的履历，没有表情地拒绝了。女孩收回自己的材料，用手掌撑了一下椅子站起来，觉得手被扎了一下，看了看手掌，上面沁出了一颗红红的小血珠，原来椅子上有一只钉子露出了头。她见桌子上有一条石镇纸，于是拿来用它将钉子敲平，然后转身离去。可是几分钟后，韩国经理却派人将她追了回来，她被聘用了。

那些永远不屑于做细微之事的人，永远成就不了任何伟大的功业。

别让小事影响你在职场的前途

"成功应从细节做起。"这是一个合资企业的老板在给新员工开会时讲的第一句话。确实，在职场中许多年轻人常常因忽略了工作中的一些"小事"，耽误了自己的职业前程。归纳起来，大概有以下几个方面：

（1）早晨时间不抓紧。

如果你踩着上班铃声踏进办公室，手里抓着没来得及吃的早点，在众人注视下坐在办公桌前，不管这一天你干得多有成效，你的功绩也会在他人心中大打折扣。

（2）想当所有人的好朋友。

在工作中，一些人煞费苦心地结交朋友，而不是以工作实绩赢得别人的尊重。可是，只有赢得别人的尊重才更有助于提升。在升职加薪方面，好感是没有多大用处的。

（3）动不动就找老板要答案。

确实，一些问题必须由上层主管决断，可是，事无巨细都向领导请示，领导会认为你缺乏办事能力。久而久之便会对你失去信心，这样的员工是很难得到提升的。

（4）交代事情不清楚。

如果你主持一个会议，传达上级指示，结果散会后所有人都不知道自己该做什么，那么你纯粹是浪费他人的时间。平时在工作中与上司和同事交流时也要用确切的语言，表达清楚你对某件事的态度或看法。不要让别人老问你在说什么。

（5）衣着没有品位。

多数单位对着装没有严格规定，但是，如果你想表现出对所从事职业的重视，你的穿戴就要配得上这个职业。如果你是一位白领，就必须着装整洁，不可不修边幅。如果你是一线工人，就大可不必西装革履，否则会显得不协调。

珍惜你所拥有的

从前，一个富人和一个穷人谈论什么是幸福。

穷人说："幸福就是现在。"

富人望着穷人的茅舍、破旧的衣着，轻蔑地说："这怎么能叫幸福呢？我的幸福可是百间豪宅、千名奴仆啊。"

有一天，一场大火把富人的百间豪宅烧得片瓦不留，奴仆们各奔东西。一夜之间，富人沦为乞丐。

炎热的夏天，汗流浃背的乞丐路过穷人的茅舍，想讨口水喝。穷人端来一大碗清凉的水，问他："你现在认为什么是幸福？"

乞丐眼巴巴地说："幸福就是此时你手中的这碗水。"

不要感叹你失去或未得到的，珍惜你还拥有的。

叔本华也曾告诫读者："我们很少想到自己拥有什么，却总是想着自己缺什么。"这常是情绪失调的重要原因。

"惜福"的观念是我们社会最需要培育的。"人在福中不知福"，每当到医院看护病人，看到许多病友正为生命奋斗，才觉得健康如此可贵。

直到不幸的事情发生，才意识到过去是多么幸福。无疑，在不幸降临之前，我们一直在不断地追求幸福，但却不知道，事实上我们一直拥有幸福。

幸福，往往是身受时不知，失掉后方觉可贵。

李·索克博士是著名的儿童心理学家。他提起他母亲在俄国长大的经历：她小时候，为躲避哥萨克人的骚扰，被迫背井离乡。她们的村庄被烧成了平地，她躲在干草车中，藏在水沟里，才捡回一条命。最后，她挤在轮船的底舱里，漂洋过海来到了美国。

索克写道：

"即使在我母亲结婚生子后……她仍然每天为果腹而奔忙……但母亲总要我们多想'我们有什么'，而不要想'我们缺什么'。她告诉我们，在逆境中可以

培养对'美'的欣赏力。因为美无处不在，即使在最简朴的生活里也不例外。

"她执着地传授给我们的人生态度就是：天真的很黑的时候，星星就会出现！"

"不为自己没有的悲伤而活，要为自己拥有的欢喜而活。"当你沮丧的时候，试着想想人生中的美好事物。

你有没有四肢与眼睛可用？有没有关心你的父母或伴侣？有没有爱你并且需要你的孩子？

你有没有对未来的期待——一个假期，还是一个聚会？是一本想看的好书？还是一个想观赏的电视节目？一次你等待的约会？

把你拥有的所有美好事物都写下来。然后在脑子里设想这些事物一样一样都被剥夺了，那时你的生活会变得怎样。等你充分体会到了这种失落空虚的感觉，再慢慢地、一件一件地把这些宝贝还给自己，这时你一定会惊讶地发现自己好多了。

"数数你拥有的幸福"这个练习，能让你的心情飞扬起来。

不要太自负

一个人就好像是一个分数，他的实际才能好比分子，而他对自己的估价好比分母，分母越大，则分数的值越小。

水满则溢

一个容器若装满了水，稍一晃动，水便溢了出来。一个人若心里装满了骄傲，便再也容纳不了新知识、新经验和别人的忠言了。长此以往，事业或者止步不前，或者猝然受挫，故古人云："满招损，谦受益。"

爱因斯坦是个名满天下的科学家，据说有一次他的学生问他说："老师的知识那么渊博，为何还能做到学而不厌呢？"爱因斯坦很幽默地解释道："假如把人的已知部分比作一个圆的话，圆外便是人的未知部分，所以说圆越大，其周长就越长，他所接触的未知部分就越多。现在，我这个圆比你的圆大，所以，我发现自己尚未掌握的知识自然是比你多，这样的话，我怎么还懈怠得下来呢？"

一个人不管自己有多丰富的知识，取得多大的成绩，推而广之，或是有了何等显赫的地位，都要谦虚谨慎，不能自视过高。应心胸宽广，博采众长，不断地丰富自己的知识，增强自己的本领，进而创出更大的业绩。如能这样，则于己、于人、于社会都有益处。

谦虚是一种力量

因为谦虚，甘地使印度独立自由，施韦策为非洲人创造了更美好的世界。

谦虚是人性中的美德，也是驯服人、驾驭人的最大要领。

汉高祖刘邦首次见郦食其时，让两位女子替他洗脚，郦食其责备他以长者的态度见人，刘邦马上停下，站起来表示感谢，于是，改变了傲慢的态度，而以礼对人。所以郦食其为他效死力。

不论你的目标为何，如果你想要获得成功，谦虚都是必要的个性。在你到达成功的顶峰之后，你会发现谦虚更重要。只有谦虚的人才能得到智慧。聪明的人最大的特征是，能够坦然地说："我错了。"

真正的谦虚，是自己毫无成见，思想完全解放，不受任何束缚，对一切事物都能做到具体问题具体分析，采取实事求是的态度，正确对待；对于来自任何方面的意见，都能听得进去，并加以考虑。这样的人能做到在成绩面前不居功，不重名利；在困难面前敢于迎难而上，主动进取。他们的谦虚并不是卑己尊人，而是既自尊，也尊人。

既自尊，他们就不会见了谁都以小孙子自处，不会像古代茶馆里的"茶博士"那样，见人便低头哈腰、满脸堆笑。以小孙子自处的人与别人见面，每次都是他主动地打招呼、问候，生怕得罪了谁。如果要他见了别人试着忍一忍，坚持让对方先打一次招呼，最后熬不住的肯定是他，因为他没有这份定性和阳刚之气，他习惯于低人一等的生活，并认为礼多人不怪，认为多尊重人只有好处没有坏处。

也尊人，他们也不会见了谁都以大爷自居。以大爷自居的人在路上昂然而行，那副不可一世的模样，颇像一只饱食归来的公鹅。与人相遇，表情矜持，面目冷峻，即使相距近在咫尺，硬是挺得住，他傲视对方，但绝不会主动地与人打一声招呼，他非逼得人家跟他打招呼不可。其实，有这种个性的人并非一定是个什么大人物，有的人身份地位并不高，但却人为地拔高了自己，小人物摆出大模样，善良随和的人遇到这类人，往往成了他精神的奴隶，不得不礼让三分。

为人处世，前者太卑微，后者太倨傲，两者都走向了极端。其实，做人应该既不失礼于人，也不卑躬屈膝；既要自尊自重，也不要傲慢无礼；既不可心无定性，抢着跟人打招呼，也不要拿定主意，专等人家打招呼。与人相处时，对随和的人你要礼貌，使人感受到你的友善；对傲慢的人你要不屈从，使人能正视你的尊严。遇有支配性强的人，你不妨巧妙地顶他几次，以打乱他的心理定式，破坏他的行为惯性，免得自己老是生活在对方霸气的阴影下。这就是真正的谦虚：既自尊又尊人。

没有自信，没有目标，
你就会俯仰由人，终将默默无闻

只有接受自己，才能建立正确的自我观念